物理・化学から考える環境問題

■科学する市民になるために■

白鳥紀一＝編

吉村和久
前田米藏
中山正敏
吉岡　斉
井上有一

藤原書店

はしがき

今更いうまでもなく、近い将来に我々の生活を危うくする可能性の高い資源環境問題は人間社会の問題です。人間の社会的活動によって引き起こされたものですし、また人間の生活様式や考え方に深く関わっています。だからこそ、資源環境問題を研究して解決に向かうために、環境経済学・環境社会学・環境倫理学……とさまざまな学問分野が生まれました。その一方、発生した個別の問題を解決するのは、技術者の仕事と考えられてきました。それぞれの分野で問題に応じてさまざまな努力が行われていますし、また発生するもう少し手前から考えようという環境計画学といった分野も開かれています。しかし、倫理や経済から実際の資源環境問題までは距離がありすぎますし、地球全体を対象とする技術の実効性もともかく、次々と現れる問題を技術的に次々に解決してゆけばそのうち問題はすっかりなくなる、とは考えられそうもありません。もともと資源環境問題を引き起こしたのは、人間の開発してきた技術でした。

ですから、社会科学や人文科学からではなくまた技術的にでもなく、自然科学全体の性格から資源環境問題を考える必要があります。公害が問題になって以来重要性が認識されてきた生態学は確かに大変重要な学問分野ですが、実際に資源環境問題を引き起こしてきた技術の体系からはずっと離れています。環境の悪化も資源の欠乏も、直接的には物質の問題ですし、人間の生産活動も生物の生命活動も物質的な過程です。資源環境問題の解決にはこれらを理解することが必要ですが、自然科学の一部である物質科学はそれらの理解を課題としてきました。それだけではありません。自然科学は現在の技術を全体として支えています。ですから、資源環境問題を総体的に考える時には、現在の科学技術総体の特性を知っている必要があります。自然に対するときの特性ばかりでなく、今の人間社会に対してもっている特性も理解していなければなりません。

この書物は、九州大学で一九九六年度から一九九八年度まで高年次教養科目として開かれた「自然科学概論」という講義を元に、全面的に改稿して作られました。講義は、カリキュラム作成の都合もあって、理学部の物理学科と化学科の教師四人に比較社会文化研究科の吉岡斉と奈良産業大（当時）の井上有一を加え、全学部の三年生以上の学生を対象としてオムニバス形式で行われました。講義では個々の科学や技術の解説ではなく、現在の自然科学・技術が全体としてもっている性格を、具体的な例によって述べることを目的としました。科学と技術は歴史的に出発点が違いますが、現在ではほとんど一体と考えられています。したがって、自然科学と技術の両方を一つのものとして扱いました。

今の社会に生きる上で、現代の科学技術総体について知り、考える必要があることは明らかです。我々の生活は衣食住から移動の手段、情報の交換まで、すべてを技術に負っています。今の生活水準を維持し発展させるためには、技術の進歩がますます必要だ、と多くの人が考えています。またその一方、各地の戦争・武力紛争から各種の事故まで、死や災厄をもたらす多くの技術が世界中にゆきわたっています。世界の国際的・国内的な政治情勢は核兵器を含む武力によって決まる部分が大きいし、たとえ戦争や事故がなくとも、技術の発展の結果である環境の悪化と資源の枯渇の危険性は最初に述べたとおりです。そこで私どもはその資源環境問題をテーマとして、現代科学技術についてケース・スタディをすることにしました。

この本の構成は、第一章で現代自然科学の性格を考えた後、第二章、第三章では環境問題の個別の例について科学的な理解の進め方を、第四章では自然科学から見たときの資源環境問題全体の枠組みを述べています。ここまでは、科学の側からの視点です。それに対して、資源環境問題に関係して科学技術が果たすべき役割を政策決定の面から見るのが第五章の、市民の立場から考察するのが第六章の目標です。これらは、科学を外側から見る視点であると同時に、資源環境問題を解決してゆくために必要な社会の条件を明らかにするものです。それらを踏まえて第七章では、事故という面から現代の科学技術の性格をもう一度考えます。ここで事故というのは、技術の引き起こす意図しなかった結果のことです。そういう広義の意味で考えれば、資源環境問題は現代科学技術の引き起こした最大の事故だ、といえましょう。

この書物では、具体的に資源環境問題を考えることによって現代の自然科学・技術の性格を知ると同時に、資源環境問題を解決しようとする時に基本的に必要なことを述べたつもりです。編者の力不足から講義からかなり時間が経って、取り上げたトピックスが少し古いと思われるかもしれません。また環境計画学など工学的な対策手法や、理学的な面では生物学の話題に欠けています。しかし、最初に述べたような意味で問題の基礎的なところは押さえている、と著者としては自負しています。読者諸氏のご批判を頂ければ幸いです。

ご教示を頂いた多くの先輩友人の方々に、一々お名前は挙げられませんが、御礼を申し上げます。

二〇〇四年三月

編者として

白鳥紀一

物理・化学から考える環境問題

目次

第7章　科学的方法の限界と科学者・技術者の位置について……白鳥紀一　237

カバー写真＝市毛實

物理・化学から考える環境問題

――科学する市民になるために

第1章　はじめに——現代科学・技術の性格と資源環境問題

白鳥紀一

1　自然科学の基本的な前提
　自然法則の存在／分析的方法と技術／確定的法則と確率的法則
2　外から見える科学と科学者
3　分析的方法の限界

1 自然科学の基本的な前提

自然法則の存在

アインシュタイン(1)は、自然界で一番不思議なことはそれが法則に従うことだ、といったと伝えられる。自然科学は、とりまく自然界の諸法則を探る人間の努力、あるいはその成果であるといえよう。この定義は自明に見える。しかし、アインシュタインが感嘆したように、ここには前提が二つある。自然が人間の主観から離れて自立しているということと、そこに法則が存在する、ということである。広重徹は著書『物理学史』(2)の冒頭で、

自然は自立した存在であって、その現象は普遍的な、例外を許さぬ法則に従って整然と経過してゆく、という観念があってはじめて、自然法則の探求を目的とする科学が成り立つ。

といって、この二つの前提がなければ自然科学が存在しえないことを強調している。

例外がない、という点についてはは注釈が必要だろう。通常、現実に起こる現象は単純な法則では表されない。その意味では、例外の方が普通である。たとえば、地上で巨視的な物体の運動を考えるときに重要な力は重力だが、地球上の物体の運動は、厳密に見れば、地球による一定の重力を考えたときのニュートンの運動法則(3)に従いはしない。ここには、大雑把にいって二種類の原因がある。

(1) Albert Einstein 一八七五～一九五三年。ドイツ生まれで二十世紀最大の物理学者。平和運動家としても著名。ナチスに追われてアメリカに亡命。

(2) 広重徹『物理学史』培風館、一九六八年。

(3) ニュートンの運動法則
力＝質量×加速度

その一つは、想定しなかった力が存在することである。たとえば投手の投げたボールは、打者の近くで「伸び」たり「沈ん」だりする。移動や回転によってボールが空気に力を与え、その反作用として逆に力を受けるからである。空気の運動の状況はボールのスピードや回転速度によってたいへん複雑で、物理学として未だによく理解できていない部分がある。したがってその反作用であるボールに働く力も複雑で、ボールの運動は単純には表現できない。しかしそれはニュートンの運動方程式の例外なのではなく、われわれが流体の運動をまだ十分理解していないからだ、というのが現在の科学の立場である。法則は原因（力）に従って結果（運動）があらわれることをいうのだから、考察の出発点であるボールに働く力が変われば、結果であるボールの運動は当然変わる。

投手の投げたボールがカーブしたりシュートしたり複雑な運動をするといっても大摑みには、一定の重力と速度の二乗に比例する抵抗[4]が働いているとして解析することができる。粗い理解から出発して認識をだんだんと精密にしてゆくというやり方は自然科学の方法の一部であって、極めて有効に用いられている。これは通常の場合、原因が十分に小さなときに因果関係が線型になる（重ね合わせができる）ことによっていて、すぐ後で述べる「分析的方法」の一部と考えることもできよう。精密化の過程に従って分科が成立し、専門家が誕生する。

二つ目に、科学者が法則を表現するときに意識的・無意識的に前提としていたことが成り立たない場合がある。原子レベルの小さい粒子、あるいは光速に近い速さの粒子についてはニュートン力学が成り立たない、といった例が挙げられよう。前者についてはエネルギー量子の認識

（4）流体中を運動する物体には、相対速度が小さいときには速度に比例し、少し大きいときには速度の二乗に比例する抵抗力が働く。

が、後者については空間・時間という世界の枠組み自体の変更が、必要となった。ニュートン力学は、エネルギー量子を無限小と見なしてよい場合、光速を無限大と見なしてよい場合に成立する。このような法則の限界の認識は、その法則が基本的なものであれば、「科学革命」と呼ばれるような大きな変革を結果する。

いずれの場合も、法則自体が例外を許す構造になっているわけではない。我々の認識がまだ十分でないのである。だから自然科学は、業績を蓄積しながらなお、永久運動の様相を呈する。これらの点は、最後の章でもう一度とりあげる。

このような、人間の主観から自立した自然を貫通する法則、という観念は、そう古いものではない。広重はデカルト[1]とスピノザ[2]を挙げて、その成立を一七世紀、ニュートン[3]が力学の基礎をおく直前としている。さらに彼は、ボルケナウ[4]とツィルゼル[5]に負うところが多いとしながら、「立法者としての神が自然に課した法的規制という宗教的観念」と「職人たちが仕事をうまく成し遂げるために求めた量的な技術的経験的規則」との二つを、自然法則という観念の成立の鍵としている。そして、この二つの鍵が十七世紀初めになって結びついたのは、「社会の発展の結果が自然を見る人間の見方を方向づけたので、この意味で自然科学は優れて近代社会の産物である」と述べている。

このような自然観に基づいて科学・技術は発展し、隆盛を誇るようになった。現在では客観的な自然・自然法則という考えは外部からのさまざまな批判にさらされており、あとで述べるように社会的に受け入れられているとも必ずしもいえない。しかし科学・技術者の仕事現場で

(1) **René Descartes** 一五九六―一六五〇年。フランスの哲学者・科学者・数学者。
(2) **Baruch de Spinoza** 一六三二―一六七七年。オランダの哲学者。
(3) **Isaac Newton** 一六四三―一七二七年。イギリスの数学者・物理学者。
(4) **Franz Borkenau** 一九〇〇―一九五七年。オーストリアの社会思想史家。ナチスに追われてイギリスに亡命。
(5) **Edgar Zilsel** 一八九一―一九四四年。同じく科学史・科学哲学者。アメリカに亡命。

は、その基盤として全く揺るいでいない。

対象が独立に存在していてそこには例外のない法則があるという前提によって、自然科学が内蔵する論理の性格や論証の方法は、芸術的な創造の分野はもとより、社会科学・人文科学といった他の分野とは異なった厳密なものとして確立している、と考えられている。問題とする現象について現実を分析することによって、最も重要なその本質を抽出して定式化し、数学的手法によって展開して、実験によって確認する、といった方法である。数学的論理が普遍的であるから適用範囲も普遍的であり、それを適当な条件下で応用することによって技術の有効性が保証される。さらに、論理を追うことの出来る者全てに開かれている、という意味でも科学的方法は普遍的であり、だから教育によって伝えられ、世代的に蓄積されてどこまでも進歩してゆく、と信じられている。さらにいうならば、今の世界がすべて「欧米先進国」の後を追っているのも、そこで確立してきた近代科学の普遍性による、といった議論もしばしば行われる。

この方法の基本は、「現実を分析して本質を抽出」して「厳密に論理的に」定式化し、敷衍するところにある。これは「分析的方法」と呼ばれ、その成立はデカルトに帰せられる。

分析的方法と技術

上でも例を挙げたが、現実の事象にかかわる要因は一つだけでは決してない。投手の投球とは別の例として、車を動かすことを考えてみよう。ニュートン力学は、力が働かなければ物体は一定の速度で動き続ける、というけれども現実には、力を加えなければ車は必ず止まってしまう。もちろんそれは摩擦があるからだが、二百年前の車の構造と道路の事情を考えるならば、車の速度は力に比例する、と考えるのは実に自然であって、加速度が力に比例すると考えるのは難しい。この意味で、ニュートン力学は我々の日常的な経験と一致しない。しかしその一方、投げた石が遠くに届くことは、力が働かないときに速度が一定であることを示唆する。

固体の中の電子の運動ならば、摩擦の影響はさらに大きい。オームの法則[1]は、回路の解析の基本である。ある点の電流密度は、その点の電子の密度と平均速度の積であり、一方電圧は回路に沿って電場の強さを積分して得られる。したがって電流が電圧に比例するというオームの法則は、電子の平均の速度が働く力の平均（電場の強さ）に比例する、といっているのである。加速度が、ではない。だから、オームの法則を電子の運動から説明するためには力学（量子力学）では足りず、電場によって増加した電子の運動エネルギーが熱になる過程（これを散逸過程という。第四章二節参照）を考察しなければならない。

オームの法則についてもう一つ注意すべきことは、ここでは個々の電子ではなく、互いにまた周囲の結晶格子[2]と相互作用している、多数の電子の平均的な性質を問題にしていることである。投手の投げるボールの質量や速度、回路の電圧や電流のような、人間のスケールで測定できる性質はしばしば「巨視的な」と形容される。電子のようにずっと小さいスケールのものは、「微視的」である。多数の粒子について微視的な量を統計的に平均すると、巨視的な量が得られる。その巨視的な量、ここでいえば電流と電圧の関係では、原因に対して結果が厳密に決まる。逆にいえば、ある結果が欲しいときにどうすればいいかは確実に判る。その意味でこれも、一

（1）オームの法則
電圧＝電流×抵抗

（2）結晶を微視的に見ると、原子が規則的に並んでいる。この規則的な構造を結晶格子という。

つの粒子についての力学法則と同様に、「決定論的」法則である。これに対して、相互作用している多数の電子の群れの中のある一つの電子の運動を問題にするならば、それは外からかけた電場の関数として決定論的に知ることは出来ない。それは、電子の運動を支配する法則（量子力学）がわかっていないためではなく、他の電子や原子核の位置を微視的に制御することが出来ないので、その電子に働く力がわからないからである。しかし、外部電場の効果は電子間の相互作用よりずっと小さいけれども、集団の平均値が従う法則は統計的に導くことが出来る。統計的法則にはゆらぎがあり、平均値から離れた値を示す場合がある確率で必ず存在する。その指標が標準偏差、または分散である。平均値に対する偏差の比は、関わる粒子の数の平方根に逆比例することがわかっている。オームの法則が決定論的に見えるのは、平均値を問題にしていて、かつそこに関わる電子の数が十分多いからである。

　個々の電子の運動を決定論的に決め、われわれの思うように制御するには、ブラウン管のように真空の空間を作り出して「摩擦」をなくし、その中にグリッド[3]を入れて電場をかけたり外から磁場をかけたりして、その空間に注入された電子に自由に力が加えられるようにしなければならない。電子の密度が低ければ、電子間の相互作用は外力に比べて無視できる。そうして実現した電子の運動が予測と一致したとき、力学・電磁気学の法則が実証される。と同時に、ブラウン管を用いたディスプレー技術の基礎が手に入ったことになる。

　つまり、ごく少数の要因が圧倒的に重要で、因果関係が単純に現れる場を作る（あるいは発見する）ことによって科学は成立し、技術は実現する。[4]強いて分けるならば、物事を支配して

（3）金網。真空中に金網を入れて正の電圧をかけると、電子は負の電荷をもっているから引きつけられて加速される。しかし加速された電子の大部分は網の目を通り抜けるので、電子流を運動方向を変えずに加速することができる。

（4）こう書いてしまうと、「自然科学」を不当に狭く、物理学や化学に引きつけて考えている、との批判を招くかも知れない。要因を制限して因果関係が単純に現れる場を人工的に作ることが出来ない、あるいはそれが研究の主流ではない、科学が存在する。博物学や生態学、また天文学や地球科学がそうである。そのような分野では、学問研究の運動形態がかなり違う、といわれる。ただ、現在の社会に強い影響を及ぼしている技術体系は、ここで述べたような、人工的に制限された場の形成によっているもののように思われる。

いる法則を明らかにするのが科学で、その法則に従って欲しい結果を実現するのが技術である、といえよう。しかし現在の科学は、実験にしろ計算にしろ、他の原因から切り離して、想定した因果関係（科学の出発点はありのままの事実ではなく、因果関係の想定である。本章三節・第七章参照）をむき出しにする技術を抜きにしては考えられない。それは、過程をちょっと具体的に考えてみれば明らかであろう。またたとえば蒸気機関の場合のように、科学的な法則の理解が完全でなくとも技術は実現されうる。これは決して単なる歴史的な事実ではない。技術レベルの大きな部分は公開されないノーハウで決まるが、これはほとんど「科学」とは無関係に現場で蓄積された経験である。また研究開発の現場では非常にしばしば、結果の予想がつかない段階で「やってみる」ことが重要な役割を果たす。単純に、科学に先導されて技術が成立するというわけではない。その意味でも、科学と技術は一体である。

想定した原因以外の効果を排除することによって人類は、望む現象を望むように精密に引き起こすことができるようになった。テレビジョンで遠く離れたところを見ることも、室温を一〇度以上外気より下げることも、計画通りの軌道に人工衛星を投入することも、さらにいえば数百メートルの精度で場所を決めて核兵器を爆発させることもできる。「自由とは必然性の洞察である」というヘーゲル(1)の言葉があるが、これらはすべて、客観的な自然法則をそれぞれの現場に即して人類が理解したからである。それと共に、自然界で起きる現象の多様性と、理解と制御を精密化しようという要求によって、学問の分野は限りなく細分化されてゆく。一人の科学者、一人の技術者の理解する自然はますます狭くなり、これから学ぶ者にとって科学研究・

（1）Georg Wilhelm Friedrich Hegel 一七七〇―一八三一年。ドイツの哲学者。

技術開発の現場までの距離はますます遠くなる。専門教育を早くから始めようとする圧力が強まる所以であり、また専門家でない市民にとって「科学技術」が遠く感じられる原因でもある。環境に現れる問題を科学がどう解析し、どのような対策を提示するかについての実例は、一・三章で述べる。少数の例だが、問題を扱う科学の手付きを示すだろう。

確定的法則と確率的法則

前節で述べたように、人間が制御できるのは決定論的な法則に従う場合あるいは平均値である。揺らぎの大きさが小さくなるように（マクロに）条件を整えることは出来ても、揺らぎ自体を制御することは出来ない。ところが、制御できないミクロな揺らぎがマクロに重大な結果を引き起こすことがある。その場合、当然その結果も確率的・統計的にしか扱うことが出来ない。典型的な例が、第三章で取りあげる放射線の生体に及ぼす効果である。

放射線のエネルギーは分子や固体をつくる原子間の化学結合のエネルギーより桁違いに大きいので、放射線が生体に当たるとその場所のミクロな原子構造を破壊する。破壊された部分がある程度多くなれば、マクロな生体の機能に影響する。それは確定的な法則である。破壊された部分が少なければその部分の構造は修復されて、生体全体として機能は損なわれないと考えられている。したがって放射線の確定的な効果には閾値があって、被曝量がある値以下では効果が現れない。もっとも修復能力は人によって違うから、損傷の定量的な大きさは被曝量を決めても一通りに決まるわけではない。その意味では、これも確率的な現象である。

しかし、放射線の作用はそれだけではない。人間の身体には細胞毎に遺伝子があるが、遺伝子に放射線が当たるとそれが壊れる。遺伝子はその生体の構造を維持し場合によっては子孫をつくるための情報だから、それが破壊されると癌になったり遺伝障害を起こしたりする可能性が生じる。それはさしあたり可能性であって、どの細胞のどの遺伝子が壊れたら癌が発生する、というわけではない。一つ一つの細胞も細胞の間の相互作用も、金属内の電子間相互作用がそうだったように、われわれの制御の外にある。

もう一つ重要なことは、身体の構造を維持したり子孫をつくったりする機能は本来生体に備わっていて、遺伝子はその機能を制御しているのだ、ということである。遺伝子が破壊されて、つくられるはずでなかった構造がつくられてしまう時に、それをつくるための手段やエネルギーは生体自体から供給される。したがって、遺伝子を破壊した放射線のエネルギーに比べてはるかに大きな結果が生じるのである。[1] これは（悪い）籤を引くことにたとえられよう。籤を引くのに必要なエネルギー（買うのに必要な金額）は、その結果の大きさ（賞金の額）とは関係がない。それはその籤のシステムとして決まっている。

われわれは、放射線の当たるところをミクロに制御することも、放射線被曝によって生じる遺伝子の傷害が引き起こすその後の過程を決定論的に追うこともできない。放射線被曝による癌の発生は完全に確率的な事象であって、確率的効果と呼ばれる。確定的に制御することは出来ない。しかし結果として癌や遺伝障害が引き起こされれば、それはその人や子供にとってかけがえのない生命に関わる、重大なことである。

（1）これは「情報」というものの基本的な性質である。この点については第四章で少し触れるが、廃棄物の環境影響を考えるときにも重要な問題である。

破壊される遺伝子の数は、当たった放射線の量に比例すると仮定することが出来よう。遺伝子が壊れた結果癌や遺伝障害が確率的に生じるとして、その確率が破壊された遺伝子の数に比例するかどうかは、厳密にいえばわかっていない(2)。しかし集団の中の癌発生数はマクロな量だから、原理的には測定することができる。実際、被曝量がある程度高いときには、癌発生の確率は被曝量に応じて高くなることが知られている。一方放射線の総量はマクロな量だから、これも制御することが原理的には可能である。しかし三章で述べるように、被曝を完全になくすことは実際には出来ない。

確率的効果の別の例として、流行病に対するワクチンの投与を挙げよう。ウィルスによる流行病に対してはしばしばワクチンが開発され、時にはその接種が義務づけられる。ワクチンは生体に対する外部からの擾乱であり、それに対する反応は、もちろんそのワクチンの性質によるが、接種された個体によって異なる。接種される者の健康状態を把握することによって、部分的には各生体の個性に対応することができよう。しかし、その反応に揺らぎが存在すること自体は避けられない。その大きさによっては、平均的に安全なワクチンであっても、ある個人には致命的な結果をもたらすかもしれない。それでも国民全体を対象とする政策としては、病気による被害の大きさに比べてワクチン接種による被害の大きさが十分に小さければ、ワクチン投与を選択する場合が有りうるだろう。その場合、マクロな量同士を比較していることに注意しよう。ここでは個々の揺らぎではなくその揺らぎの平均値が問題とされるので、それもマクロな量である。だから定量的に比較ができる。しかしその政策決定の意味と、実際にワクチ

(2) 放射線の被曝量とその結果発生する癌の間の数量的な関係は、原理的には実験によって科学的に決定することが出来るはずである。しかし実際には、できない。この点は科学的方法の限界に関係していて、第七章で触れる。

ン投与の被害を被った人・家族にとっての意味とが全く違うことは、どこまでも強調されなければならない。被害を受けた人にとって、全体の利益（平均値）で自分の被害を相殺する訳にはいかない。マクロに合理的な決定は、ミクロにも合理的であることを意味しない。

もう一つ注意すべきことは、このような政策決定の過程のあり方である。たとえば日本における天然痘の発生は一九五五年で終わったが、新生児に対する強制的な種痘は一九七六年まで行われていた。その間、年に数人程度の種痘後脳炎患者を発生し、その数分の一の死者を結果していた、という推定がある。政策が当然なされるべき吟味を経て（マクロな意味で）合理的に決定されていなかったことは明らかである。このような非合理性は、多くの場合、政策の決定が密室で、その政策の影響を被る人々に公開されずに、行われる結果である。政策決定がいかになされるべきかという問題は、次の節でも述べるが、第五章・第六章の主題である。

2　外から見える科学と科学者

前節では、科学・技術のいわば内部からその特質を概観した。これに対してもう一つ外部から、科学・技術を抱えこんでいる社会の側から科学・技術を眺める視点が、現在の自然科学の性格を考えるときに重要である。

今の社会は技術開発をぬきにしては考えられない。社会の安定は、生活程度[1]がこれから上昇するという成員の期待にかかっているように見える。それは何よりも物質的な意味で考えられ、経済的にはＧＤＰの増大（経済成長）、実体的には生活をもっと楽に快適にする道具の提供、が

（1） enjoyment of life

求められる。この要求に応じ、あるいはそれをさらに刺激するために、それぞれの企業は新製品を市場に登場させ、コストを切り下げて収益をあげるために新しい技術の開発を競い、各国政府は自国の企業が有利になるように技術開発を支援し、直接収益を生まない軍事的な、あるいは基礎的な技術や科学の研究に予算を組む。場合によっては、基礎科学の研究成果がその国の技術的能力を誇示して、外交上の武器となる。つまり、企業はもちろん国も、自分の利益になるから科学研究を支援するのである。だから、巨大な加速器を用いる高エネルギー物理学実験も、それ自体では収益をあげることはなくとも、一方では国家の威信になるからといい、他方ではそこで開発された技術を一般企業が利用できるからといって、国家予算を引き出そうとする。直接収益に関係ないと見える科学研究も、それが真理を明らかにするからではなく、収益を生む技術の開発の基礎であることも含めて、利益を生むから行われる事業となった。

科学の方からいえば、研究に必要な組織や経費が飛躍的に大きくなり、大企業や国家でなければ賄えない、ということがある。研究が狭く・深くなるに従って、実験条件はますます厳しくなり、計算量はますます増える。高エネルギー加速器や遺伝子の解読計画などを見れば、現在の科学がきちんと構成された研究組織の事業で、多大な経費を必要とすることは明らかである。かつてのような、貴族の個人的な趣味や孤高の天才の仕事などでは全くない。これは決して大きなプロジェクトだけのことではないのであって、小さなグループが独立して行っているように見える研究も、その研究を理解する同業者が存在することを前提としている。同業者は、きちんと構成された教育組織によって教育された、その意味で同質の人々である。したがって科学の研究も、そのための教育制度を含めて社会に、具体的にいえば多額の経費を負担できる大きな組織に、依存するようになった。

こうなれば研究の目標を、科学の進歩だけを目標とするいわば抽象的な「科学者」が学問の要請や自分の興味から決めるのではなく、会社・国家という意味での社会が与えるものになるのは当然の成り行きである。その最初の大きな例が、核兵器を実現したマンハッタン計画にはじまる原子核技術の開発であった。明確な一つの目標に向かって多くの研究者・技術者を組織し、多額の予算を投入して、期限を切って、計画を達成しようとする。これは、現在の科学・技術開発に広く採用されている方法である。マンハッタン計画の場合は、原子核物理学の最先端という科学的な、またナチスに反対するという政治的な理由から、科学者の自発性を組織することができた。しかしそうでなくとも一般に、計画が大きくて未知の領域に踏み込む度合いが大きいほど、また成果が上がる見込みが高いほど科学者は、目的が本来自分のものではなくとも、熱意を持って参加するだろう。

このような状況は、実際の応用と少し離れた純粋科学と呼ばれる分野では「科学の体制化」と呼ばれ、それまで基本的に擁護されてきた「研究の自由」に反するとして問題視されてきた。研究の自由という概念は、大学の自治と重なって、自然科学とは別に成長してきた。さまざまな立場・意見の存在をふまえ、社会の中の利害関係や権力関係を離れ、支配的なイデオロギーに反対しても、客観的真理に近づく努力を保証することが社会全体にとって必要であり、有益である、という主張である。自然科学の場合は、客観的な法則の存在に裏打ちされている。歴史的には、たとえばガリレオの宗教裁判や進化論をめぐる論争（後者は現在も続いている）を経験する中で確立してきた考えである。その一方「研究の自由」という標語が、科学者は（周囲の「無知な素人」たちの意見に煩わされずに）好きなように（自由に）研究できるべきだ・できて当然だ、という研究者の独善の隠れ蓑として機能してきたことも事実である。

ここまで述べたことからも明らかなように、科学の体制化はある意味で必然的な過程である。しかし必然的だからといって、望ましいものとは限らないし、その原因・結果についての考察の必要がないわけでもない。前節で引用したヘーゲルの言葉はここにも適用されよう。

研究者は当然研究を職業とし、研究することによって生計を立てている。したがって彼らは、社会の中で利害関係を持つ集団を形成していて、その関係は給与や研究費を支出する側と特に密接である。このような状況であらわになるのは、科学者と科学の党派性である。その例は古くから枚挙に暇がないが、近くではたとえば、血液製剤によるＨＩＶウィルス感染にかかわる医学者の行動が挙げられよう。最初の段階で非加熱製剤の危険性を彼らがどう評価したかは明らかでないが、非加熱製剤を使用させるという決定が製薬会社とそれにつながる彼ら自身の利益を考慮した結果であることは、状況からほぼ明らかである。さらに重要なことに、彼らは患者が発生し問題が顕在化した段階で自分達の行った決定の過程を陰蔽し、損害を患者に負わせて責任を逃れようとした。これは、「客観的な真理に近づく努力を積み重ねる」「利害を超越した」その意味で「公平な」、という科学者像を破壊するものであった。患者の危険と製薬会社の利益とは、本来「科学的」に比較計量できるものではないが、そのどちらをどの程度重視するかによって、関わる科学者の人間性が測られる。また、彼らが患者たちに及ぼす非加熱製剤の危険度を具体的に予見しえなかったことは、科学者としての彼らとシステムとしての当該科学が自然を理解している現在のレベルを示している。と同時にその結果の大きさは、限られた数の科学者と現在の科学にこの種の決定をゆだねることの危険を浮き彫りにしたといえよう。現状の正確な理解の上で、当事者が決定をすべきである。中立的立場の者がいなければなおさらのことだ。個人の医療のレベルでは、治療方法を本人（あるいは近親者）に説明し、承認を得た上で実施するといういわゆる **informed consent** がいわれるようになったけれども、それは科学・技術のすべての局面で必要なことである。

　血液製剤によるＨＩＶ感染のような場合、関与した科学者の個人的な資質や倫理・道徳は問題にされても、科学者集団の体制が論議の対象になることは少ない。確かにこの場合、関与した医学者の利害関心は個人的なものだったようだ。しかし一般的にいって、科学者の利害関心はその仕事に関わって強い。彼らは、自分の研究領域に予算をとってこようとする。そのためには時に、事実に基づくことの少ない論文を書いて権力にすりよることを辞さない。チッソ水俣事件で会社側の責任を否認しようとした論文は[1]、ほとんど論文の体をなしていない。

　この点に関係して古く柴谷篤弘が指摘したように[2]、科学者の調査報告書は常に「もっと研究することが必要だ」と結ばれる。研究の必要性を訴えるときにはその結果に対する期待を掻きたてるわけだが、それはしばしば誇張される。誇張にも無理のないと思われる程度から虚偽にいたる広いスペクトルがありうるが、それは連続的につながっていて切れ目がない。地殻の異

（1）例えば清浦雷作（当時東京工業大学教授）の論文は、水俣湾の魚の中の水銀量を比較するのにことさら水銀鉱山や水銀を用いていた工場のある河の下流を選んで、しかも場所を記載しないといった類のもので、チッソとの癒着による不正を疑わせるものであった。戸木田菊次（当時東邦大学教授）の生理学の論文も同様であった。例えば、原田正純『水俣病』（岩波新書、一九七二年）を見よ。

（2）柴谷篤弘『反科学論』第四章七節、みすず書房、一九七三年。再版筑摩書房、一九九八年。

常を発見した地震予知連絡会長がヘリコプターで首相官邸に入るところから始まる災害演習が毎年行われていることは、未だかつて実証されたことのない地震予知の技術的可能性が極めて過大に売り込まれたことを示している。そして、一九九五年の阪神大震災に際して当時の内閣官房長官が、地震の予知は出来ないかもしれないが出来るかもしれないのだから、研究すべきだ、といったと伝えられることは、彼（あるいは日本政府）が技術的可能性の現状を具体的に評価する意図も能力も持っていないことを明示した。同じことは、核燃料サイクルや高速増殖炉、熱核融合炉などについてもいえよう。

このような状況において、科学研究の実情や社会的な必要性、国の助成策、さらには方針の妥当性をきちんと評価し、批判的に検討することが必要となる。推進するグループ内部の科学者がするのでは、その党派性から信頼できるものとはならない。そこで、特に欧米では、会社や国を離れて自然科学・技術を研究する機会を市民の側でつくる、具体的には、NGOが研究者を雇って評価のために研究所を経営するようになった。NGOの研究所と他の研究機関との研究者の交流も行われている。これは、従来いわれてきた研究の自由や大学の自治を保証する場所を別に作る必要ができた、と解釈することもできる。

科学政策や科学研究自体の検討は、単に自然科学の立場からだけではなく、社会的・政治的な問題（たとえば、核技術やロケット技術の軍事力への転化の可能性・周辺諸国への影響、あるいは市民への情報の開示や意見の取り入れの方法、その他）を含めた全体を考慮して行われなければならない。また、成功したときの予想だけではなく、開発の失敗や事故の可能性とその影響の大きさも客観的に検討されるべきである。もちろん完全な予想は出来ないけれども、尽くすべき手順についての考察も行われている。

外から科学を見る試みは、第五章・第六章で述べる。資源環境問題は科学・技術と社会との接点にあるから、このような考察を必要としているし、またその具体的な例を提供している。

3　分析的方法の限界

ところで、現代科学の基盤である「分析的な思考」は因果関係の理解の段階だけではなく、むしろ問題設定の段階で重要なのである。ニュートンは林檎が落ちるのを見て万有引力の法則を発見した、という有名な伝説があるが、そこでニュートンは力と運動という属性に限定して、地球と林檎とを同等に扱ったのである。こうして問題が明確になって初めてわれわれは、何をどう調べるかという構想を立てることが出来る。別のいい方をすると、自然の中で我々の頭の中の枠組みに投影された部分だけが考察・研究の対象となり、理解される。

たとえば、車を動かすために能率のよいエンジンを作ろうとしている技術者にとっては、排気ガスの成分は問題にならない。しばらく前まではノッキング防止のために、四エチル鉛のような有毒成分も燃料に添加されていた。「排気ガス中の微量の有害成分を減らす」という目標は、車を作り・使う側の「車を動かす」という目標とは全く別の、たくさんの車が走り回る空間で生活する（その場では車に乗らない）人々の要求として現れたのである。外から与えられて初めて問題が設定され、自然（この場合ならば、エンジンの中での微量な有害成分の生成機構とその削減方法）が解明される。科学の論理の普遍性（合理性）は問題が設定された後の段階で効力を発揮するのであって、それ自体として最初から、この例では多数の自動車の走り回るこの世の中に住む多数の人々全体、つまり世界、の理解を保証するものではない。むしろ、最初に作った枠内の有効性はその枠の外の問題を見失わせ、世界全体の理解を妨げる危険がある。自動車を製造する企業は、排気ガスの有害成分の削減を強制されることに強く反対した。「合理化」という言葉はしばしばそれ自体が善いことであるかのように扱われるけれども、これは何時も何らかの目標（会社ならば収益）を達成するための手段・技術についての評価である。それ自体が目指すべき目標ではありえない。目標が変われば、「合理化」の方向が変わる。

これは、資源環境問題の科学・技術的側面の基本にかかわることである。市場での財貨のやりとりを考察対象とする経済学に「外部効果」という言葉があって、経済主体の間の市場を通さない相互作用を総称するが、環境問題は典型的な外部効果である。それは、市場経済の中に包含されない、という意味だけではなく、科学・技術の問題設定にとっても、そうなのである。技術が実用化されると、そのもたらす結果は最初に立てた目標に限定されない。目的外の結果が問題となることをすべて「事故」というとすれば、科学も技術も本質的に「事故」を内包している。研究の目標にしようとしまいと内燃機関は排気ガスを排出するのであり、そこにはさまざまな成分が含まれる。いったん「事故」が起きれば、この例でいえば排気ガスの成分が問題となれば、その原因を解明することは、いつもというわけではないが、多くの場合可能である。技術的に対策を立てることもできるかもしれない。しかし、考慮する範囲を限定することで対象の理解がはじまる以上、つまり「外部」の存在を免れることが出来ない以上、「事故」は原理的になくならない。この点については、最後の章でもう一度ふれる。

このような本質的な特性から、分析的な思考方法はさまざまなレベルで繰り返し批判されてきた。要求されるのは、対象あるいは問題の「全体的な理解」の回復である。しかし科学研究の現場では、この要求は常に打ち捨てられて顧みられない。それは、「全体的」ということの内容が定義不可能であり、従って共通の理解が出来ず、努力が蓄積されないために、物事の理解にとって効力を持たないためである。にもかかわらずこの要求が繰り返し提出されるのは、上で述べたように、分析的な理解では抜けてしまうところが必ず残るからである。科学の対象が、我々（科学者）の主観から独立した一つの全体だからだ、といってもよい。

分析的な理解の不十分さが最も見やすいのは、人間を対象とする医学かもしれない。薬害問題が後を絶たないことからもわかるように、身体のある部分に対する働きかけの影響が目標とした部分に限られることは決してない。各部分の間に緊密な相互作用があり、各部分を単純に寄せ集めたのが全体（一人の人間）ではないからである。一人の人間が十全に健康に生きているかどうかは、一つ一つの器官の性能を別々に客観的に評価してわかることではない。

これは環境問題についても全く同様である。第二章で取り上げるように、現在大気中の二酸化炭素の量が問題とされているが、単にその量を減らせばいいのではない。そのための方策が環境の他の部分の他の性質に影響を及ぼすことを認識し、その程度・大きさを十分考慮しなければならない。原子力発電に頼ることは、生成した放射能の制御の方法（完全に制御する方法はまだ知られていない）によっては、発生する二酸化炭素の全量を増やすに違いない。さらに、もし仮に地球温暖化問題が解決されたとしても、人類が今のように生きている限り、環境問題は次々に現れるだろう。既にメソポタミアをはじめとするいくつかの古代文明は、住民の引き起こした環境問題を解決できずに死滅したといわれる。モアイ像で知られるイースター島は、樹木を伐りすぎたために今のような状態になったと推定されている。[1]これらの例は局地的だったけれども、科学・技術の発展の結果として、現在の資源環境問題は地球全体に関わるものとなった。

(1) クリーブ・ポンティング著、石弘之訳『緑の世界史』朝日新聞社、一九九五年。

自然科学では、いくつかの保存法則が知られている。質量やエネルギーの保存法則が典型的だが、関わるものをすべて漏れなく数え上げれば、その量は出来事の前と後とで変化しない。また熱力学第二法則は、変化の後では前に比べてエントロピーが必ず増加することを主張する。これらの法則は、考える量については全部を漏れなく計量するのだから、部分ではなく全体を見ているのだ、と思われるかもしれない。確かに一面ではその通りであって、エネルギーとかエントロピーとかいう概念を用いることによって、資源環境問題を大摑みに見通すことが出来る。このような見通しを得ることによって我々は、不可能な努力をしたり、事態を改善しようとして逆に悪化させたりすることを避けられるかもしれない。それについては第四章で述べる。しかし、ものの多彩な性質をすべてエネルギーやエントロピーに還元することは出来ない。その意味でこれも、全体を見ているわけではない。やはり問題は「汲み尽くせない」のである。

分析的な理解の集積がそのまま全体の理解につながる、という楽観は許されない。我々はいわば、全体の理解に向かって部分的・分析的に努力し、部分的・分析的な努力が全体にどういう影響を及ぼすかを考察する、という両面作戦を強いられている。それは、環境問題では特に明らかである。

第2章　フロン・二酸化炭素による地球規模の環境問題

吉村和久

自然科学の基本的な手法は、生起する事象を素過程にわける所からはじまり、それらを結びあわせた複合過程として自然を取り扱う。ここでは、オゾン層破壊および地球温暖化を例にとり、大気の化学がどのように地球環境問題を認識し、問題解決に向けて何を行ない、また行なおうとしているかを紹介する中で、自然科学が内包する特質を明らかにしたい。

1 オゾン層破壊とフロン

冷蔵庫用冷媒としてのフロンの開発物語

■［社会的ニーズと技術開発］　蒸気圧縮方式の優位性が一八七三年にC・フォン・リンデ(1)により明らかにされて以来、気体を圧縮して発生する熱を室内・野外に放出して液化し、その液体が気化する際の気化熱で冷却を行うヒートポンプが、冷凍空調設備として用いられるようになった。初期に用いられた冷媒は、アンモニア、二酸化炭素、二酸化硫黄、塩化メチルなどであり、毒性・可燃性・液化する圧力が高いなどの欠点を持っていた。一九二八年にデュポン社のC・ケタリングがゼネラルモーターズ社の電気冷蔵庫部門で用いる無毒・不燃性の冷媒の開発をT・ミジリー(2)に依頼したところから、フロン(3)の物語が始まる。

■［フロン開発における科学の方法］　ミジリーは産業構造にかかわるような非常に有用な二種の物質の開発に関与したが、今ではいずれも環境汚染・破壊の原因物質として使用が規制されている。一つは四エチル鉛であり、ガソリンエンジンのノッキング抑制剤としてガソリンに添加するものである。液体の四エチル鉛を〇・一％弱まぜた有鉛ガソリンの性能はきわめて高

(1) Carl von Linde　一八四二―一九三四年。ドイツの工学者。

(2) Thomas Midgley, Jr.　一八八九―一九四四年。アメリカの工学者。

(3) クロロフルオロカーボンの略称。デュポン社はフレオンを商品名としたが、日本ではフロンが通称となっている。ここではフロンを用いる。

く、世界中で使用された。その結果、**図1**に示すように、極地域まで鉛による汚染が広がっている。ノッキング抑制作用という未知の性質を追求するために、彼は元素の周期表を利用してどの元素の場合にそれが最大になるかを見出そうとした。未知の性質を持つ物質の探索には試行錯誤を含む多数の実験が必要であり、その開発には六年の歳月を費やした。

それに対して、フロンの開発はわずか三日で完了したという。摂氏零度と零下四〇度の間に沸点があること、安定なこと、無毒であること、それに不燃性であること、これらの性質を合わせ持つ化合物の探索にも、彼は周期表を活用した。ミジリーは次のように書き記している。(4)

　われわれは既知の性質が組み合わされた一つの化合物または化合物のグループを探したにすぎない。私は周期表を利用することを決めた。揮発性は何らかの点で周期表に関係あるだろうと考えたからである。ちょっと考えれば、この考えは正しいことがすぐわかる。ある個数の元素、すなわち八個の元素について考えさえすれば良いのである。従来使用されている冷媒は、全部この八個の元素の組み合わせからできていた。これらの元素の可燃性は周期表における位置の左から右に向かって減少する（**図2**）。また、毒性は（一般に）、下方の重い元素から上方の軽い元素に向かって減少する。この二つの願望条件はフッ素に焦点を結んでいる。これはまさに心を踊らせる推理であった。フッ素化合物の中に無毒の

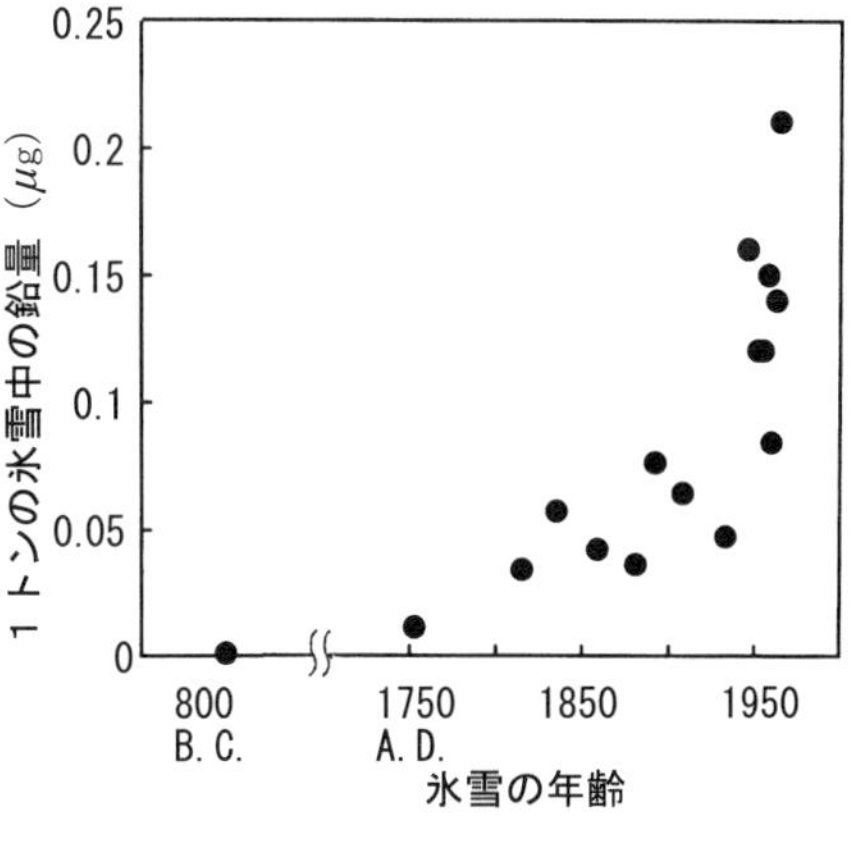

図1　グリーンランド大陸氷から読み取れる鉛汚染の経年変化⑤

(4) D・H・キレファー、賀田尚夫訳『化学工業・今日と明日』東京化学同人、一九七一年。

(5) M.Murozumi et al.: Geochim. Cosmochim. Acta, 33,1247-1294 (1969)

ものがありうると考えた人は以前にはなかったように思われる。この可能性は疑いもなく冷凍技術者によって無視されていたのだ。もしわれわれの直面する問題が、単一の化合物を使用して解決できるものであるとすれば、その化合物はフッ素を含んでいるにちがいない。

ミジリーは学会の会場において、吸い込んだフロンでロウソクの火を消してみせ、フロンが不燃性、低毒性、化学的・熱的安定性をもつ夢の化合物であることを高らかに宣言している。冷媒としてばかりでなく、優れた性質を利用して、スプレー（ボンベ中にあまり高圧にすることなく液体としてつめることができ、気体として噴出させる時にボンベ中の目的とする液体を噴霧する）、洗浄用溶剤（高い有機物溶解性を利用して、とくに半導体製造において、半導体の表面に付着する有機物の洗浄除去）、発泡剤（ガス化しやすく、断熱性に優れていることを利用したウレタンフォームや発泡スチロール製造）、消火剤などに用途が拡大され、生産量は飛躍的に増加した（**図3**参照）。

フロンによるオゾン層破壊の予測と実証

科学が内在する諸問題を最初から全て見通すことはできないことを前章で述べた。航空機事故の度にその原因究明が徹底的に行われ、その積み重ねの上で航空機が現時点でもっとも安全な乗り物となったことも、科学の特徴をよく表している。フロンの開発についても、その当初

可燃性

大 → 小

								毒性
H							He	小
Li	Be	B	C	N	O	F	Ne	
Na	Mg	Al	Si	P	S	Cl	Ar	↑
K	Ca	Ga	Ge	As	Se	Br	Kr	
Rb	Sr	In	Sn	Sb	Te	I	Xe	大

図2　典型元素の周期表
（下線は冷媒として用いられたことのある元素）

において、成層圏のオゾン層の破壊にフロンが関与するであろうことを予見することはできなかった。

生産・使用されたフロンは、最終的にはすべて大気中に放出された。あまりにも安定なフロンは対流圏では分解せず、最後に成層圏に到達し、そこで太陽からの紫外線によりはじめて分解されて原子状態の塩素（化学反応性がきわめて高い）を放出し、それがオゾンを破壊する可能性が理論的な計算により明らかとなったのは一九七三年[1]である。このローランドらの指摘は、最初は単なる仮説として受け取られ、フロンの国際的な生産規制は遅れたが、理論的な解析と実験的な検証により次第に間違いのない過程として認められるようになった。さらに、一九八五年に南極上空の成層圏オゾン濃度が低下していることが観測されその原因物質が特定されて、仮説の正しかったことが明らかとなった。それが足踏み状態にあった国際的な生産規制を一気に実現する原動力となり、「オゾン層を破壊する物質に関するモントリオール議定書」が締結されることとなる。それでは、ローランド達は、どのようにしてフロンと成層圏オゾン層を結びつけたのであろうか。また、彼等の仮説はどのようにして受け入れられていったのであろうか。

■**［フロンによるオゾン層破壊の予測にいたる背景］**　紫外線（紫色の光よりもう少し波長の短い電磁波）には殺菌作用がある。これは、紫外線が生命にとって有害であることのあらわれ

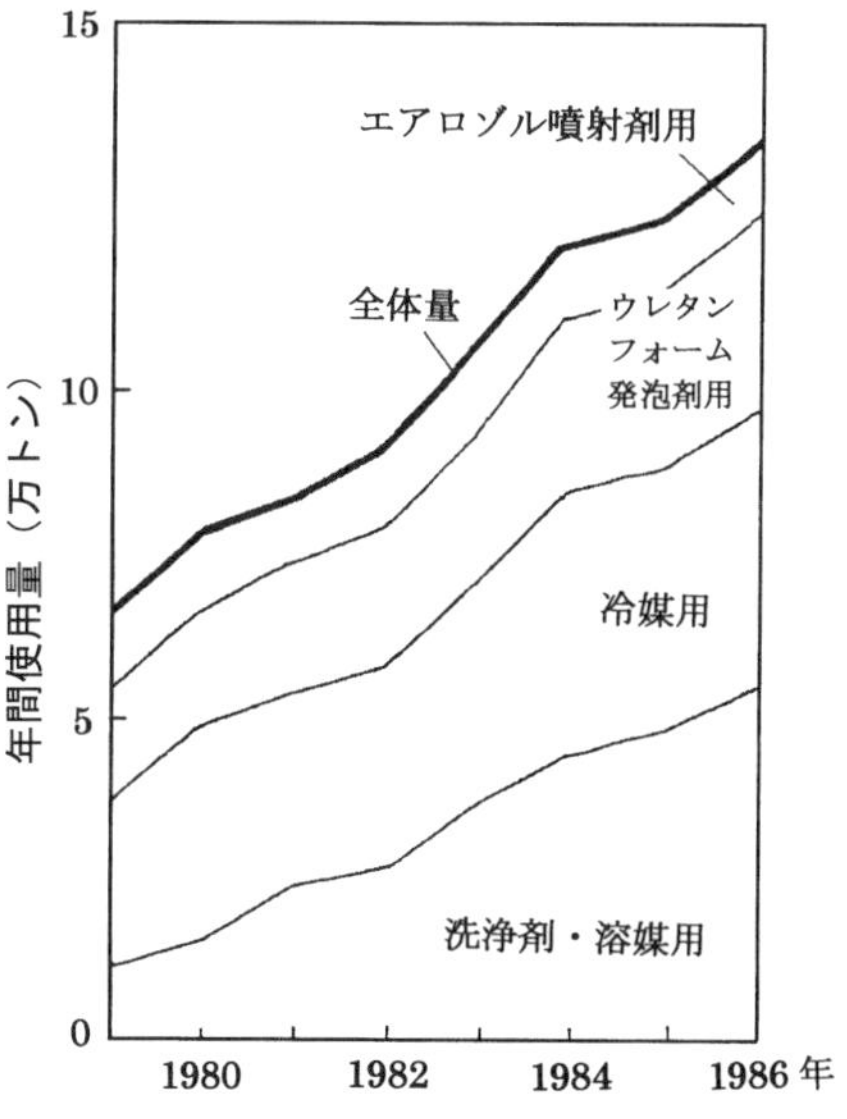

図3　日本のフロン生産量の経年変化[2]

（1）M. J. Molina and F. S. Rowland : Nature, **249**, 810-812 (1974).

（2）富永健、巻出義弘、F・S・ローランド『フロン』東京大学出版会、一九九〇年。

である。単細胞生物が紫外線によって障害を受ける場合、二六〇～二六五ナノメートル[1]の波長の紫外線の影響が最も大きい。遺伝子情報の伝達に関与する核酸（ＤＮＡ、ＲＮＡ）がこの波長領域の紫外線を吸収し、化学変化が起きやすくなるためである。この太陽からの紫外線を遮り、すべての陸上生物の生存をささえる重要な役割を果たしているのが成層圏のオゾン層である。高度二五キロメートルを中心に、大気中のオゾンの約九〇％が成層圏にある。成層圏大気中の酸素分子[2]が太陽光の二四二ナノメートルよりも波長の短い電磁波（紫外線）を吸収して分解すると酸素原子[3]を生じ（次頁左上の反応式(1)）、それが酸素分子と結合してオゾン[4]が生成する（同じく式(2)）。オゾンは、酸素分子が吸収しない波長（二四二～二九〇ナノメートル）の紫外線を吸収すると分解する（式(3)）。生成した酸素原子が再び酸素分子と結合してオゾンになる時に熱を放出し、成層圏の上部を加熱して安定な大気構造を形成するはたらきをしている。

　このオゾン層が注目をあびるきっかけとなったのは、一九六十年代に開発が進められた超音速旅客機（ＳＳＴ）の排気ガスが、成層圏オゾンを破壊し皮膚癌の発生率を高くする可能性が指摘されたことに始まる。主に資金的な理由によって米国のＳＳＴ開発は中止となり、英仏および旧ソビエト連邦においても数機しか建造されなかった。成層圏オゾンに被害を与える程の高空を飛ばないため、当初言われたほどの脅威にはならないことも明らかになって、排気ガスによるオゾン層破壊の問題はそれほど深刻ではなくなった。しかし、この問題を契機として、成層圏オゾン層が生物の存在に関わっていることが明確に認識され、その消長に関係するさまざまな化学反応についての研究が進展した。特に、ドイツのマックス・プランク化学研究所の

（1）一ナノメートル（nm）＝10^{-9}メートル（一〇億分の一メートル）
（2）O_2
（3）O
（4）O_3

D・クルッツェンは一九七〇年に土壌中の微生物が生産した窒素酸化物が成層圏に達してオゾンを触媒的連鎖反応により分解することを指摘し、自然起源のものを含めて大気環境中の窒素酸化物と成層圏オゾンの収支関係を明らかにした。これは、その後の研究の流れの中できわめて重要な位置を占めるものであった。クルッツェンには一九九五年、大気化学とくにオゾンの生成・分解に関する研究に対して、ノーベル化学賞が授与されている。

一九九五年に同時にノーベル化学賞を受賞したのが、F・S・ローランドとM・J・モリーナである。ローランドは、放射性炭素同位体を用いる年代測定法の開発でノーベル化学賞を受賞したW・F・リービー（シカゴ大学）の門下で、プリンストン大学、カンザス大学を経て、一九六四年新設のカリフォルニア大学アーバイン校化学科教授となった。当初、ホットアトム化学を研究の中心においた。原子核反応などで生まれたエネルギーの大きな放射性核種を用いて、化学反応の仕組を調べる研究分野である。その研究のために、放射能をもつ化合物の分離検出法を開発し、その応用として光化学、特に気相化学反応の分野の研究を行っていた。一九七十年代初め、このような基礎化学研究の他分野への応用を模索していたときに、大西洋上で極めて微量のフロンを検出したというラブロックらの報告に出会う。検出された濃度(5)は、そのときまでに生産されたフロンの累積値を対流圏の体積で割ったものにほぼ匹敵するという。この事実は、フロンが安定な化合物であり水溶性も低いため、対流圏の中で分解・除

$$O_2 \rightarrow 2\,O \quad (1)$$

(242 nm 以下の波長の紫外線)

$$O + O_2 \rightarrow O_3 \quad (2)$$

$$O_3 \rightarrow O + O_2 \quad (3)$$

(242 - 290 nm の波長の紫外線)

(5)それは数十ｐｐｔｖであった。一ｐｐｔｖは、体積で一兆分の一の濃度である。一マイクロリットルの目的物質が千立方メートルに希釈された状態に相当する。因みに、スポイトの先から落ちる一滴の水は、約五〇マイクロリットルである。

去されずに均一に混合されたことを示していた。ローランドらは、これらの安定な化合物の行方に疑問を抱き、一九七三年大気中のフロンの挙動の研究に着手した。その時、バークレーのG・C・ピメンテルの所で光化学を学んだモリーナが、博士研究員としてローランドの研究室に在籍したことが大きな助けとなった。また、大気中の微量成分気体の研究には、彼等が行ってきた研究の手法が役立った。彼らは、大気中に放出されたフロンが最後には成層圏に到達し、そこで太陽からの紫外線によりはじめて分解されて化学反応性がきわめて高い塩素原子を放出し、それがオゾンを破壊する可能性を理論的な計算により明らかにした。そして、フロンの製造を直ちに中止しても、すでに放出されたフロンが徐々に成層圏に達するために、二〇～五〇年後には約五％の成層圏オゾンが減少すると予測したのである。

■**［数値計算によってなされたフロンによるオゾン層破壊の予測と大気化学の発展］**　フロンは、成層圏における光化学反応により短波長の紫外線を吸収して分解し、塩素原子を放出する。この塩素原子は式(4)・(5)のような連鎖反応によってオゾンを分解する（酸素原子は前述の酸素分子の紫外線による分解で生成したもの）。この連鎖反応に関与する塩素原子一個が、上の反応経路以外で他の物質と反応して消滅するまでに、平均数万ものオゾン分子を破壊すると考えられている。オゾン分解の過程は、一酸化二窒素[1]のように自然界に存在する物質によっても起こる。塩素とオゾンの反応をはじめ、成層圏の微量成分が関与する化学反応は百を越える。成層圏大気は化学反応・気温・大気による物質輸送が複雑にからみ合いながら、その状態を維持している。このように複雑なシステムである成層圏のオゾン濃度変動を予測するために、光化学過程

（1）N_2O

と同時に気温や大気輸送を考慮した大規模な数値シミュレーションが用いられた。特に、ローランドらの予測がなされたあとは、不安定な化学種を含む全ての化学反応の速さや反応機構の解明が実験室レベルで活発に行われ、予測の正確さの向上が図られるとともに、大気化学という新たな学問領域が急速に発展していった。

図4は、ローランドらの一九七四年のモデルに基づいて予測した高度ごとのフロンの濃度を示したものである。その翌年にはフロン濃度の測定が実際に行われ、それらの値が予測値とほぼ一致することが確認されて、成層圏でのフロン分解に関する彼等のモデルが正しかったことがわかった。しかし、数値シミュレーションの結果だけを手がかりに書かれた論文は、それを公表するにあたって一方ならぬ決断力が必要だったであろう。事の重大さ故に公表を急いだが、彼等の結論の確証を得るためには、大気中でフロンによるオゾンの消失に大きく影響をあたえる化学反応や過程が存在しないことを明らかにしなければならず、さらに時間を要したはずである。ところが一九七六年に彼ら自身が、フロンによるオゾン層破壊を否定する可能性を持つ化合物にたどりつく。(4)式で生成する一酸化塩素が大気中の窒素化合物と結合して硝酸塩素[3]を生成する反応の寄与が大きければ、フロンによるオゾン層破壊は起こらないこ

$$Cl + O_3 \rightarrow ClO + O_2 \quad (4)$$
$$ClO + O \rightarrow Cl + O_2 \quad (5)$$

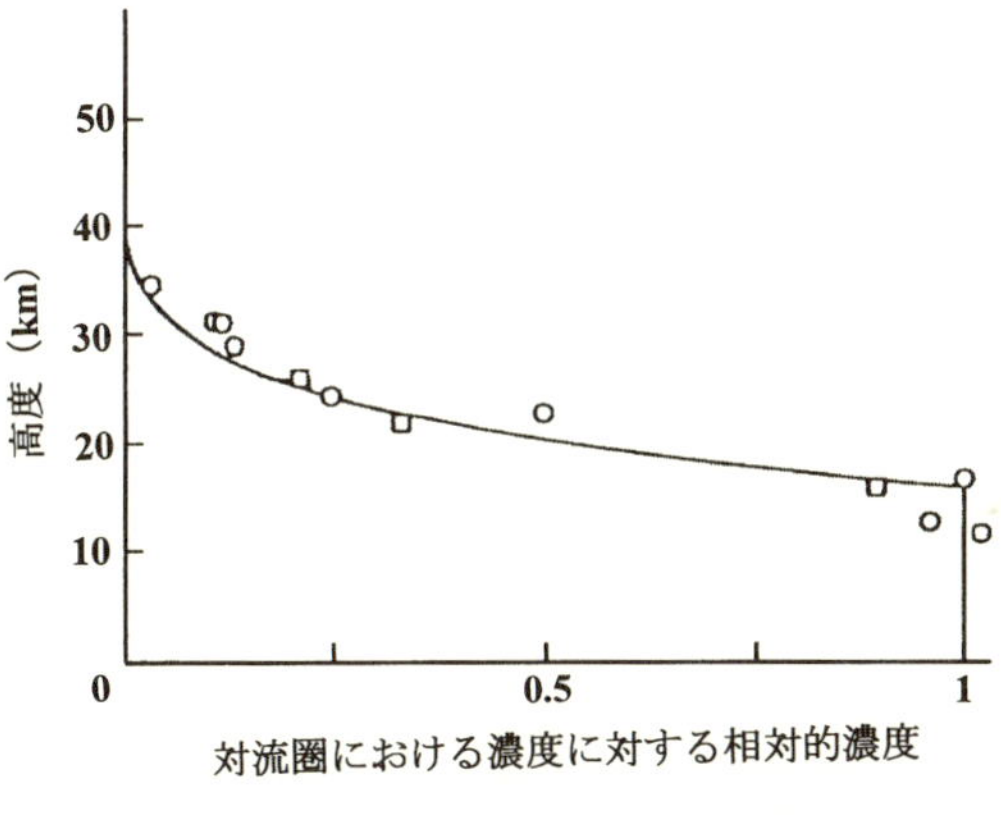

図4　フロン（CCl_3F）**の大気中濃度分布**[2]

実線：M. J. Molina と F. S. Rowland の計算による理論値（1974）
○：米国大気研究センター（NCAR）の実測値（1975）
□：米国海洋気象庁（NOAA）の実測値（1975）

（2）三七頁注2
（3）$ClONO_2$

とになってしまう。そこで、硝酸塩素が関係する反応についての実験が行われ、新たな情報を加えて数値シミュレーションが繰り返された。結果的には、フロンによるオゾン分解の予測値を少し下方修正するだけで、オゾン層破壊のシナリオは大きくは変わらないことがわかった。このような経緯は、フロン規制の葛藤の中で、科学に対する社会の評価に大きな混乱をひき起こすことになったことは否めないが、新しい情報が得られて理論が修正されるのは科学の進歩の典型的な過程であり、ローランドらが自らの説をくつがえす可能性のある硝酸塩素の役割の解明に積極的に取り組んだのは、科学者として当然であった。

■［南極のオゾンホールの出現］　一九七五年にデュポン社のある幹部は「フロンがオゾン層の破壊によって健康に危険を及ぼすと信ずるに足る証拠があれば、われわれとしても問題の化合物の製造を中止する用意はある」と言明した。しかし、まもなく成層圏でフロンおよび(4)式により生じる一酸化塩素が検出されてローランドらの仮説の正しさが信じられるようになったにもかかわらず、いつ始まりどの程度の規模かもわからない将来の環境上の問題よりも、利益の方が優先される状況は続いた[(1)]。

ローランドらの当初のモデルに基づく予測では、フロンによる成層圏オゾンの破壊は極めてゆっくり進行し、オゾン濃度の低下が観測されるのはまだ先のことと考えられていた。しかし、八十年代に入ってから毎年十月のオゾン濃度が予測をはるかに越えて急速に下がっていることを一九八五年にJ・C・ファーマンらが報告した[(2)]（**図5**）。南極の春先にオゾン層において観測されるオゾン濃度が低い部分は、その後「オゾンホール」と呼ばれるようになった。当初、オ

（1）シャロン・ローン、加藤珪・深瀬正子・鈴木圭子訳『オゾン・クライシス』地人書館、一九九一年を参照。

（2）J. C. Farman, B. G. Gardiner and J. D. Shanklin : Nature, **315**, 207-210 (1985).

ゾンホールの原因を説明するためにたくさんの説が提出された。その中には、化学物質以外に原因を求めるものもあり、大気の動きに着目した「力学的理論」もその一つであった。通常赤道上空の成層圏上部において主に生成するオゾンが両極におしやられて春先に下降してくるのが、太陽活動の変化などのなんらかの原因でオゾンに富んだ空気の下降が弱められたとするもので、この説ではフロンはまったく関与しない。さまざまな説の中からもっとも妥当なものを見つけるには、それぞれの説において予想される物質の存在とその濃度を明らかにすることが重要であり、一九八六年と八七年に南極大陸で大規模な調査が行われた。その結果、南極の冬の摂氏零下八五度以下にまで下がる極域上空に発生する極成層圏雲という氷晶からなる雲が、オゾンホールに関与することが明らかとなった。太陽光が届くようになる春先に、成層圏に存在するフロンのような比較的安定な塩素化合物から水酸化塩素(3)や塩素(4)を生成する化学反応とそれらの塩素原子への光分解反応が、氷晶表面において急速に進行するためであった。ローランドとモリーナは最初の論文(5)の中で、彼等の予測は気体の化学反応を前提としており、成層圏に存在する粒子状物質と塩素との不均一反応はまだ何も分かっていないと書いたが、まさにその不均一反応がオゾンホール生成に大きく関与したわけである。

（3）ClOH
（4）Cl_2
（5）三七頁注1
（6）三七頁注2

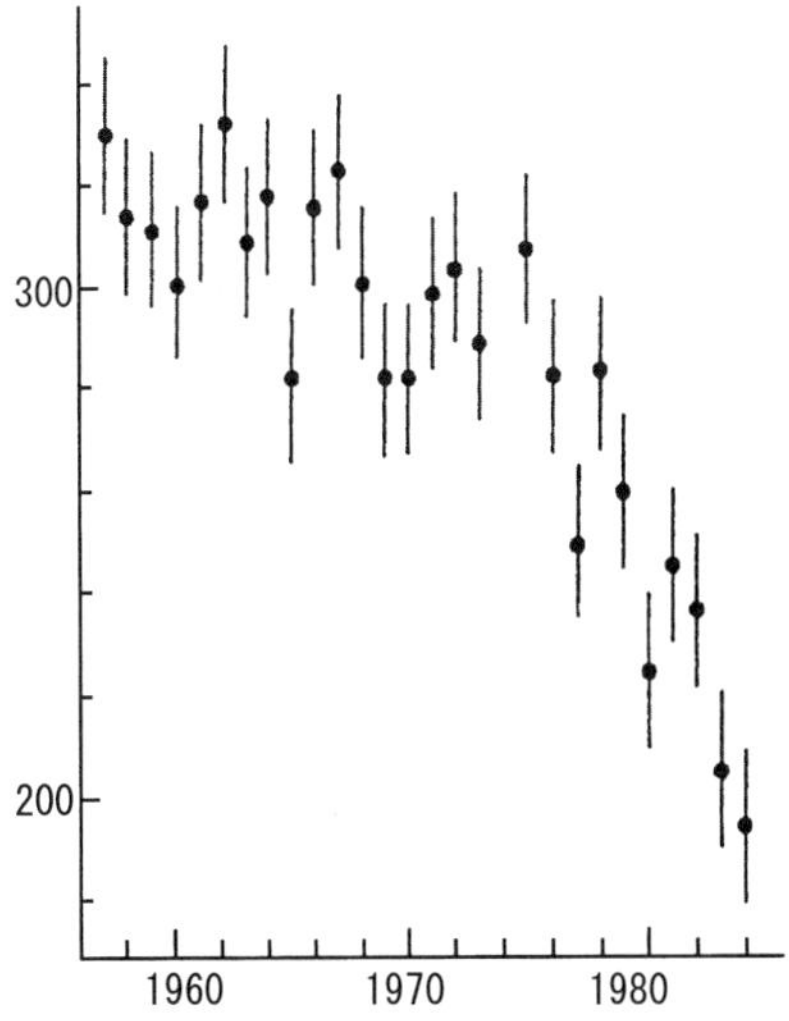

図5　南極ハーレー湾のオゾン濃度⑥
(10月の月平均値)

大気化学の発展を支えた分析技術の開発

数値計算による予測が実証されるためには、裏づけとなる事実が必要となる。したがって、仮説の鍵となる物質の濃度の測定が最も重要であった。その測定技術は、それぞれの分子が持つ固有の性質と関係づけられる。

■［成層圏オゾンおよびオゾン破壊に関与する不安定化合物濃度の測定技術］　オゾン濃度の測定にはドブソン分光光度計(1)が用いられてきた。これは、太陽光の紫外領域の特定の波長における強度を測定するものである。オゾンは(3)式の化学反応にともなって紫外線を吸収するため、太陽直射光をプリズムで分光し、オゾンにより吸収を受ける二九〇ナノメートルよりも短い波長の紫外線強度と、吸収を受けにくい波長の紫外線の強度の比を測定すると、太陽光が大気圏を通過して観測装置に届くまでのオゾンの総量を地表での観測により知ることができる。この原理を応用したのがドブソン分光光度計で、一九二四年に開発されて以来、オゾン層観測の標準機器となっている。

南極でのオゾンホールの存在が明らかとなった時に、フロンがそれに関与することを証明するための直接的な証拠は(4)式で生成する一酸化塩素の存在であった。その検出定量に用いられたのがマイクロ波分光計である。分子は回転運動をしており、その回転の固有周波数（マイクロ波領域の電磁波に相当する）のエネルギーを吸収すると励起状態に移る。そこで、成層圏に一酸化塩素が存在すればその分子の回転状態の活性化に必要な特定波長のマイクロ波が吸収さ

(1) この発明者の名前をとって、鉛直方向で積算したオゾンの量をドブソン単位で測る。一ドブソン単位は、オゾンだけが存在すると仮定して、摂氏〇度・一気圧のときの厚みを一〇マイクロメートル単位で表した値である。

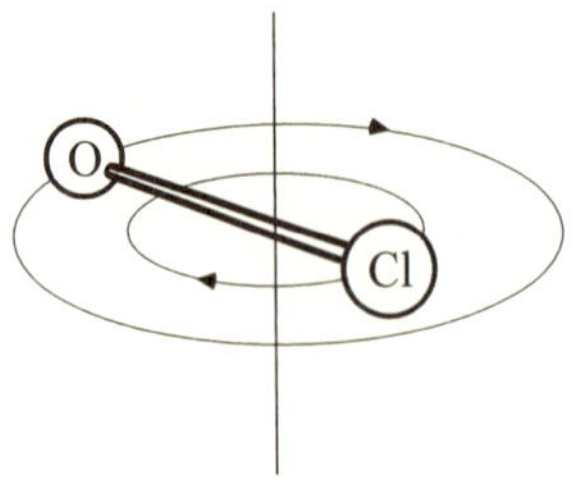

図６　一酸化塩素（ClO）分子の回転運動

れるので、地上から発射して電離層で反射されて戻ってくるマイクロ波を観測すると、一酸化塩素の量を知ることができる。

■［**大気中フロン濃度の測定技術**］　内分泌攪乱物質いわゆる「環境ホルモン」を含めて、環境中の超微量成分の時間的・空間的分布に関する情報が得られるようになったのは、高感度分析法の開発の賜である。大気中フロンの定量には、ラブロックの開発した電子捕捉検出型ガスクロマトグラフィーが威力を発揮した。ガスクロマトグラフィーでは、内径二〜五ミリメートル、長さ一〜四メートルのガラス製の筒に不揮発性の有機化合物液体をしみ込ませた珪藻土をつめたもの（充填カラム）や、内壁に不揮発性の有機化合物液体をコーティングした内径一ミリメートル以下、長さ一〇〜一〇〇メートルの熔融石英の細管（キャビティカラム）を用いる。これにヘリウムや窒素のような不活性気体（キャリヤーガスと呼ぶ）を流しておき、その流れの中に混合気体を導入すると、カラム中に保持された有機物に対して親和性の高い気体成分と低い気体成分がカラムを通過する間に分離できる現象を利用したものである。これを定量に用いるには、分離されたそれぞれの気体成分の絶対量に応じたなんらかの信号を取り出す必要がある。現在数種の検出法が用いられており、それらの中で、大気中のフロンのような有機塩素化合物の超微量成分の検出のためには、ラブロックの電子

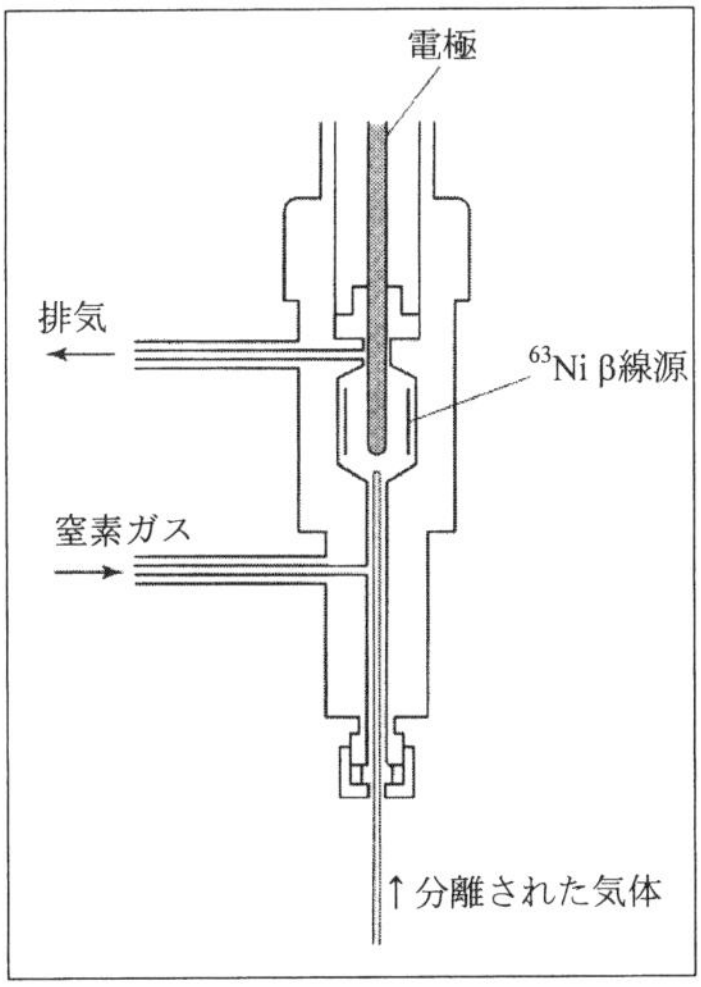

図7　ガスクロマトグラフの電子捕捉型検出器[2]

（２）日本分析化学会九州支部編『機器分析入門』第四版、南江堂、一九九七年より引用。

捕捉型がもっとも優れている。彼の検出器は、β線(1)放射線源と高電圧のかかった電極から構成される（**図7**）。キャリヤーガスがβ線によってイオン化して陽イオンと電子が生成し、電極には定常的に電流が流れる。電子に対して親和性が高く陰イオンとなりやすい有機ハロゲン化合物がカラムから出て検出器を通過する時電子を捕捉して陰イオンとなり、キャリヤーガスの陽イオンと結合する。その結果電極間に流れる電流が減少し、その度合は有機塩素化合物の絶対量と関係づけられる（**図8**）。ラブロックは自ら開発した装置の有用性を示すために、人間活動の影響が少ないと予想される大西洋上などの大気中のフロン11(2)の測定を行った。彼は、都市域から発生するフロンを追跡することが大気循環の研究に使えることを明らかにしたが、オゾン層破壊にフロンが関与することには考えが及ばなかった。電子捕捉検出ガスクロマトグラフィーは現在でもフロンの定量に用いられており、対流圏、成層圏でのフロン濃度は気球や飛行機を使って大気を直接採取して測定される。

代替フロンの開発における科学の方法

地表で大気に放出されたフロンは、対流圏を約十年かかって成層圏まで上昇拡散する。成層

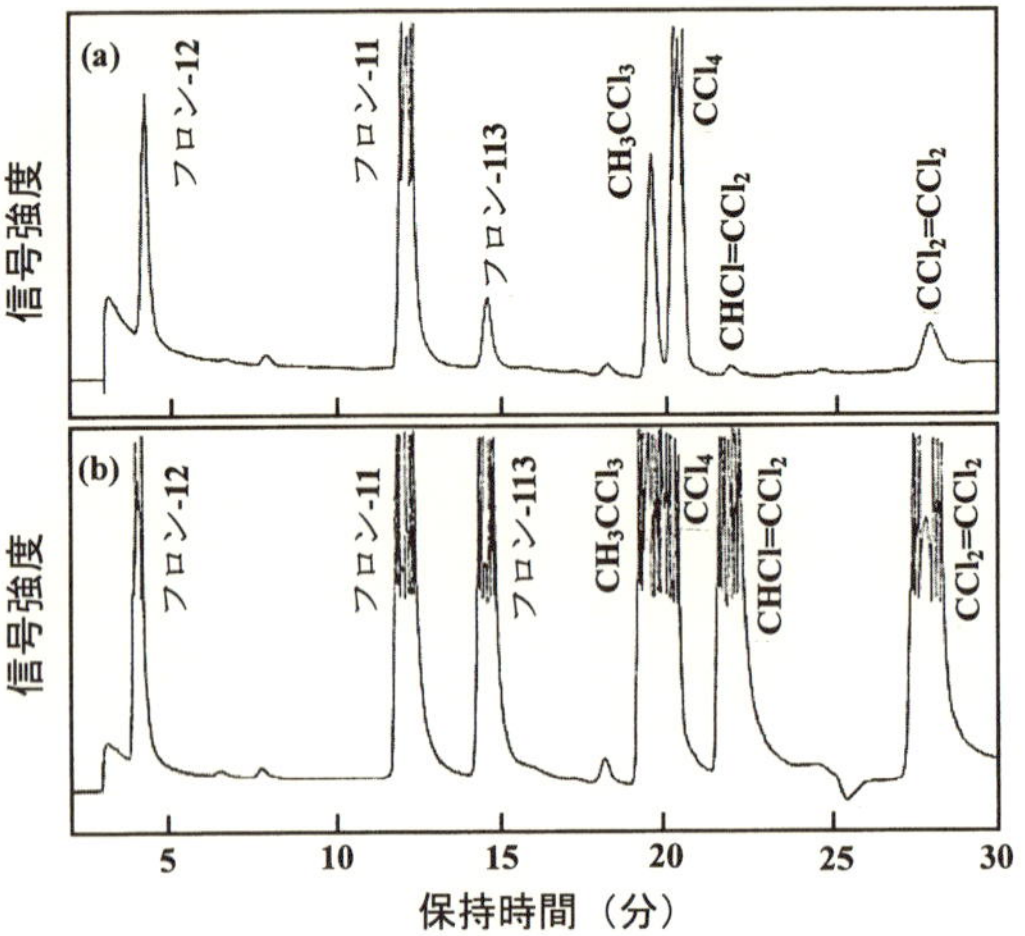

図8　ガスクロマトグラフィーによる有機ハロゲン化合物の検出(3)
(a)：正常な大気、(b)：都市の大気

（1）第三章七二頁参照。

（2）CCl_3F。フロンの番号は、一桁目が水素原子の数に一加えた数、二桁目がフッ素原子数、三桁目が炭素原子数から一引いた数を表す。ただし、炭素数を示す三桁目の0は表示しない。

圏に到達したフロンは太陽からの紫外線の作用で分解し、その際に生成した塩素原子がオゾンを連鎖反応的に分解する。したがって、代替フロンの開発における指針は、対流圏での寿命が十年以内であるものを求めることになる。家庭用エアコンの冷媒などに利用されているフロン22[4]のように分子内に水素原子を含んでいるフロンは、大気中の水酸基ラジカルとの反応性が高く、対流圏での寿命が比較的短い。このような代替フロンを開発する一つの方法として、既知の化合物の物性から予測する方法が取られている。例えば、**図9**のように、炭素に結合する水素、フッ素、塩素を頂点とする三角形を考え、それぞれの元素の組み合わせによる化学的性質の違いを推定する方法である。既知の化合物の性質から、大気圏での寿命、毒性、可燃性が予測でき、斜線の入っていない空白部の組成をもつ化合物が代替フロンの主流となっている。

(3) 日本化学会編『フロンの環境化学と対策技術』一九九一年。

(4) $CHClF_2$ 注1参照。

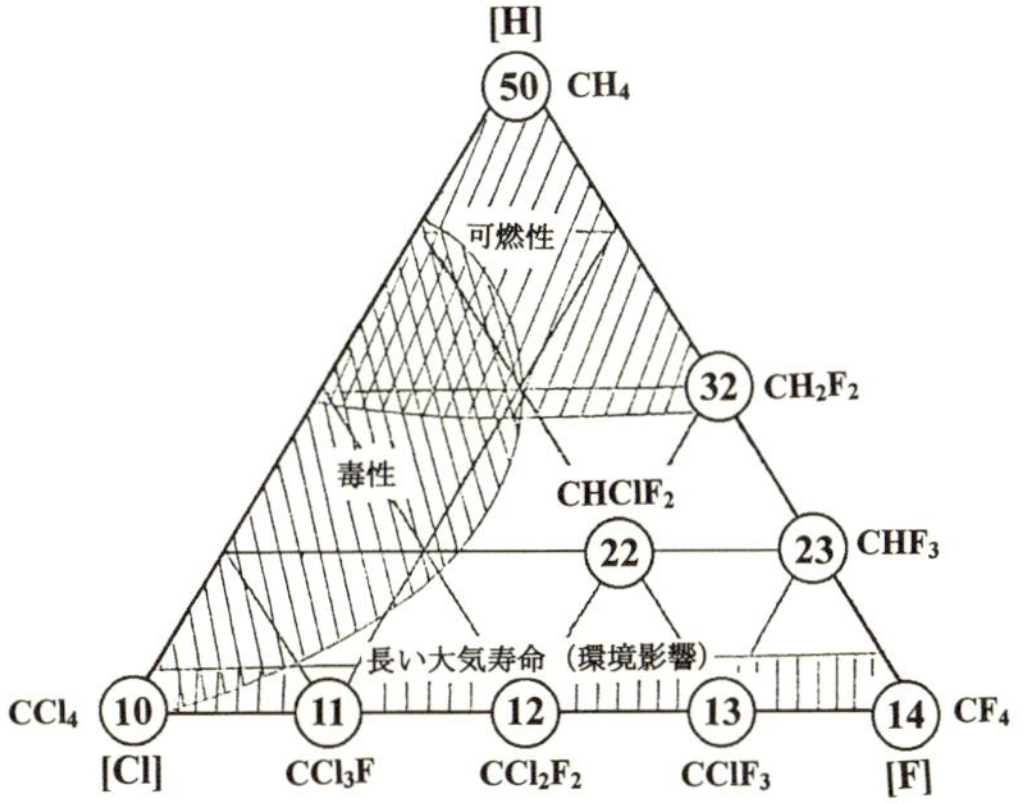

図9　水素・塩素・フッ素原子の割合から見たフロン代替物の探索[3]

フロンの生産・使用規制と化学計測

表Iに、成層圏のオゾンを保護し、環境への大きな影響を防ぐため対策がとられるまでの流れを示した。オゾンホールの出現が契機となって、オゾン層破壊効果の大きな特定フロンの生産・使用を規制する「オゾン層保護のためのウィーン条約」（一九八五年）とオゾン層破壊物質の生産削減等の規制措置を盛り込んだ「オゾン層を破壊する物質に関するモントリオール議定書」（一九八七年）が採択された。しかし、当初の予想以上のオゾン層破壊が進行していることが観測されたことなどを背景として、一九九〇年、一九九二年、一九九五年、一九九七年の四回にわたって見直しが行われ、規制対象物質の追加、規制スケジュールの前倒しなど、段階的に規制強化が行われている。

このような規制の根拠は、オゾン破壊物質の大気濃度の精密測定結果に基づいており、その測定がますます重要な意義を持つことになる。将来予測のためのモデルの基礎になっているオゾン破壊物質の寿命や大気中の挙動についての知見を確かめる科学的意義とともに、大気濃度の経年変化に基づいて年間放出量が推定できるために、規制が効果的に行われているかどうかも監視できる。実際、特定フロンの大気濃度が減少傾向にあることは、予測と良く一致している(**図10**)。

表I　オゾン層保護のための活動の年譜

1973年	ローランドとモリーナ、フロンが成層圏のオゾンを破壊する可能性のあることを発見。
1974年	ローランドとモリーナ、オゾン破壊に関する論文を『ネイチャー』に発表。
1975年	自然資源保護協議会が消費者製品安全委員会にエアロゾル・スプレー缶へのフロン使用禁止を訴える。オレゴン州でエアロゾル・スプレー缶へのフロン使用禁止。
1977年	国連環境計画がオゾン消失に関する最初の国際会議を開催。
1978年	全米でエアロゾル・スプレー缶へのフロン使用禁止。
1982年	日本昭和基地において中鉢らが気球によるオゾン高度分布調査で成層圏内の著しいオゾン減少を見い出した。オゾンホールの中心部を直接とらえた最初の観測例。
1984年	ファーマンらが南極大陸上空のオゾンのほぼ半分が突然消失したことを検出。
1985年	オゾン消失に関する研究継続と情報の交換を定めたウィーン条約が採択。
1987年	世界中の最終的フロン削減量を50%とするモントリオール議定書調印。
1988年	デュポン社がフロンの製造中止を発表。
1990年	モントリオール議定書を改定。特定フロンを2000年で全廃。
1992年	モントリオール議定書を改定。規制の前倒しにより特定フロン、四塩化炭素、メチルクロロホルムを1996年で全廃。
1995年	モントリオール議定書を改定。代替フロンの規制スケジュールと発展途上国に対する規制スケジュールを策定。
1997年	同上

2　地球温暖化の科学

地球温暖化への対応

二酸化炭素やフロンなどは反応性に乏しく、大気に排出されてもそのままの形で長期間大気に滞留する。地球大気の循環は速いので空間的には国境を越えて分布し、また時間的にみると次の世代にまで大気に残って被害を与えることになる。したがって、これが認識されるに伴い、環境問題が世界的な政治レベルのものとなった。大気中二酸化炭素濃度の増加による地球の温暖化については、一九九二年「地球温暖化防止のための気候変動枠組み条約」が成立し、その年の六月にリオデジャネイロで開催された「地球サミット（環境と開発に関する国際会議）」において調印された後、百五十ヶ国を越える国々によって批准された。この条約では二〇〇〇年以降の温室効果ガス排出量は具体的には定められなかったが、一九九七年十二月京都で開催された第三回締約国会議（ＣＯＰ３）において、先進国全体で二〇〇八年から二〇一二年の間に、一九九〇年の排出レベルに比べて少なくとも五％排出削減をすることを決めた京都議定書が採択された。自国の実際の削減以外にも、排出削減量を売買する排出権取り引き、共同で削減対策に取り組んで削減分を分け合う共同実施、途上国の削減に協力し

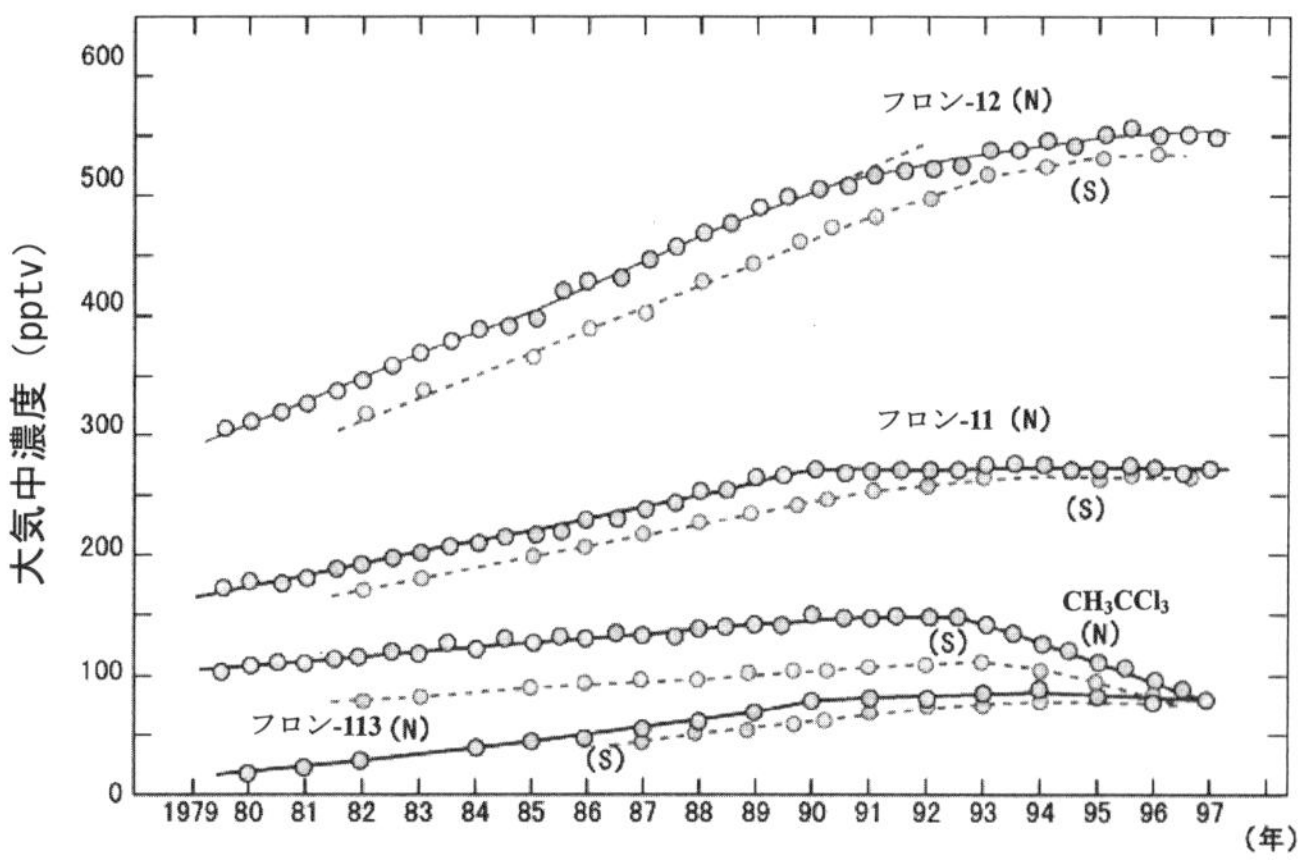

図 10　北半球中緯度及び南半球における特定フロン等の大気平均濃度の経年変化

北半球中緯度（北海道：N）及び南半球（南極昭和基地：S）
（環境白書 1999 年）

て削減分の一部を自国の削減量とするクリーン開発メカニズムの導入などが削減達成の手段として認められた。排出量削減の具体化は一九九八年以降の締約国会議に引き継がれた。しかし二〇〇一年に登場したアメリカのブッシュ政権は、二酸化炭素の排出規制は経済成長の妨げになるとして、京都議定書からの離脱を宣言した。そのために国際的な混迷が続いている。COP3の議論については、第六章で取り上げる。

わが国では、一九九〇年十月地球温暖化防止行動計画を制定した。そして、京都会議で決まった削減率を達成するために、一九九八年十月には国と地方自治体に温室効果ガスの排出抑制計画の作成を義務付けた地球温暖化対策推進法が成立し、一九九九年四月から施行された。また二酸化炭素に限らず、資源を使い捨てる社会を転換する目的で、循環型社会形成推進基本法が二〇〇〇年五月に制定され、施行されている。

大気中の二酸化炭素濃度の上昇による地球温暖化のメカニズム

国連環境計画（UNEP）と世界気象機関（WMO）とにより、国連組織の気候変動に関する政府間パネル（IPCC）が一九八八年十一月に設立され、活動成果は一九九〇年にIPCC地球温暖化第一次評価報告書、そして一九九五年に第二次評価報告書が刊行された。二千名の世界第一線の専門家と政治担当者を集め、条約交渉の科

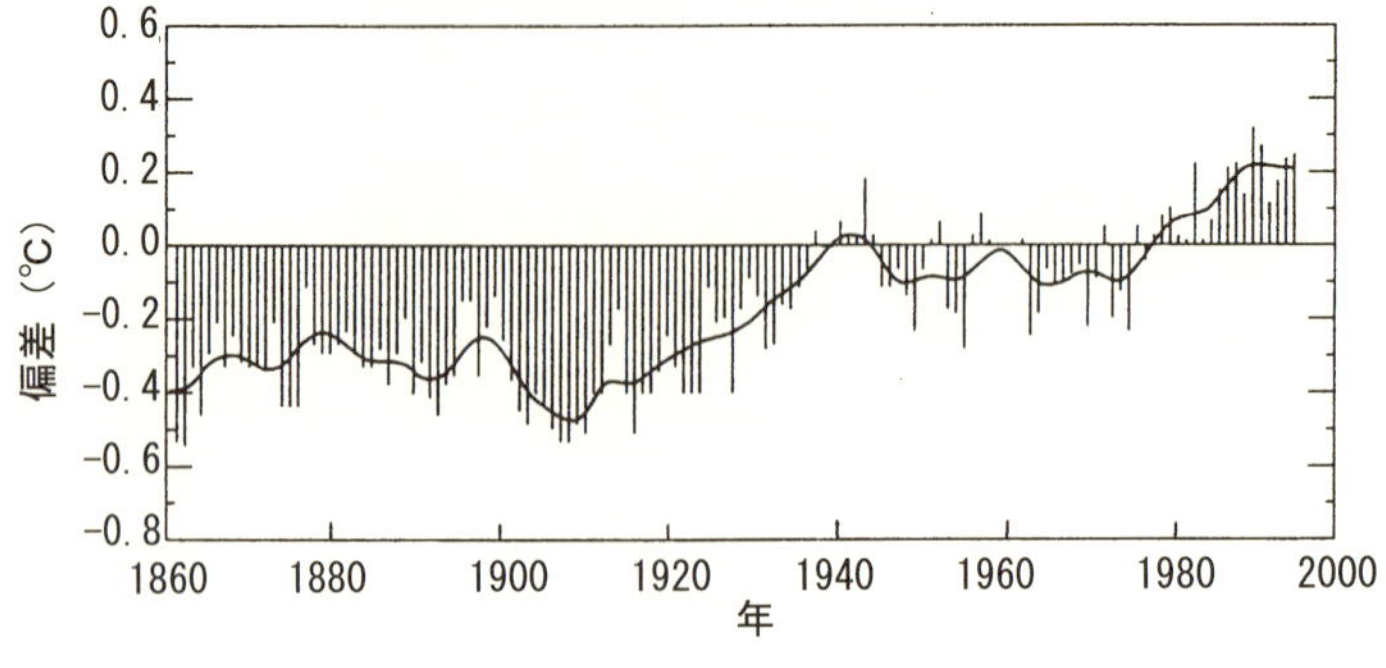

図 11　平均気温の推移（1861-1994）

陸上気温と海面水温を結合した全地球平均（1961-1990 年の平均値からの偏差）

（環境白書 1999 年）

学的根拠を提供しているＩＰＣＣはその第二次報告で、間接的表現ではあるが、人為的な原因による地球温暖化が現実のものとなっていることを認め、過去百年間の観測データから、地上の平均気温は摂氏で〇・三から〇・六度上昇したと報告した（**図11**）。このままのペースで温暖化が加速すれば、百年後には大気中の二酸化炭素濃度は現在の二倍になり、平均気温は現在よりも摂氏二度、海水面は五〇センチ上昇するであろうと予測している。これらの成果に基づいて政治レベルの策定がなされているわけであるが、ここで、その予測が受け入れられていった科学的根拠と、さらにその根拠を支えるために行なわれている研究について、見てみよう。

産業革命華やかなりし一七五五年にブラック[1]が固定空気と命名した二酸化炭素が発見されたが、その時代の異常気象（暖冬）に対して、温暖化と二酸化炭素とが関連するとは誰も夢想だにしなかった。十九世紀後半になってスペクトル分析が発展すると、当時気温が上昇傾向にあったこととも関係して温暖化に興味を持った物理化学者アレニウス[2]は、大気中の二酸化炭素が地球から宇宙への熱放射の一部を吸収することを定量的に示した。これは月の光のスペクトルが月の高さや季節により異なることを利用して求めた二酸化炭素と水蒸気の吸収係数に基づいたものであり、彼は大気中の二酸化炭素濃度が二倍になると摂氏五度気温が上昇することを予想した。アレニウスの著作は大正時代の日本に大きな影響を与えた。宮沢賢治の「グスコーブドリの伝記」は、冷害対策として大気中の二酸化炭素濃度を上昇させるために、身を挺して火山の噴火を誘発する物語である。人間活動による大気中の二酸化炭素濃度の増加を最初に指摘したのは、イギリスの気象学者カレンダー[3]である。彼は、一九三八年までの六十年間に摂氏で

（1）**Joseph Black** 一七二八―一七九九年。イギリスの化学者。

（2）**Svante August Arrhenius** 一八五九―一九二七年。スウェーデンの化学者・天文学者。

（3）**G. S. Callendar** 一八九八―一九六四年。イギリスの気象学者。

〇・五度気温が上昇した原因を大気中の二酸化炭素濃度の増加（約七％）に帰している。しかし、それ以降の二十年間の気温が下降ぎみとなったことと、二酸化炭素のほとんどは海洋に吸収されるはずだと考えられていたこととのために、この問題を深刻に受け止める科学者はいなかった。

大気中の二酸化炭素濃度の精密測定が始まったのは、一九五十年代後半からである。一九五七—五八年の国際地球観測年のプログラムに二酸化炭素濃度測定が加えられ、米国スクリップス海洋研究所のキーリングらがハワイ島のマウナロア観測所および南極点で赤外線分析計を用いた観測を開始した。それは現在まで継続されるとともに、ＷＭＯによって全地球的な観測網で観測が行われている（**図12**）。さらに古い時代の大気の分析は、大陸氷の中に閉じ込められた過去の大気を取り出すことで可能となった。過去の大気は現在の大気と本質的に差異はなく、ここ一万年くらい大気組成は変化していないと考えられている。しかし二酸化炭素濃度は、産業革命以前は二八〇ｐｐｍｖ[1]でほぼ安定していたものが、今では三五〇ｐｐｍｖを越えてしまった。二酸化炭素濃度を有効数字一桁で表示すれば、一九九十年代前半までは〇・〇三％であったものが、九十年代後半には〇・〇四％になったことになる。

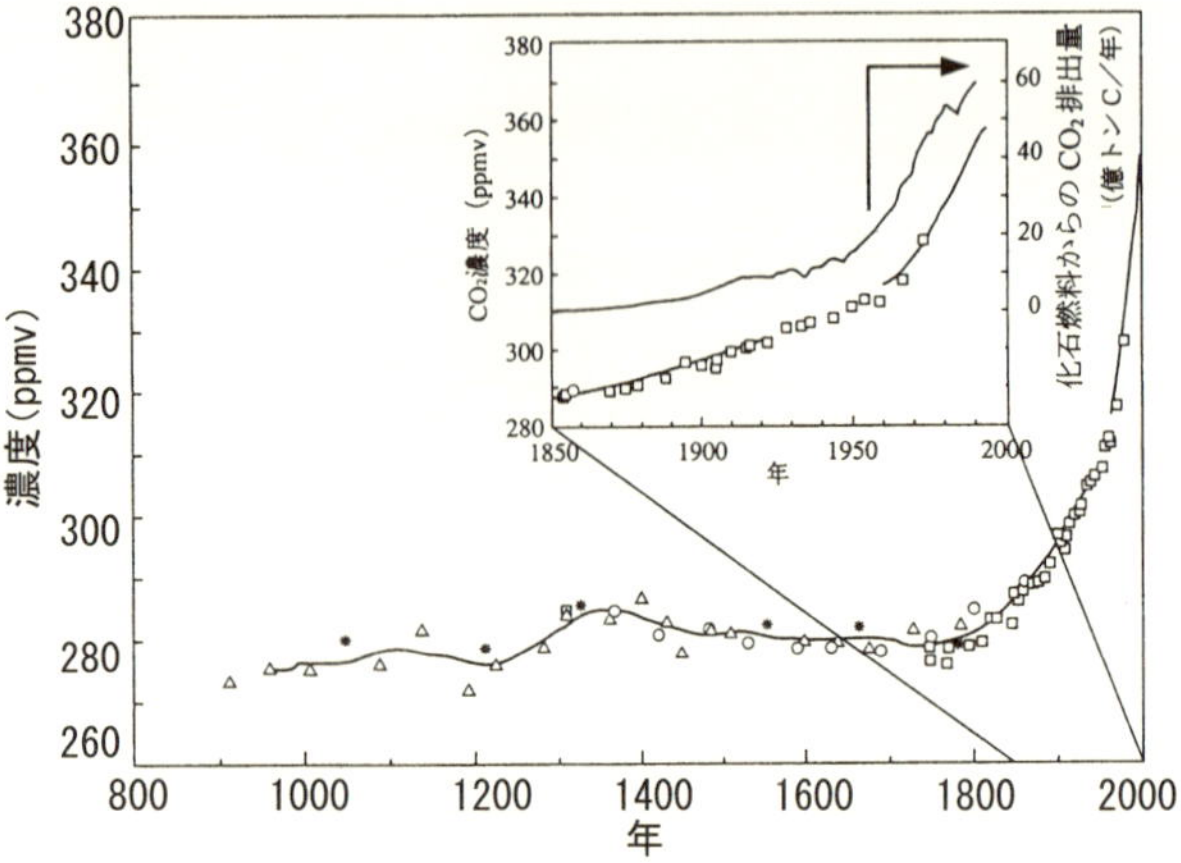

図12　二酸化炭素濃度の推移（900-2000）

（環境白書1997年）

（1）体積あたり〇・〇二八％。一立方メートル中に二酸化炭素が二八〇ミリリットル含まれる。一ｐｐｍｖは、体積で百万分の一の濃度を示す。

二酸化炭素による地球温暖化のメカニズム理解には、十九世紀末から二十世紀初頭にかけての量子論的物質観の確立が大きく貢献した。ある温度の領域が存在すると、その領域からはその温度に特徴的な電磁波が放出される。これは熱放射または黒体放射（あるいは黒体輻射）とよばれ、自然界に存在する普遍的な現象である。放射強度が最大となる波長[2]と絶対温度で表した物体の温度Tとの間には、式(6)が成立する。また、その放射強度は温度の四乗に比例する。

図13に示したように、太陽光の最大強度の波長は約五〇〇ナノメートルであり、太陽表面の温度は絶対温度で約六千度ということになる。地球は太陽からのエネルギーを主に可視域の電磁波として受け取っている。その強度は太陽からの距離の二乗に逆比例して減るが、地球の位置では平均して、太陽の方向を向いた平面一平方メートル当たり約一・四キロワットである。入射した光の一部は雲や地表で反射されてそのまま宇宙に戻る（その割合は現在三〇％程度と見積もられている）が、大部分は大気を含む地球表面で吸収される。吸収されたエネルギーは、もう一度式(6)に従って熱放射として電磁波の形で宇宙に放出される。摂氏零下一八度の熱放射があれば、流入と放出のエネルギーのバランスがとれる計算になる。

図14は、人工衛星に積んだ赤外分光計によって熱帯の大平洋上空で観測した、地球からの熱放射スペクトル（実線）である。三〇〇度と二〇〇度の場合の計算値も破線で示してある。観測される熱放射スペクトルは緯度によって違うのだが、全体として絶

$$T\lambda_{max} = 2.9 \times 10^{-3}\ \mathrm{K \cdot m} \quad (6)$$

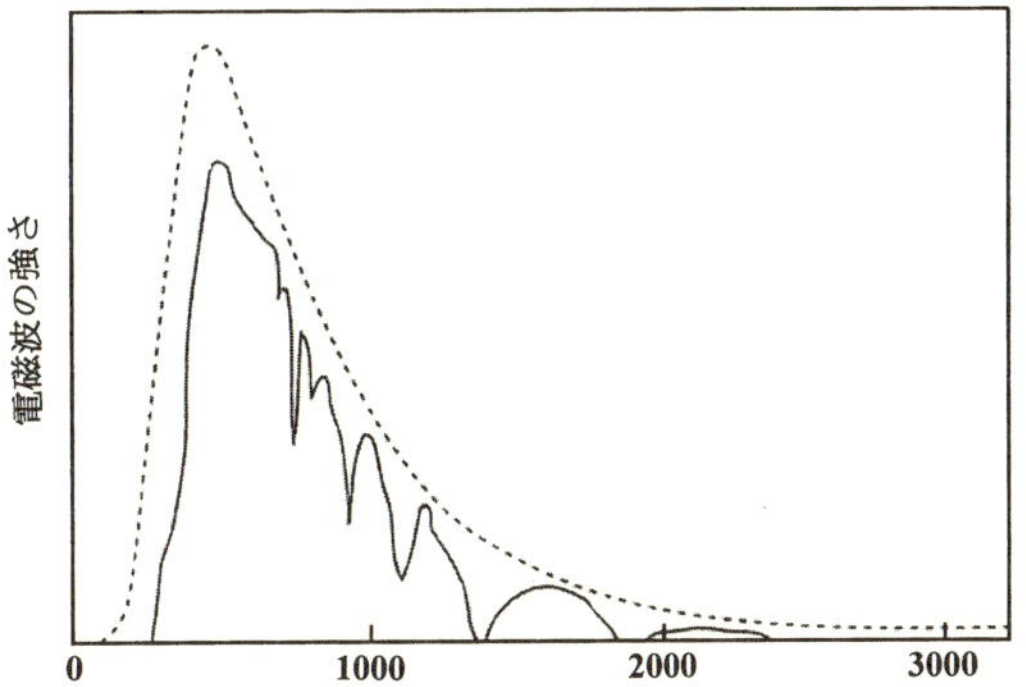

図13　太陽の熱放射スペクトル（点線）と地表の太陽光スペクトル（実線）[3]

（2）λ_{max}と書いてメートル単位で表す。λはギリシャ語のラムダ。

（3）高橋浩一郎・岡本和人編著『21世紀の地球環境』日本放送協会出版会、一九九二年。

対温度約三〇〇度の熱放射で、しかしいくつかの顕著な吸収がある。波長一五マイクロメートル付近の特に大きな吸収は、大気中の二酸化炭素分子の振動（変角振動）によるものである（**図15**）。二酸化炭素分子は吸収したエネルギーをまた放出するが、それは方向によらない。だから、ほぼ半分は地球に戻ってくる。その分のエネルギーも宇宙に放出するためには、地表の温度が少し高くならないといけない。**図16**を参照。これが温室効果[1]である。このために地表は、平均気温摂氏約一五度の穏和な環境が維持されている。もちろんこれは二酸化炭素だけのことではない。比較的単純な分子の振動モードは地球の熱放射の強い赤外領域に観測されるものが多く、オゾン、メタン、フロンなどが温暖化効果ガスと見なされるのはそのためである。温室効果の程度は、当然、温暖化効果ガスの量に比例する。二酸化炭素濃度が増加すると、バランスのとれる温度がさらに高温側にずれることになる。

温暖化が進行すると、海水の蒸発がより盛んになるために、雲が増えて太陽からの光を遮ることになり、結局は温暖化は心配するほど進行しないという考えもある。しかし、そのような効果も考慮にいれたコンピュータシミュレーションによる予測では、まだ基礎的なデータが十分でないために用いたモデルが異なると数値に違いがみられるものの、いずれのモデルに基づく計算結果も極地域の温度上昇を予測している。

（1）Green house effect.

（2）山本晋、化学、四六巻（五号）三〇二頁（一九九一年）

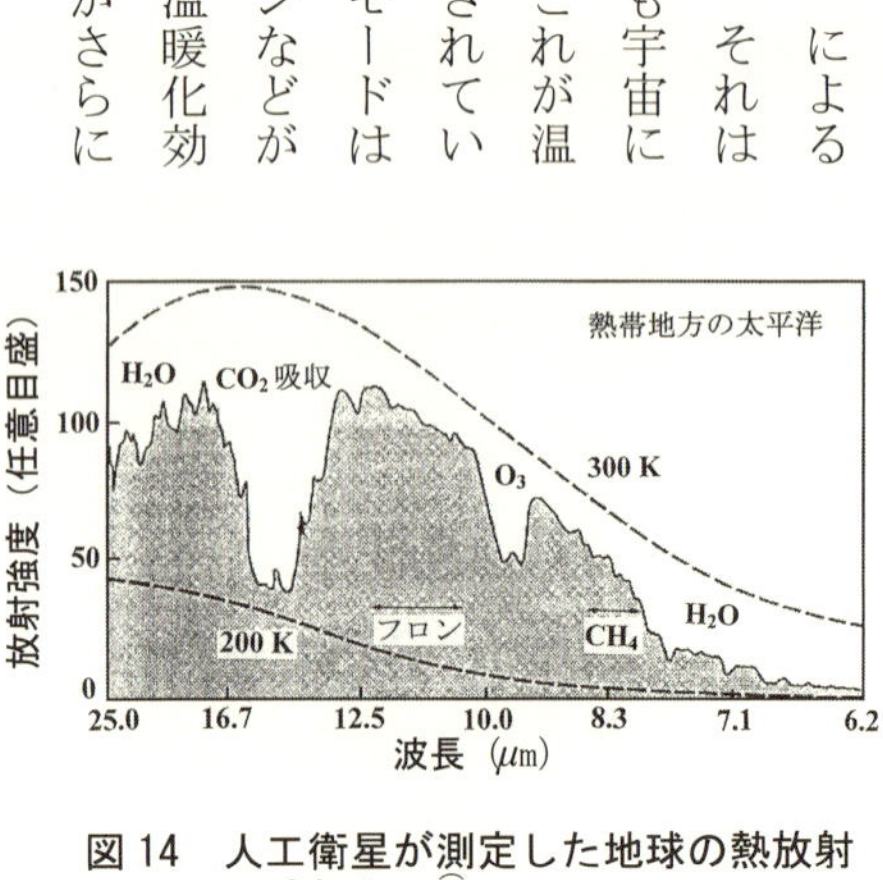

図 14　人工衛星が測定した地球の熱放射スペクトル[2]

二酸化炭素の循環

世界中で消費されるエネルギーの大部分は化石燃料（石油、石炭、天然ガス）の燃焼により賄われている。その際に二酸化炭素が放出される。**図17**は、地球表層における炭素の溜り場所とその量、およびその間の移動量を示したものである。矢印の横の数値が炭素としての年間移動量であるから、化石燃料燃焼に伴う移動量は、年間炭素として五五億トン（この値を三・七倍すると二酸化炭素としての量になる。二二〇億トン）に達し、その約半分がそのまま大気中に蓄積されていく。海洋には大気の六十倍の二酸化炭素が存在する。そして、人為的に放出された二酸化炭素の吸収源としてもっとも大きなものは海洋であると推定されているが、そのメカニズムはまだよく判っていない。大気—生物間の循環と収支についても同様である。しかし、一九九五年のＩＰＣＣの第二次報告書では、**表Ⅱ**のように、炭素換算二〇億トンが海洋により吸収され、北半球の中高緯度での森林の再生による吸収が五億トン、推定される吸収源（陸上生態系による吸収）として一三億トンを見積もっているが、不確定な所が多く、自然界で生起する二酸化炭素の循環と収支を今後さらによく理解する必要がある。

現在、海洋、珊瑚礁地域、森林、乾燥地域、石灰岩地域、沼湖における二酸化炭素の循環について、精力的に調査が行われている。それらの中からここでは、珊瑚礁地域での珊瑚による二酸化炭素固定化について当初提起されたパラドックス（珊瑚が炭酸カルシウムとして二酸化炭

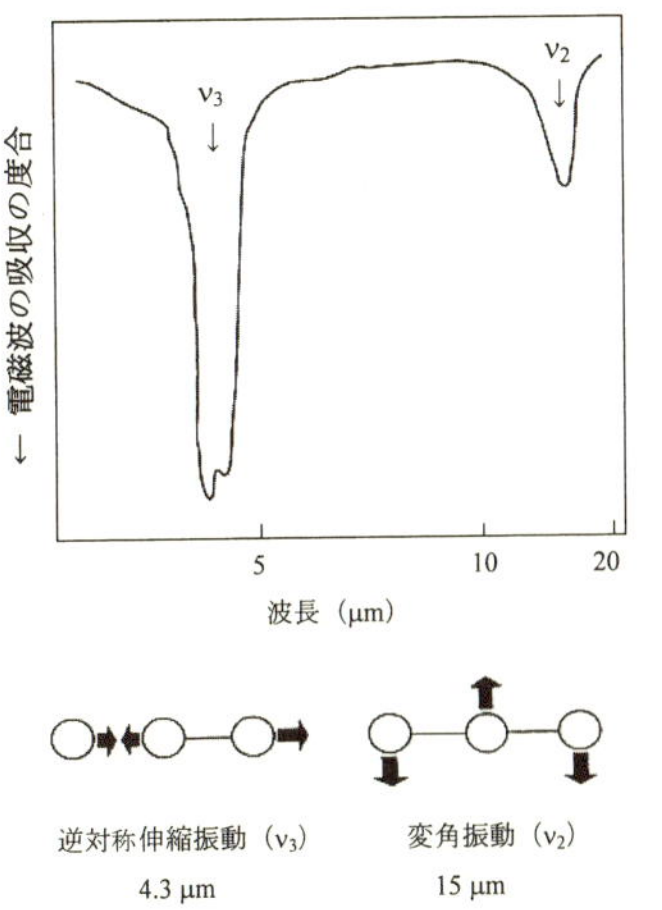

図 15　二酸化炭素の振動スペクトル

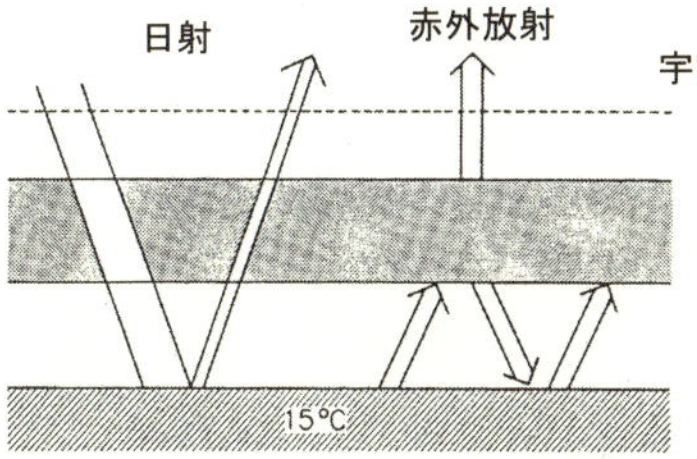

図 16　温室効果の概念図

素を固定すると、海水が酸性になって逆に炭酸カルシウムが溶け始める）と、我々が行っている炭酸塩岩地域における研究結果を紹介する。

■［珊瑚礁は二酸化炭素の固定をしているか］[1]　二酸化炭素は、さまざまな形で地圏、水圏に閉じ込められていることが知られており、炭酸塩岩はその中でも最も大きな溜り場である。大気中に存在する二酸化炭素の十万倍であるから、いかに莫大な量であるかがわかる。したがって、珊瑚礁をふやして二酸化炭素の固定を図ることが検討されたことがある。では、果たして珊瑚礁域では二酸化炭素は大気から吸収されているだろうか。

現在の海水のpH領域においては、炭酸塩の沈殿反応は(7)式のように書くことができる。生物が関与しようとしまいと、正味の化学反応が変わることはない。したがって、一〇〇グラムの炭酸カルシウムが沈殿すると四四グラムの二酸化炭素が生成することになる。しかし、精密な観測の結果珊瑚礁は、強力ではないが二酸化炭素の吸収源になっていることが分かってきた。これは、(7)式で生成した二酸化炭素をサンゴ虫の体内に共生する褐虫藻が光合成で有機態に変えているためである。この有機態の寿命がこのような議論の中では重要となるが、それに関するデータはほとんどないのが現状である。

$$Ca^{2+} + 2\,HCO_3^- \rightarrow CaCO_3\ (\text{固体}) + H_2O + CO_2 \qquad (7)$$

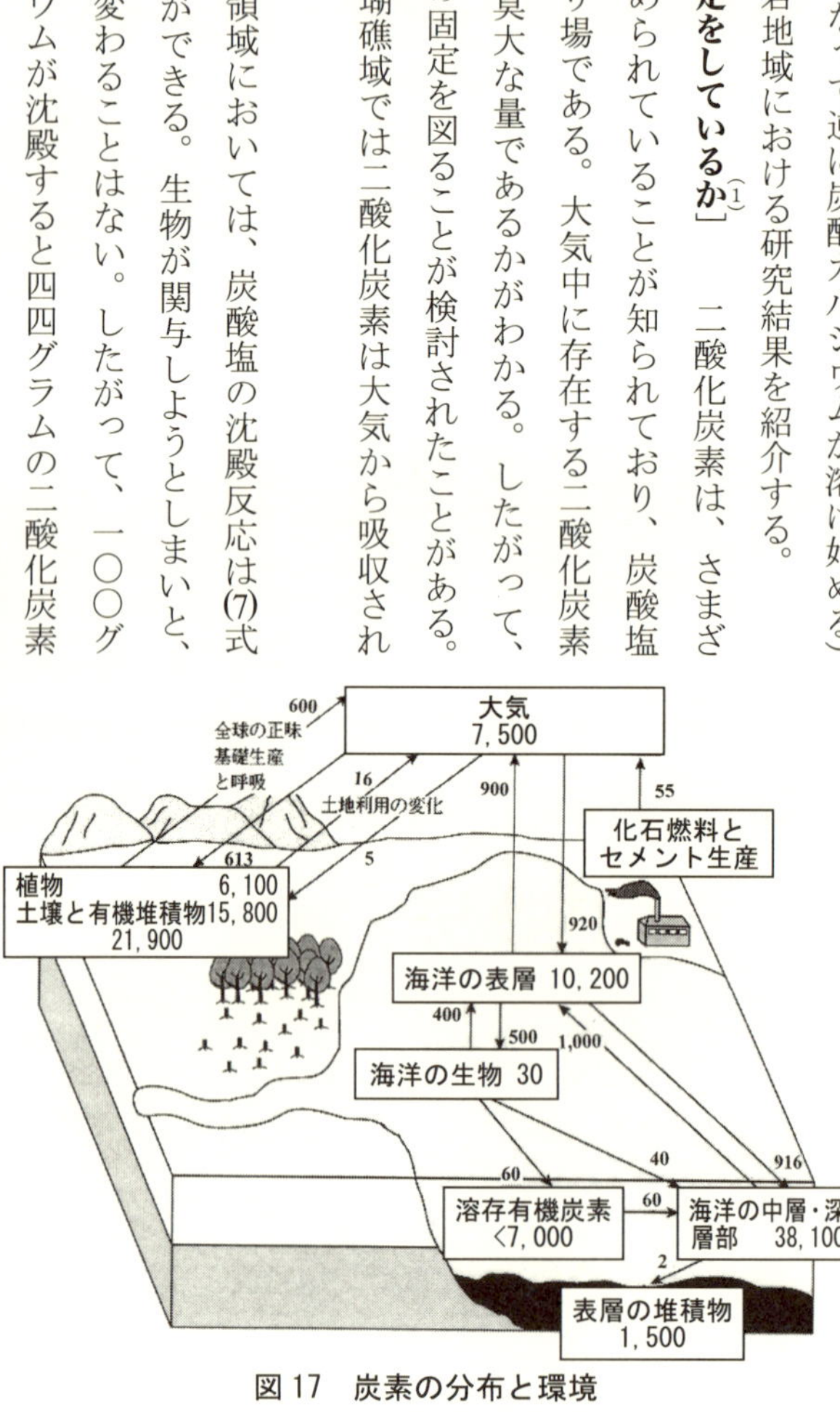

図 17　炭素の分布と環境

（単位は億トン）（環境白書 1997 年）

（1）野崎義行『地球温暖化と海』東京大学出版会、一九九四年。

（2）吉村和久・井倉洋二、地球化学、二七巻、二一一—二一八頁（一九九三年）。

（3）HCO_3^-

■ **〔石灰岩は二酸化炭素の溜り場であり、溶けるときに二酸化炭素は消費される〕**　石灰岩が二酸化炭素を溶存する水に溶解することを化学風化というが、これは大気中の二酸化炭素の消費に関係する。化学風化により消費される二酸化炭素量は炭素換算で年間約二億トンと推定され、地球規模の炭素循環を議論する上で無視できない量である[2]。先に議論したように、今の地球システムにおいては、炭酸塩への二酸化炭素の固定は大気中への二酸化炭素放出を伴う。したがって、岩石圏が関与するもっとも大きな炭素フラックスは、**(7)**式が左に進み大気→地下水・河川水の過程を経て炭酸水素イオン[3]として水圏に移行するものである。すなわち、光合成により大気から固定されて生成した有機物が、おもに土壌中で分解されて再び二酸化炭素となり、それが水を介して炭酸塩岩を溶解する過程と関係する。このような化学風化は非石灰岩地域においても進行していて、対流圏と岩石圏間の最も大きな二酸化炭素フラックスを形成している。また、その森林が極相林として定常状態であったとしても、化学風化を通じて炭素が森林外に持ち出される点において、森林の炭素循環にも化学風化は重要な役割をはたしていると考えられる。

以上紹介してきたように、二酸化炭素の循環を考える際には化学的過程を十分に理解しておくことが重要である。ここでは、秋吉台の石灰岩の溶解を例にとってみる。**図18**に、我々が測定した平水位時の秋芳洞地下川のカルシ

表Ⅱ　1980-89 年の人為起源の炭素の年平均収支

CO_2 の発生源	
① 化石燃料燃焼およびセメント製造からの排出	55 ± 5
② 熱帯の土地利用変化による正味の排出	16 ± 10
③ 人為的排出の総計 ＝ ① ＋ ②	71 ± 11
貯蔵場所への配分	
④ 大気中への蓄積	33 ± 2
⑤ 海洋の吸収	20 ± 8
⑥ 北半球の森林再生による吸収	5 ± 5
⑦ 推定される吸収源： ③－（④ ＋ ⑤ ＋ ⑥）	13 ± 15

（単位は億トン／年）（環境白書 1997 年）

ウムイオン濃度の季節変動を示した。[1] 降雨による増水が明らかに認められたデータ（図中◇で示した点）を除くと、九・十月に極大、三・四月に極小となる周期で増減するこの変動は、(7)式の逆反応で石灰岩の溶解に関与する二酸化炭素濃度に季節変動があることを意味する。秋吉台を代表する植生はネザサ、ススキの草原であり、一部に小規模の広葉樹自然林や針葉樹人工林が見られる。**図18**には、年度は違うが、草原で地表から四〇センチメートル下の土壌層で実測した二酸化炭素濃度の季節変化も示した。二酸化炭素濃度は〇・〇四％（土壌温度摂氏四・九度）～二・二％（二二度）の範囲で変化し、約二ヶ月のずれがみられるものの、石灰岩の溶解性の季節変化は土壌層二酸化炭素濃度に応答している。石灰岩の溶解過程で土壌層が二酸化炭素の供給源であることは、炭素同位体比測定からも明らかになっている。土壌中では植物根の呼吸、小動物やバクテリアの活動に伴って二酸化炭素が生産され、分解可能な土壌有機物が多いほどまた温度が高いほど、生物活動が活発になるために二酸化炭素濃度が高くなるのである。秋芳洞の地下水への石灰岩溶解量の季節変動は、土壌中の二酸化炭素濃度により化学平衡論的に厳密に制御されている。

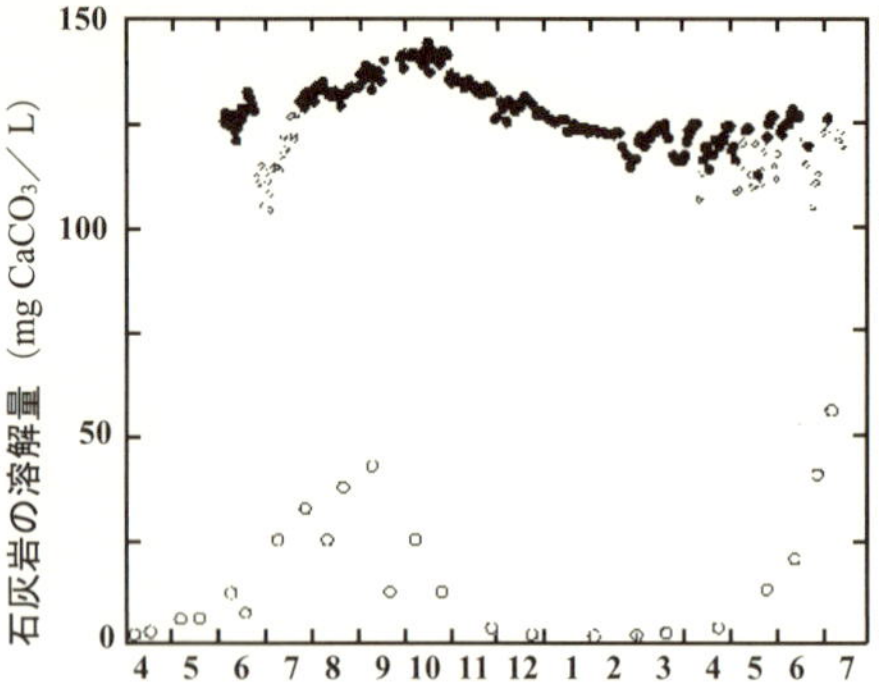

図 18　秋吉台における石灰岩と土壌中の二酸化炭素濃度の季節変動

●：秋芳洞地下川の石灰岩の溶解量
○：秋吉台草原土壌（深さ 40cm）の二酸化炭素濃度

（1）吉村和久、石灰石、三一九号、六九―八〇頁(二〇〇二年)。

二酸化炭素の削減・処理・有効利用

ここまで、増え続ける二酸化炭素による地球規模の環境変動、二酸化炭素の行方について議論してきた。最後に、二酸化炭素の有効利用法は果して存在するのか、またおもに火力発電に際して生成する二酸化炭素の処理法としてどのようなオプションがあり、それに自然科学の理解がどのように関係するかを見ることにする。

■［**二酸化炭素の他の物質への変換**］　まず、「二酸化炭素による温暖化防止のために化学者は何をなすべきか」について、山寺秀雄名古屋大学名誉教授の主張を紹介しよう[2]。要約すると次のようになる。

大気中の二酸化炭素濃度の増加による地球温暖化の問題に関する関心が高まるにつれて、化学関連の学会において二酸化炭素を他の物質に変換することを目的とする研究が増えてきた。高い関心は歓迎すべきだが、問題の捉えかたに疑問を感ずるような研究が少なくない。そもそも二酸化炭素の問題は、窒素酸化物のような公害問題とは異質のものである。すなわち、二酸化炭素は正常な空気の成分であって、物質としては無害であるからその除去が要請されているわけではない。空気中の二酸化炭素濃度の増加が環境に及ぼす影響が憂慮されるので、その発生量を抑制することが要請されている。二酸化炭素は化石燃料をエネルギー源として利用した結果として生じる主生成物であるから、二酸化炭素問題はエネ

(2) 山寺秀雄、化学と工業、四五巻(七号)、一二九八—一二九九頁(一九九二年)

ルギー問題であり、二酸化炭素という物質の問題ではない。空気中の二酸化炭素濃度の増加を抑制する直接の方法は、エネルギー消費を減らすか、二酸化炭素を発生しない代替エネルギーを開発するかであって、生成した二酸化炭素を他の物質に変換することではない。水素を用いて二酸化炭素をメタンに変える研究が進められているが、水素自体をそのままエネルギー源として使えばよい。

エネルギーという観点からは、二酸化炭素の化学的リサイクルは理論上ありえない。たとえば、水力発電に使用した水をダムの上に戻すには、電力を消費してポンプでくみ上げなければならないが、百%の効率はありえないので、余分のエネルギーが必要なのと同様である。それでは化学者に何ができるかというと、低コスト高効率の太陽電池や燃料電池の開発により化石燃料の消費節減に寄与することである。エネルギーの変換効率をあげるための触媒の開発も重要である。今まではエネルギーを捨てるのには費用がかからなかったが、炭素税のように費用負担を要求されるような事態になれば、今まで顧みられなかったエネルギー効率の高いプロセスが経済的にも有利になる。工業における化学プロセスは経済効率に最適なものが選ばれたが、それらをエネルギー効率に基づいて見直す必要がある。

このような熱力学的な観点からは、二酸化炭素の他の物質への転換は意味を持たない。しかしそれが経済性やその他の諸要請とリンクすると、さまざまなオプションが展開される。その一例を紹介すると、橋本らは**図19**のような太陽光発電エネルギーを用いたシステムを提案している。砂漠における太陽エネルギーで発電した電力を最寄りの海岸まで送り、海水を電気分解して水素ガスを製造し、回収して運んできた二酸化炭素との反応によりメタンを製造する。これを液化してエネルギー消費地へ輸送し、メタンを燃焼させてエネルギーを取り出し、その時生成する二酸化炭素を回収液化して再び近くのメタン生産基地に輸送するシステムである。このシステムの技術的な成否は、海水の電気分解を行う際に塩素ガスが発生しないような電極の開発にかかっている。

■［二酸化炭素の大気からの隔離］　一九九九年四月二五日の新聞朝刊に、二酸化炭素を海底や地中に年間一〇億トン封じ込める米国エネルギー省の研究計画が報じられた。自然エネルギー利用や省エネルギー技術だけでは二酸化炭素の大幅削減は難しい。二〇二五年までに、現在の米国の年間排出量約一八億トン（炭素換算）の半分以上の年間約一〇億トンを封じ込める技術の確立を目指し、五月末にも政府・産業界・大学の研究者による検討会を開き、より詳細な研究計画をまとめていく方針だというのである。

　このような二酸化炭素の大気からの隔離に関する可能性の検討は、大気への二酸化炭素の放出量が課税対象となる炭素税が導入されることを視野にいれた電力会社を中心に、ここ十年以上にわたって行われてきた。発電所などから回収した二酸化炭素の大気からの隔離法には、大きくわけて二通りの方法が考えられた(2)。一つは、深海の海水に広く溶解分散させる方法であり、もう一つは深海の窪地に

（1）橋本功二ほか ECO INDUSTRY, **2** (2) 5-14 (1997)

（2）大隅多加志、科学、六三巻（一号）、一七―二一頁（一九九三年）

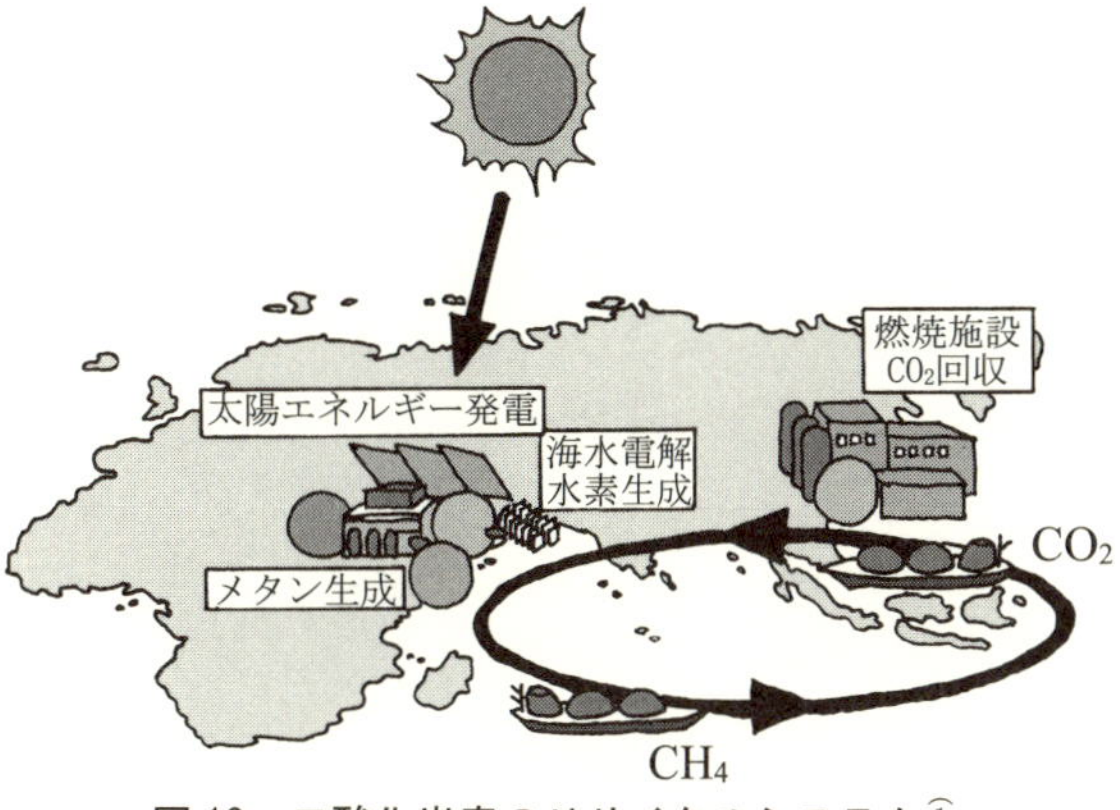

図19　二酸化炭素のリサイクルシステム①

液化二酸化炭素をそのまま注ぎ込む方法である。当初考えられたのは、水深三千メートル以深では二酸化炭素を液体として維持できるために、液化二酸化炭素として回収してそれを深海にそのまま注ぎ込もうというものであった。ところが一九八九年に沖縄トラフの海底から液体二酸化炭素が噴き出し、それが海水と反応して液化二酸化炭素と海水との界面にガスハイドレートと呼ばれる水和固形物が生成することが「しんかい２０００」により観測されて以来、二酸化炭素を海洋底に貯留する研究が注目を浴びることとなった（**図20**）。このような動きの中で、低温高圧における二酸化炭素―水相互作用に関する知見が急速に蓄積された。このガスハイドレートは、四六個の水分子が水素結合により集合した籠状構造（**図21**）のケージの中に最大八分子の二酸化炭素が閉じ込められた化合物である。**図22**は、二酸化炭素―水の混合比と圧力の関数として、ハイドレートが安定に存在しうる領域を示したものである。このような物理化学的な性質は摂氏二五度において測定するのが一般的であるが、五度における研究は深海底を想定したためである。二酸化炭素を海に隔離する方法は日本においては支持を得ることができなかったが、現在でも二酸化炭素隔離のための一つの可能性として位置づけられている。

　当然ながら、このような構想が社会の中で技術として成立するには、実にさまざまな問題がある。たとえ技術として可能になったとしても、山寺氏のいうようにエネルギー効率の問題があり、経済的に可能かどうか、さらには安全性その他で社会

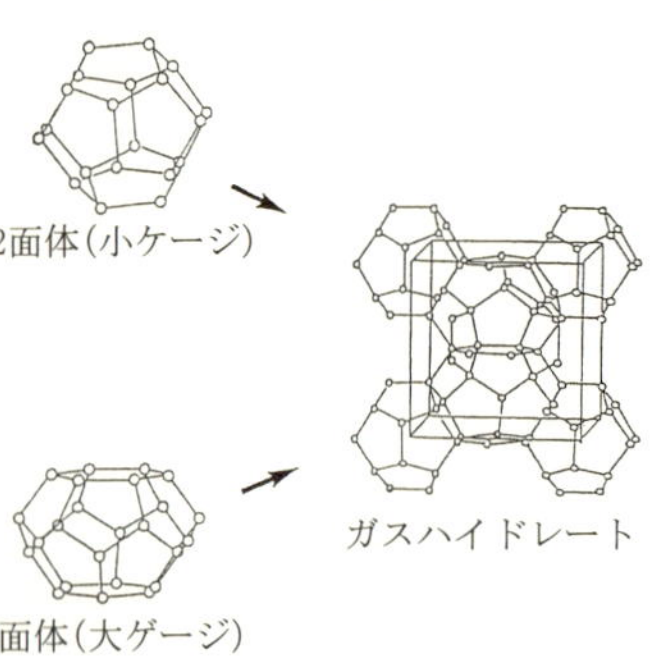

図 21　Ｉ型ハイドレートの結晶構造①
（白丸は水の分子を示す）

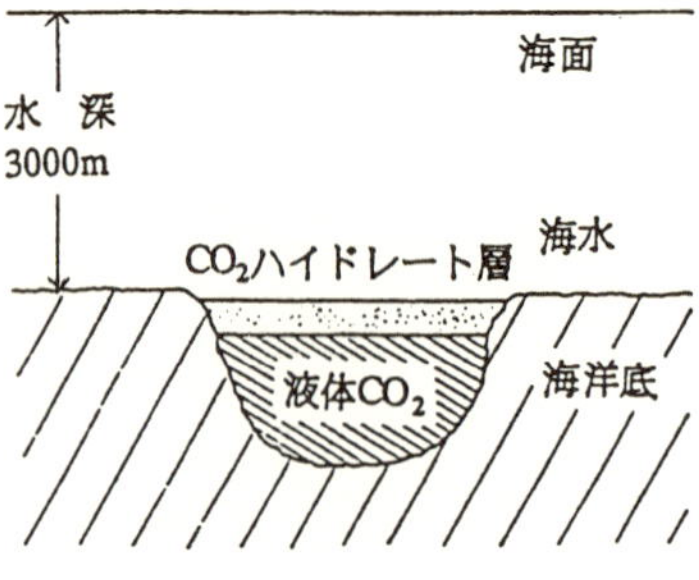

図 20　二酸化炭素海底貯留の概念図①

的に受け入れられるかどうか、が検討されなければならない。さらにその先には、そのような社会が本当に永続的かどうか、という難問が残っている。今の科学の方法がそれらを考察するのにどのように、どの程度有効かというのは、我々にとって大きな問題である。

(1) 内田努、化学と工業、四五巻(七号)、一三一三—一三一四頁(一九九二年)

(2) T. Ohsumi: MTS J. **29** (3) 58-66 (1995).

この章ではオゾンホールと地球の温暖化の問題を取り上げ、自然科学、特に化学と環境問題との関わりを述べた。

フロンは、優れた性質をもつ冷媒の需要によって開発された。フロンによる成層圏オゾンの破壊に関する論争は、フロン製造・利用企業との葛藤の中で、多くの大学や研究所による成層圏の観測や地上での実験を精力的に進めることとなった。これにより、大気化学という新しい分野が開拓されて、大気中の微量成分の挙動についての理解が深まることとなった。同様に、地球温暖化に大気中二酸化炭素濃度の増加が関わることが懸念されたために、地球表層での二酸化炭素の循環過程がより詳細に明らかになってきた。また、人為的に排出する二酸化炭素の大気からの隔離を模索する中で、低温高圧の条件下での水—二酸化炭素相互作用に関する理解が飛躍的に進展した。

第一章で述べたように、自然科学研究が単に自然の本性を究

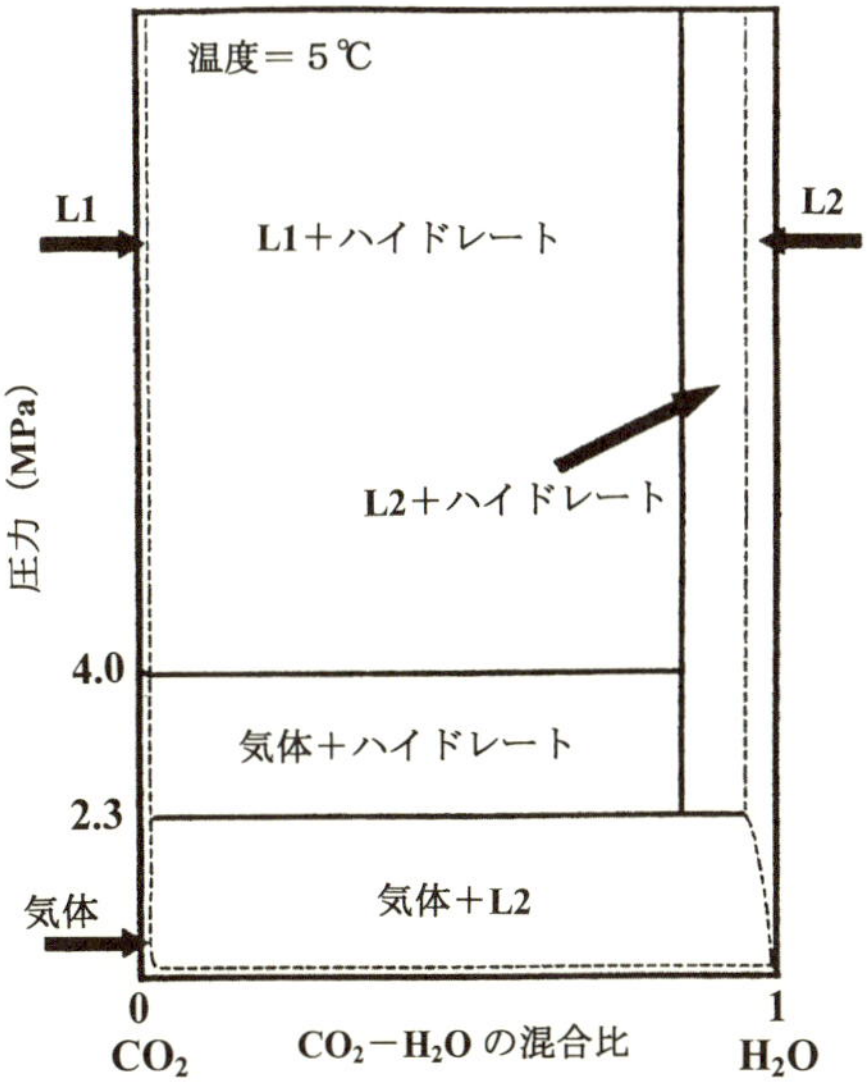

図22　CO_2-H_2O 系の圧力—組成相図(2)

L1 : 液体 CO_2　L2 : CO_2 飽和水　気体 : CO_2+H_2O 混合気体

めて科学の進歩を目指すばかりでなく、その方向を社会から与えられている側面を垣間見ることができたと言えよう。

第3章 環境放射能とはどんな問題か

前田米藏

1 不安定な原子核と放射能

原子核の種類分け／不安定な原子核の崩壊（壊変）／壊変速度と実効半減期

2 放射線の作用

放射線と物質の相互作用／放射能・吸収線量などの単位／ヒトに対する確率的効果

3 環境放射能

宇宙線／天然に存在する放射性核種／環境に分布する人工放射性核種

4 日常生活における被曝線量

外部被曝／内部被曝／被曝線量の軽減

5 将来の被曝線量

放射線は人類の出現したときから存在していた。その影響下で人類は発達してきたのだから、私たちは最初から放射線と同居している。ところで「環境を守る」という言葉は何を意味するのだろうか。自然のままにするのが環境を守ることなら、人間の活動そのものが環境破壊である。「人間の生活を守るために」ということならば、内容に各自の裁量が生じるであろう。環境放射能では、自然起源のものと人工起源のものとの区別がはっきりしている。[(1)] 自然レベルを守りながら、人間の生活を豊かにするものならばたとえばX線診断のように、容認できる範囲でプラスアルファの被曝を認めようということになろう。このような立場から、環境中の放射能の実体と動態、今までの環境放射能の変遷、今後の被曝の見通しについて、問題点を提起しながら概観する。

（1）本来地殻内にあったものを、人間が掘り出して環境に持ち込んだものもある。人工起源の自然放射能というべきか。

1 不安定な原子核と放射能

原子核の種類分け

物質を分解してたどり着く単位が原子である。原子は、中心部の正の電荷を帯びた重い原子核と、その周りの軌道電子から構成されている。さらに、原子核は陽子と中性子（併せて核子という）を主要成分として構成され、陽子の数によって原子の種類が決まる。一種類の原子からなる物質が元素である。水素、ヘリウム、リチウム、ベリリウム、ホウ素、炭素……の周期表を思い出してみよう。各元素の番号は、その原子核の中の陽子の数である。現在一一四種類の元素が発見されており、一一〇種類まで公式に元素名がつけられている。

陽子の数は同じでも、中性子の数が異なる多数の原子核が存在する。これを同位体と呼び、各同位体を識別するために核種という用語を使っている。陽子と中性子の数の和を、質量数と呼ぶ。陽子と中性子の質量はほぼ等しいので、質量数はほぼ、その原子核の質量を（陽子の質量を単位として）示していることになる。核種を表すのに、元素記号の左上に質量数を、左下に原子番号を書く。たとえば放射性の炭素14を$^{14}_{6}C$あるいは原子番号を省略して^{14}Cと書く。炭素の同位体には天然に^{12}C・^{13}C・^{14}Cがある。

原子核の大きさは、原子の一万分の一（体積では一兆分の一）程度である。それからもわかるように、原子核の中で陽子と中性子を結びつけている力（これを核力という）は、原子同士を結びつけている化学的な結合力よりも桁違いに強い(2)。これが放射能の問題の根元である。

不安定な原子核の崩壊（壊変）

陽子と中性子の数の組み合わせによっては、原子核が不安定になる。原子番号が84（ポロニウム）以上の原子核は、陽子の間の静電反発力が強いためにすべて不安定である。それ以外に、天然にあるいは人工的に作られた数多くの不安定な原子核が存在する。それらは固有の確率で崩壊（壊変ともいう）して、放射線を放出する。このような原子核を放射性原子核と呼び、物質が放射線を放出する能力を放射能と呼ぶ。原子核壊変によって放出される放射線には、α線、β線、γ線(3)などがある。壊変によって出来た核を娘核という。

核子や原子核が原子核に衝突すると、核反応が起こる。また場合によっては、原子核が二つ

(2) 大雑把にいって核力は、化学的な結合力の百万倍以上強い。

(3) α　アルファ
β　ベータ
γ　ガンマ
ギリシャ文字のアルファベットの最初の三つ。

以上に分裂することがある。これを核分裂という。一般に核反応や核分裂によってできた核は不安定で、引き続いて核子や中性子などが放出される。^{235}Uは自然に核分裂することがあるが、その確率は非常に小さい。しかし中性子を吸収すると誘導核分裂を起こし、その際に二つ以上中性子を放出するので、反応が鼠算的に拡大する。その時放出される大きなエネルギーが核兵器や原子力発電のエネルギー源であることは、みな知っているだろう。この場合分裂は一通りではない。速度の遅い中性子を吸収して^{235}Uが分裂すると、**図1**に示されるようにいろいろな核種が生成する。ちょうど同じ位ではなくて、質量数約90と約140付近の二つに分裂する場合が多いのが特徴である。これらの核はいずれも不安定で、さらに崩壊を続ける。**図3**を参照。

原子炉を長期間運転していると、いろいろな元素が生成、蓄積するために次第に誘導核分裂反応が起こりにくくなる。原子力開発の当初は、核分裂効率が悪くなった使用済み核燃料から中性子をよく吸収する核分裂生成物や長寿命の放射性核種を除去し、未反応の^{235}Uや、^{238}Uが中性子を吸収して出来る^{239}Puなどを回収して再利用すれば、核エネルギーを効率よく利用することが出来ると考えられていた。これを核燃料の再処理という。しかしこの再処理は、燃料棒の中に閉じ込められている膨大な放射能を外に取り出すので、技術的にも困難な点が多くて環境負荷が大きく、経済的でもないと考えられるようになった。また、^{239}Puには核兵器材料という側面も

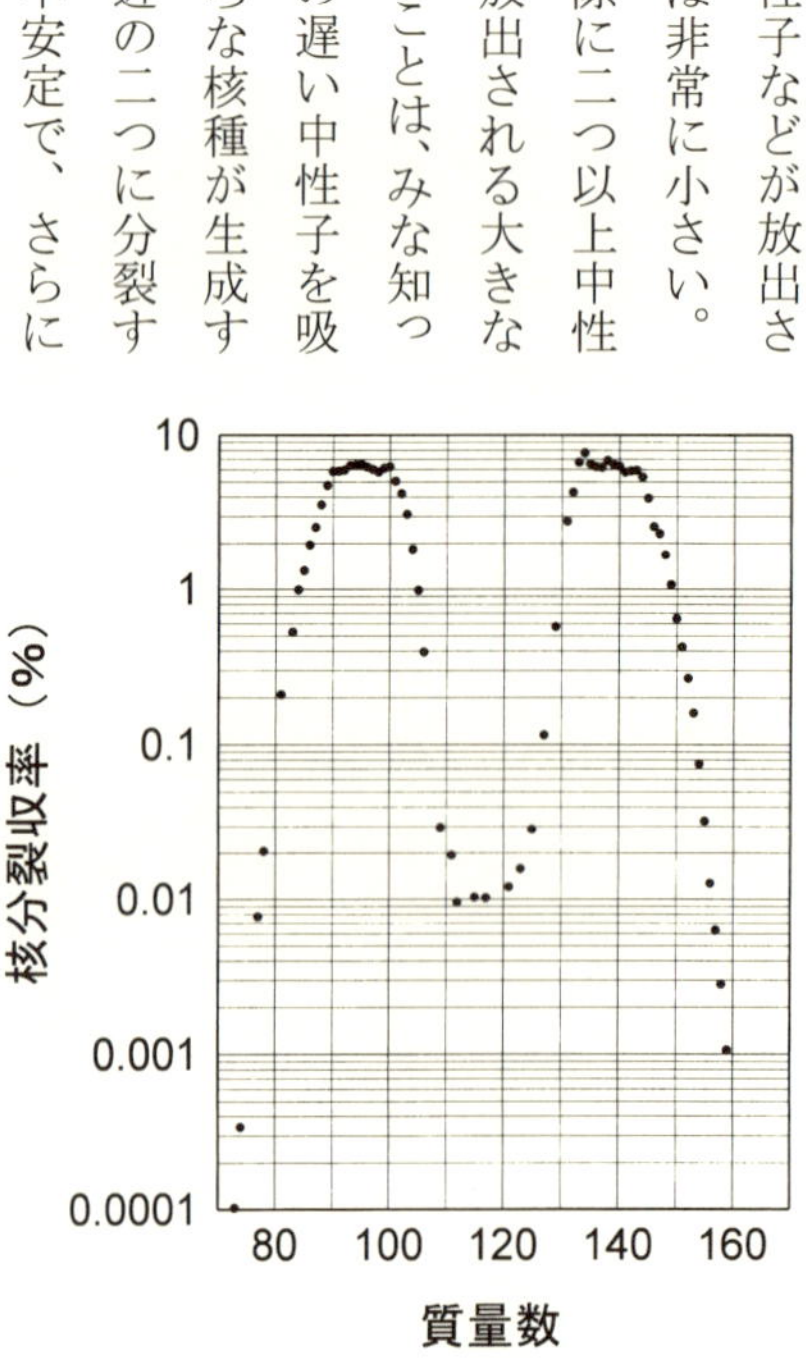

図1　^{235}Uの核分裂生成物の分布①

（1）E. A. C. Crouch: At. Data Nucl. Data Tables, **19** (1977) 417の数値による。

ある。日本政府は再処理しようという方針を維持しているが、世界的には現在、使用済み核燃料は再処理せずそのまま保存するのが主流である。

壊変速度と実効半減期

原子核の壊変は、典型的な確率過程である。放射性の原子核がいくつかあるとして、そのうちのどの原子核がいつ壊変するかについて、決定的なことは何もいうことが出来ない。しかしその壊変の確率は核種によって完全に決まっていて、その確率は特殊な例外を除いて人工的手段（温度、圧力、物理形・化学形の違いなど）によって影響を受けない。

一種類の放射性原子核が、時刻 t に N 個あったとしよう。N は非常に大きな数である。次の dt 秒で壊変する原子核の数 dN は、N に比例する。このときの比例定数を壊変定数という。λ と書こう[2]。この関係は式(1)のように書ける。負号は、壊変でその核の数が減るからである。この微分方程式は簡単に解けて、式(2)が得られる。ここで N_0 は、最初にあった放射性原子核の数である。

$$-\frac{dN}{dt} = \lambda N \qquad (1)$$

$$N = N_0 \exp[-\lambda t] \qquad (2)$$

$$T_{\frac{1}{2}} = \frac{\log 2}{\lambda} = \frac{0.6932}{\lambda} \qquad (3)$$

実際には壊変定数 λ より、その放射性原子核の数が半分になる（式(1)を見れば、単位時間（一秒）あたりの壊変数も半分になる）までの時間すなわち半減期（$T_{\frac{1}{2}}$）で壊変の速さを表すことが多い。λ との関係を式(3)に示した。大雑把にいって、半減期の十倍

（2）λ　ラムダ

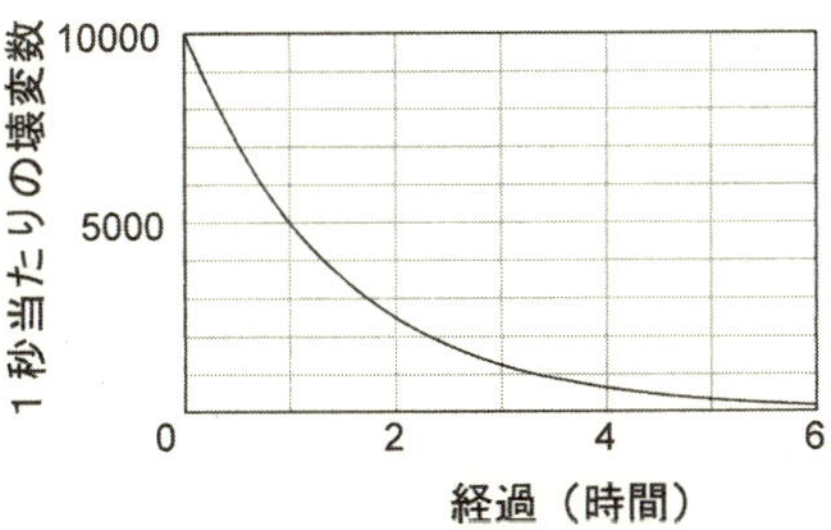

図2　放射能の減衰

（半減期が1時間で、測定開始の時の壊変数が1秒あたり1万の場合）

の時間が経つと放射能は千分の一になり、二十倍経つと百万分の一になる。測定開始からの経過時間を横軸にとり、一秒あたりの壊変数（放射能の強さ）を縦軸にとってグラフを描くと、**図2**のような減衰曲線が得られる。

実際に放射性の物質があるとき、その放射能がいつも**図2**のように減衰する訳ではない。多くの場合、放射性の原子核は一度の壊変で安定な原子核にはならず何度も壊変を繰り返すので、全体の放射能の時間的な変化はいろいろな原子核の壊変の複雑な重ね合わせになる。**図3**は、使用済み核燃料を再処理して作った高レベル放射性廃棄物ガラス固化体一本の放射能の減衰を計算した例である。(1) この場合は、**図1**に示したように、最初から多種類の放射性原子核が存在している。今度は縦軸も横軸も対数目盛であることに注意して欲しい。因みに、このガラス固化体一本は核燃料のウラン〇・八トンに相当する。また横軸の時間の起点は装荷後五四年で、放射能は燃料取り出しの時点から約三桁下がっている。最初に装荷した核燃料の放射能の強さは、大体停止十万年後に相当する。

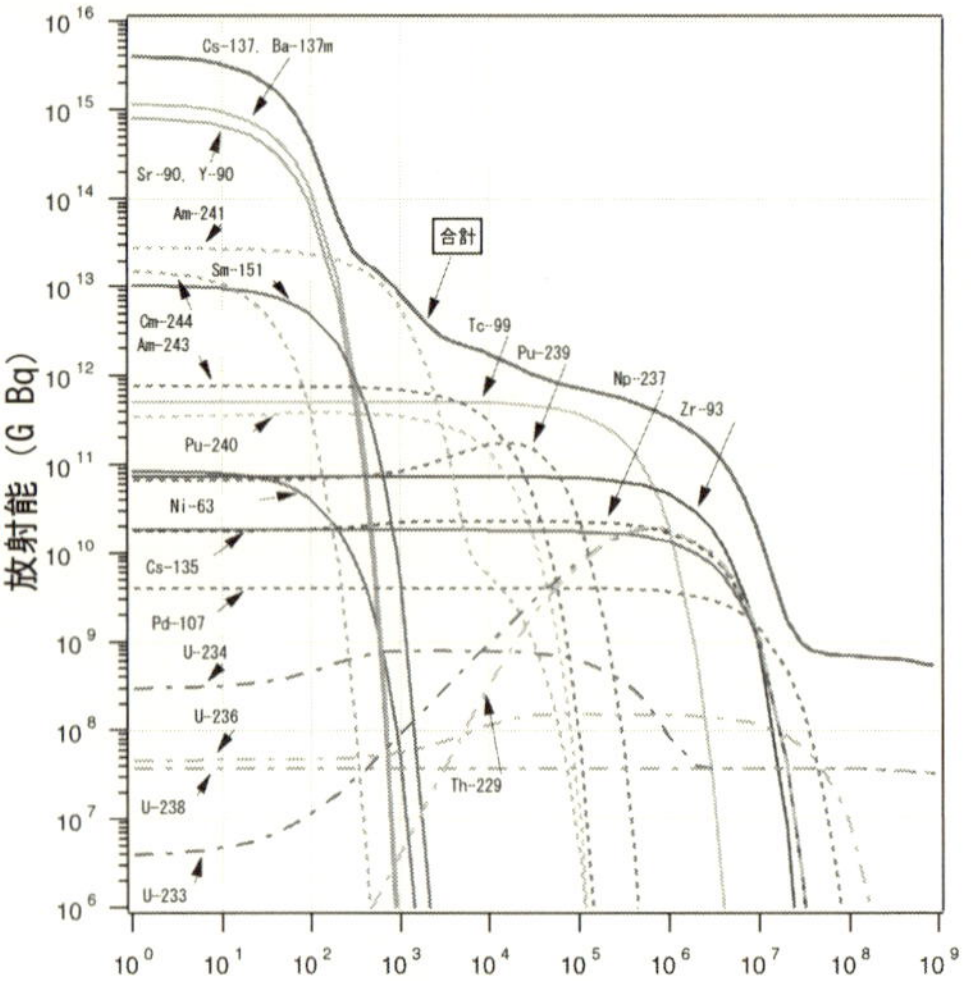

図3　原子炉の高レベル廃棄物の放射能の減衰(1)
（ウラン燃料 0.8 トンに相当するガラス固化体 1 本）

（1）核燃料サイクル開発機構『わが国における高レベル放射性廃棄物地層処分の技術的信頼性』分冊2、第Ⅲ章図3・2―4、一九九九年。縦軸の単位は七六頁参照。

ここまで考えた半減期は原子核固有の半減期であって、物理的半減期ともいう。しかし放射線自体ではなくその効果を考えるときには、別な要素を考える必要がある。当然ながら、放射線が当たらなければ効果はないからである。端的な例は、放

$$\frac{1}{T_{\mathrm{eff}}} = \frac{1}{T_{\frac{1}{2}}} + \frac{1}{T_{\mathrm{b}}} \quad (4)$$

射性物質が私たちの体の中に入った場合である。生体内に取り込まれた放射性物質が体内に留まるかぎり、放出された放射線はすべて生体の細胞に当たってこれを破壊するので、深刻な影響を与える。これを内部被曝という。しかしたとえば、食事によって体内に取り込まれた放射性物質の一部は、そのまま体外に排泄される。また栄養として吸収されて体の一部となったものも、新陳代謝に伴っていつかは体外に排泄される。この過程は体内のどこにどのような形で存在するかに依存するから厳密ではないが[2]、体内の物質の量が平均的に半分になるまでの時間を生物学的半減期といい、T_bと書く。摂取された放射性核種は、その物理的半減期（$T_{1/2}$）に従って減衰するとともに、固有の代謝経路にのって生物学的半減期に従って排泄される。体内に取り込まれた放射能に対しては、この両方を考慮しなければならない。実効半減期（T_{eff}）は式**(4)**のように定義される。$T_{1/2}$とT_bのどちらかが極めて長いとT_{eff}は短い方に近く、同程度であればそれらの半分位である。長寿命の放射性物質を経口摂取しても、生物学的半減期に従って短期間に排泄されるものでは被曝線量が少なくなる。しかし^{90}Srのようにカルシウムと化学的に同じ挙動をするものは、骨の成分になるため生物学的半減期が長い。さらにこの場合は放射線の効果ばかりでなく、^{90}Srがβ崩壊すると^{90}Yになるので骨の性質が変わってしまうという問題がある。代表的な核種が、可溶性の化学種として成人に取り込まれた場合の推定値を**表Ⅰ**に示した。

(2) 水に溶けない化学種を口から飲みこんだ場合はそのまま排泄されるが、吸入したものは粒径によって肺房に留まるものもあるとされ、詳細はまだよくわかっていない。

表Ⅰ　生物学的半減期

核　種	$T_{1/2}$	T_{eff}
^{3}H	12.3 年	12 日
^{14}C	5,568 年	10 日
^{131}I	8.14 日	7.9 日
^{226}Ra	1,622 年	899 日

2　放射線の作用

放射線と物質の相互作用

原子核の壊変に伴って放出される放射線は核力に由来する大きなエネルギーを持っていて、物質と相互作用する。主な放射線のうち、α線はヘリウムの原子核で、質量が大きく2eの電荷を持っている。[1]ここでeは陽子や電子の電荷量で、素電荷と呼ばれる。一方β線は高エネルギーの電子で、[2]質量はα粒子の一万分の一程度、電荷は-eである。これらの電荷を持った粒子が物質の中に飛び込むと、主として電気的な相互作用によって物質を作っている原子から電子をはねとばし（これを電離作用という）、自分はエネルギーを失う。核力が強いので放射線は大きなエネルギーを持っており、たくさんの電子が電離され、それによって固体や分子が破壊される。エネルギーが大きいことを利用して、我々は放射線を一つ一つ数えることが出来る。ガイガーカウンターはそのための装置の一つで、電離した電子による気体の放電で放射線を検出する。その他にもさまざまな手段が工夫されている。それらを用いれば、放射性元素を利用してごく微量の元素分析が可能になる。

放射線のうち、α粒子は特に電離作用が強くて周辺に与える影響が大きいが、その分だけすぐにエネルギーを失ってしまい、紙一枚程度で遮蔽される。だから放射線源が外部にあれば、被曝の危険はあまり考える必要がない。しかし同じ理由で内部被曝は効果が大きく、注意が必要である。β粒子はそれに比べれば相互作用が弱いので、逆に透過力が強く、エネルギーにも

（1）従って、α崩壊すると原子番号が二、質量数が四減る。

（2）β崩壊すると原子番号が一増え、質量数は変わらない。電子を放出する代わりに、核外の電子を吸収して壊変することもある。また、陽電子を放出することもある。前者を軌道電子捕獲といい、後者をβ+崩壊という。これらの場合は原子番号が一減る。

よるが、遮蔽するにはプラスチックやアルミニウムの薄板程度が必要である。これらに対してγ線は、紫外線より大きなエネルギーをもつ電磁波であり[3]、単位距離あたりの電離作用はα線、β線より弱い。そのために透過力が強く、遮蔽には鉄や鉛の厚い板が必要になる。また中性子は電荷を持っていないので電離作用は弱いが、その同じ理由で原子や原子核に反発されることがないので原子核との相互作用が強く、安定な原子核を放射化したり、相手の核によっては核分裂を引き起こしたりする。また遮蔽が難しい。

このような放射線が生体に当たったときに引き起こす効果については、次の二つの機構が考えられている。

直接作用説　細胞内に放射線にたいする感受性の高い部分があり、放射線がそこに当たって電離・イオン化すると、生体に異常が生じる。

間接作用説　生体の大部分を占める水などが放射線により電離され、生じたイオンやラジカルが周囲の物質と化学反応して間接的に細胞が不活性化される。

前者の根拠には、ウイルスが一回の電離でも不活性化すること、遺伝子の突然変異、高等生物の染色体異常などが、後者の根拠には、溶媒中のラジカルの濃度を下げると不活性化に要する線量は小さくてすむことなどが挙げられている。後者の機構は結局のところ化学反応であるから、その起爆剤であるラジカルを捕まえてしまえば放射線の効果を抑えることができるだろう、という考えが成り立つ。このため、たとえばシステアミン[4]などイオウを含む化合物やラジカルトラップ剤が、高等生物を放射線から保護する物質として知られるようになった。その他、

(3) γ線を出しても、原子番号も質量数も変化しない。即ち、核種は変わらない。

(4) $NH_2CH_2CH_2SH$

骨髄幹細胞刺激因子が放射線によるガン治療時の被曝の効果を低減させる観点から研究されている。一方、生体中の酸素や酸化窒素などは放射線感受性を高めると考えられている。カテコールアミン[1]は、体内組織を低酸素状態にするため感受性を弱める働きがある。また癌治療に放射線照射が使われているが、その際の放射線感受性を高める物質としてアクチノマイシンD[2]、核酸やタンパク質の合成阻害剤５―フルオロウラシル[3]などが研究されている。

しかし、仮にラジカルを全部捕まえたとしても、直接作用によって細胞や遺伝子が影響を受けることは避けられない。放射線のエネルギーは細胞を作っている原子間の結合エネルギーよりずっと大きいからである。被曝がごく軽微なときは、その影響が遺伝子などにとって有害かどうかはわからない、と国際放射線防護委員会（ＩＣＲＰ）は考えて、「変化」という言葉を使っている。被曝の程度が進むと、細胞や遺伝子は明らかに損傷を受け、機能障害や細胞死を引き起こす。しかしその損傷が生体全体にとって有害でなければ、防護上は問題にしない、というのがＩＣＲＰの立場である。我々は一つ一つの放射線を追っているわけでも、一つ一つの細胞や遺伝子を見ているわけでもないから、個々の放射線の生体への影響を決定論的に知ることは出来ない。しかし明らかに、被曝線量の増加に伴って損傷を受けた細胞の数は増加する。その数がある程度以上になると、臨床的に有害な影響が検出され、その影響は被曝線量の増加とともに激しくなる。これを放射線の確定的効果という。生体への影響には機能障害（ホルモン分泌の異常など）も、臓器の組織の障害（水晶体混濁・奇形など）もあり、程度によっては回復することもあるが、チェルノブイリやＪＣＯの事故からもわかるように、ひどければ死に

（１）分子内にカテコール核($C_6H_4OH_2$)を有するアミン類の総称。

（２）$C_{60}H_{76}N_{12}O_{15}\cdot 3H_2O$

（３）$C_4H(NH)_2O_2F$

至る。

確定的効果は、ある被曝線量以下では現れないと考えられている。この値を「閾値」という。これは当然個人差を伴うだろうが、目安としては共通の値が設定されて、そのような被曝は、放射線防護上、本来あってはならないものとされる。ＩＣＲＰが一九九〇年勧告で推定した閾値の一部を**表Ⅱ、Ⅲ**に示した。なお線量の単位については次項を参照されたい。[4]

これに対して、確定的効果の閾値以下の低被曝でも白血病その他の癌の発生が増加すること、ヒトについて確認されてはいないが動植物実験で、遺伝的にも影響があることがわかっている。この効果は、遺伝子が損傷を受けるためと考えられている。発現するとは限らないし発現するまでに時間がかかるが、いったん発現すれば致命的な、確率的効果である。発生した障害と放射線との因果関係は、個々の場合については決定論的に明らかにすることは出来ず、大きな集団について統計的に（すなわちマクロに）扱わざるをえない。また、被曝自体をなくさない限り完全になくすことはできないと考えられている。

低レベル放射線許容線量に関しては論争があり、被曝による癌発症の確率の見積もりなどにはまだ議論が

（4）以下述べることは、ＩＣＲＰの一九九〇年勧告による。例えば左記参照。草間朋子編『ＩＣＲＰ一九九〇年勧告』日刊工業新聞社、一九九一年。

表Ⅱ　全身急性被曝による死亡の閾値

閾値	関係する影響	死亡までの期間
3 ～ 5 Gy	骨髄障害	30 ～ 60 日
5 ～ 15	消化管および肺障害	10 ～ 20
>15	神経系障害	1 ～ 5

表Ⅲ　臓器・組織への確定的影響の閾値

臓器・組織	影響	急性被曝	慢性被曝
精巣	一時的不妊	0.15 Gy	0.4 Gy/年
	永久不妊	3.5 ～ 6	2.0
卵巣	永久不妊	2.5 ～ 6	0.2
水晶体	白内障	2 ～ 10	0.15
	混濁	0.5 ～ 2	0.1
造血臓器	機能低下	0.5	>0.4

続いている。それについては次々項で触れる。歴史的には、研究が進むにつれてそれまで見えなかった影響が明らかになり、規制値はだんだんと引き下げられてきたのが実際である。八一頁の**図4**を参照。しかしこの議論は、何を容認できるリスクとするか、という考え方の違いから生じている部分が大きいように思われる。狭い範囲で考えれば限界値は厳しいほどよいのは当然であるが、総合的にとらえると、厳しい規定は遮蔽装置の大型化、人員の増加、代替エネルギーの増加など、他の方面に多くの影響を与える。したがって放射線防護上は、「合理的に考えて達成できるところまで下げる」こと[1]が目標とされる。どこならば「合理的」かは、結局は社会的に決まることであろう。

そうであるにしても、このような議論は放射線による生体への効果の具体的な評価に基づかなければならない。この効果は、放射線の種類とエネルギーに依存し、また当然その総量に依存する。これを定量的に推定し規制するための基礎として、放出される放射線の量(放射能、すなわち壊変する能力)を表す単位や、照射された側からみた吸収線量、生体(人体)に対する影響の強さを表す等価線量・実効線量が決められている。

放射能・吸収線量などの単位[2]

■ [**放射能の単位**] ある物質の放射能の強さは、ある量の物質中で一秒間に壊変する原子核の個数で表される。原子核が一秒間に一回崩壊する放射能の強さを一ベクレル[3]という。一dpsとも書く[4]。歴史的に使用されてきた放射能の単位、キュリー[5]との間には式(5)の関係がある。

(1) これを、ALARA (As Low As Reasonably Achievable) の原則という。

(2) これらの量には、比較的最近国際単位系が設定された。しかし実際には、過去のデータなどについて以前の単位も慣用として残っている。この章でも古い単位を用いた部分がある。

(3) becquerel, Bq.

(4) disintegrations per second.

(5) curie, Ci.

これは壊変数だから、放射線の種類やエネルギーについての情報は含まない。

ベクレルは原子単位の量で、キュリーにくらべてたいへん小さい。大学の実験室では普通、一マイクロ〜一ミリキュリーの放射性物質を取り扱うが、これは三七キロ〜三七メガベクレルに相当する。一方電気出力百万キロワットの原子力発電所では約四億キュリーの放射性物質が原子炉の内部にあるとされ、これは約百京（百億の一億倍）ベクレルのオーダーである。

$$1\ \mathrm{Ci} = 37 \times 10^{9}\ \mathrm{Bq} = 37\ \mathrm{GBq}. \quad (5)$$

$$1\ \mathrm{R} = 2.58 \times 10^{-4}\ \mathrm{C\,kg^{-1}}. \quad (6)$$

■〔**照射線量の単位**〕 線源から放出された放射線は、空間を走って周囲の物体や生物に当たり、被曝させる。当たった放射線の量を、物体を乾燥した空気で置き換えたとしてその空気を電離する能力で測って、照射線量という。単位はクーロン／キログラムで、従来用いられた単位のレントゲン(6)とは式(6)の関係にある。照射線量は単なる放射線の量ではなく、電離能力という質を含んでいる。

■〔**吸収線量などの単位**〕 被照射体が放射線をどれくらい吸収したかを表すのが吸収線量で、放射線や物質の種類に関係なく、一キログラム当たり一ジュールのエネルギーが吸収されたときの吸収線量を一グレイ(7)と定義する。従来使用されてきた吸収線量の単位はラド(8)であった。一ラドは〇・〇一グレイに相当する。
人体（生物）に対する放射線の影響は、吸収した全エネルギーだけでは評価できない。そこで、放射線の種類やエネルギーによる違いを表すために吸収線量に掛ける係数（放射線荷重係数）が**表Ⅳ**のように決められている。これは確率的効果を評価するために決めたもので、確定的効果に適用すると数倍過大評価になる、とされ

(6) röntgen, R.
(7) gray, Gy.
(8) rad.

る。確定的効果の評価には、被曝した放射線が一種類の場合は吸収線量がそのまま用いられる。**表Ⅱ**参照。

何種類かの放射線を同時に浴びたときの確率的効果の評価にはそれぞれの放射線の効果を足し合わせて、式(7)が用いられる。Rは放射線の種類を、Tは臓器の種類を表していて、$D_{T,R}$は臓器Tが浴びたRという放射線の吸収線量である。こうして決めたH_Tを（その臓器の）等価線量という。単位は、吸収線量をグレイで測ったときシーベルト(1)である。古い単位はレム(2)であった。一レムは〇・〇一シーベルトである。臓器による放射線の影響の違いについては、**表Ⅴ**に示す組織荷重係数（w_T）が決められている。これは全身被曝の効果を各臓器に分配したもので、全部足し合わせると一になる。この係数を用いて式(8)で定義するEを実効線量と呼び、これを用いて確率的効果を評価する。全身被曝の場合は、等価線量がそのまま実効線量である。

$$H_T = \sum_R w_R \cdot D_{T,R} \qquad (7)$$

$$E = \sum_T w_T \sum_R w_R \cdot D_{T,R} \qquad (8)$$

さらにある集団について、各人の等価線量を加えた総量を集団等価線量という。単位は人・シーベルトで、その集団全体での癌発生数など放射線による確率効果をマクロに考えるときの基礎となる量である。

ヒトに対する確率的効果

放射線が発見され、さまざまな形で利用されるようになるにつれ、被曝した人た

表Ⅳ　放射線荷重係数（w_R）

放射線の種類とエネルギー	荷重係数
γ線（すべてのエネルギー）	1
電子・μ中間子（すべてのエネルギー）	1
中性子　E < 10 keV	5
10 keV < E < 100 keV	10
100 keV < E < 2 MeV	20
2 MeV < E < 20 MeV	10
20 MeV < E	5
陽子（反跳陽子を除く。E > 2 MeV）	5
α粒子・核分裂片・重い原子核	20

（ICRP 勧告 Publ. 60, 1990.）

（1）sievert, Sv.
（2）rem.

ちの間では被曝しなかった人たちよりも高率に癌が発生することが明らかになってきた。国際放射線防護委員会（ＩＣＲＰ）の一九九〇年の勧告では、癌で死ぬ確率は一シーベルトの全身被曝一回で五％増える、と推定している。しかしこの値は人や生物についての実測データの不完全な統計に依存し、さまざまな条件や仮定に基づいた推定値で、モデルによって変わりうる。したがっていろいろな議論を残している。

被曝による癌発症の統計的なデータは、ウラン鉱山の労働者や核兵器工場など放射線関係の業務の従事者、医療として放射線を浴びた人たちなどからも得られているが、最も重要なのは広島・長崎の原爆被爆者の追跡調査によるものである。それは何よりも人数が多いことと、被爆以後長期間（既に六〇年に近い）の追跡調査が継続して行われているからである。しかし、被爆した人々はその後短い間に死んだ人が多いのに調査は被爆五年後から行われていて、調査対象になった人々は「強い」集団になっている可能性があること、照射された放射線の質が必ずしもはっきりしないこと、短時間にかなり高い被曝であったこと、などの制約があり、そのまま一般的に使えるかどうかについては議論がある。被爆者の癌発症の確率は、低線量の他の被曝例より低いというのである。例えばロートブラットは一九七八年に、被爆者の癌発生の確率は他の集団の五分の一程度と推定[3]していて、またそれに対する反批判もある。しかし追跡調査が長期間行われたために、癌の発症数自体ではなく発症確率が被曝によって上がることが明ら

（３）J. Rotblat: Bull. Atom. Sci. (Sept. 1978) 41.

表Ｖ　組織荷重係数（w_T）

0.2	0.12	0.05	0.01
生殖腺	結腸	膀胱	骨表面
	肺	乳腺	皮膚
	赤色骨髄	肝	
	胃	食道	
		甲状腺	
		残りの臓器・組織	

（ICRP 勧告 Publ. 60, 1990.）

かになったことは、顕著な成果であった。被曝していなくとも癌の発症率は年齢と共に高くなるが、被曝した人たちは発症率の増加分が発症率自体に比例して高くなるので、被曝の有無による癌発症の差は時間と共に広がってゆく。この事実は、被曝から癌発症までかなり時間がかかることともつじつまが合う。

上記の問題点のうち、被爆放射線の質については一九八十年代に再評価が行われ、それ以前の評価よりも中性子の強度が低く、γ線の強度が高く変更された。その結果、中性子の線質係数（危険性）は高く改訂された。現在はそれに従って解析が行われている。

一秒当たりでどれだけ被曝したかを被曝線量率という。全体の被曝量が同じでも被曝線量率によって結果が異なるかどうか、低線量のとき累積被曝量と癌発症の確率はどう関係しているかについては、たくさんの生物実験が行われている。しかし、環境放射能で問題になるのがたかだか数ミリから数十ミリグレイの吸収線量であるのに対し、疫学的なデータも実験データも、それより一ないし二桁高い範囲までである。だから確率的影響の推定は、高線量側から低線量側へどう外挿するかによって大きく変化することになる。実験結果は、α線や中性子では吸収線量当たりの癌発生率が高いが、発生率は吸収線量・線量率に対して比例関係よりは下がって上に凸の形になり、β線・γ線ではα線や中性子に比べて最初は発生率が低いが、吸収線量・線量率が上がると比例以上に発生率が上がって下に凸の形になる、とされる。結局ＩＣＲＰの一九九〇年勧告では、放射線の確率的影響については閾値はなくて癌発生確率は吸収線量に比例するとし、しかし〇・二グレイ以下の吸収線量または一時間当たり〇・一グレイ以下の線量率の場合は、より高線量の時に比べて、影響は二分の一になるとしている。この係数についても、批判がある。

ここまでの説明からもわかるように、確率的効果の評価は現在確定的なものとはいえない。被曝線量の少ない場合の統計的効果を実験的に確定することは第七章で述べるトランス科学の典型的な例であって、近い将来に可能になるとは思われない。特に、広島・長崎のようなヒトについての実験は、これからは行われることがないように努めなければならない。だから、ＩＣＲＰ勧告についてはさまざまな批判がある。遺伝子レベルで損傷が吸収線量に比例する、というのはその過程を考えればもっともらしいけれども、そこから全身的な効果が出てくる過程は全く不明である。その過程に介入して障害を軽減しようという試みや薬剤の提案もある。確率的効果についても閾値があるという主張、あるいは低線量の被曝はヒトの健康にとってむしろ良いのだ（これを放射線ホルミシスという）という主張も繰り返されている。その一方環境ホルモンとして作用する化学物質について、これまで考慮されなかったような希薄なレベルで効果が激しくなる場合がある、という主張があり、それは放射線についても適用されるのではないかともいわれる。

被曝による癌の発症確率の推定は、放射線を扱う業務に従事する人や事業所の周辺の住民の被曝をどの程度に規制すべきかという基準値

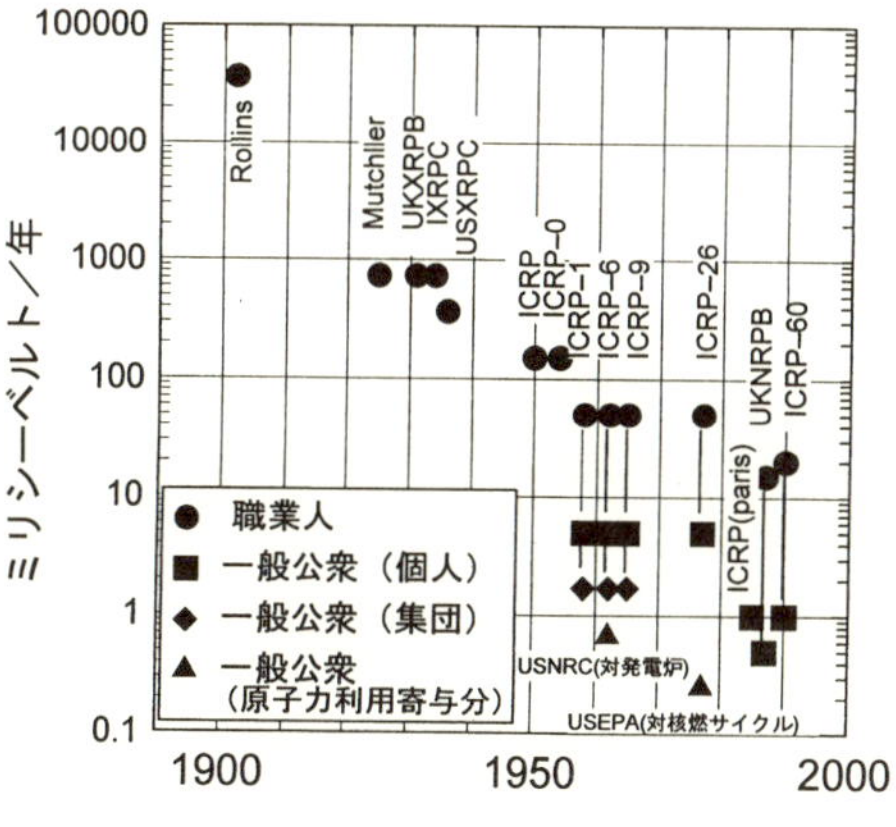

図４　放射線規制値の変遷
（小出裕章氏による）

UKXRPB : 英国Ｘ線ラジウム防護庁
IXRPC : 国際Ｘ線ラジウム防護委員会
UKNRPB : 英国放射線防護庁
USXRPC:米国Ｘ線ラジウム防護委員会
ICRP : 国際放射線防護委員会
（続く数字は勧告番号）
USNRC : 米国原子力規制委員会
USEPA : 米国環境保護庁

に関係してくる。もちろん、仮に癌や遺伝的障害の発生確率が十分な精度で決まったとしても、それで基準値がすぐ決められるわけではない。これは第七章でもっと一般的に議論するので立ち入らないが、ここでは便益と危険度という次元の異なる量を比較することが求められているのであり、しかも社会的には多くの場合、便益を得る者と危険を背負う者とが違うので、問題が錯綜するのである。歴史的に見れば、科学的な知見の進歩と社会的な考え方の変化によって、規制値は一貫して厳しくなってきた。**図4**を参照。

表Ⅵ 実効線量限度
作業者に対して―― 50 mSv/年
ただし、100 mSv/5年
一般公衆に対して―― 1 mSv/年

結局ICRPは一九九〇年の勧告で、死亡の生涯確率や平均余命損失などの推定から上の**表Ⅵ**のように規制することを勧告し、日本もそれに従っている。これだけの被曝が続いても六五歳での年あたり死亡率が千分の一以下になるとされる。ICRPも強調しているがこの規制値は、それ以下ならば危険がない、という値ではない。確率的な法則に基づいているのだから、当然のことである。

3 環境放射能

宇宙線

地球外から放射線が飛来していることは、一九二五年頃から認知された。これは宇宙線と呼ばれる。起源はまだはっきりしないが、超新星や高温の恒星などから放出され、宇宙磁場で加速された高エネルギーの荷電粒子、電子、電磁波であると考えられている。これを一次宇宙線という。一平方センチあたり毎分一個程度の割合で地球に降り注いでいて、大部分は裸の原子核でその組成は宇宙の元素存在度に近く、八五％は陽子、一四％がα線である。

一次宇宙線は大気に入射すると大気成分の原子と核破砕反応や核反応、気体のイオン化などを引き起こし、一個の一次宇宙線からシャワー状に増加しながら二次宇宙線が生じる。二次宇宙線はさらに大気成分と相互作用して、相互作用の強い順に吸収される。そのために強度は地上一五〜二〇キロメートルで最も高くなり、以後減少する。その変化は大体、地表から二千メートル上がるごとに二倍で、強度は海水面で一平方センチメートルあたり毎秒〇・一個程度。中間子が約八〇％、電子が約二〇％である。**図5**に、旅客機の飛行に伴うガイガー管の計測数の変化の実測例を示した。航空機乗務員の被曝線量は、飛行時間によるけれど、年間一〜二ミリシーベルトという報告がある。高度三千メートルの高山地方に住む人々の宇宙線による被曝線量は、海岸近くに住んでいる人々の三〜四倍程度になっている。

高エネルギーの一次宇宙線が空気成分の原子核と衝突して起こす核反応によって、またその核反応によって発生した中性子がさらに核反応を起こして、^{3}H・^{7}Be・^{14}C・^{39}Arなどの放射性核種が生成される。それについては次節で述べる。

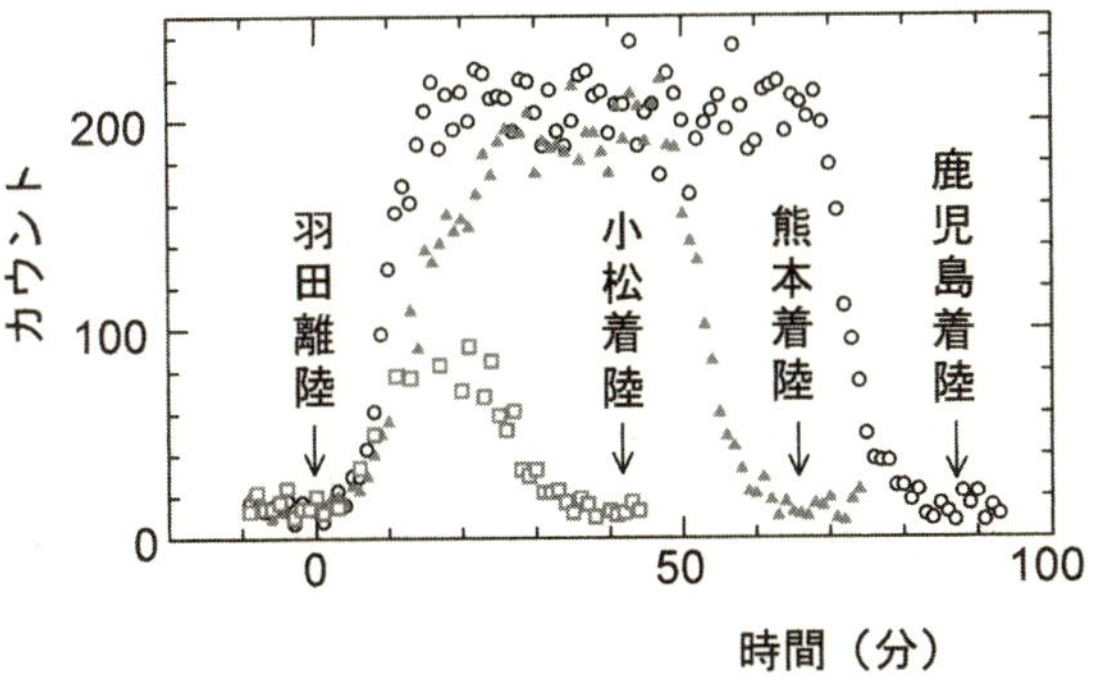

図5　旅客機の飛行に伴う放射線強度の変化
（藤田祐幸氏による）

天然に存在する放射性核種

前節で述べたように、ポロニウムより原子番号が大きな元素はすべて放射性であり、それより番号が小さな元素にも放射性核種が存在する。人工的に作られたもの（大気圏内核爆発実験、原子力発電所や使用済み核燃料の再処理工場の事故、医療用放射性薬品などによる）を除いて、自然界に存在する放射性核種を天然放射性核種と呼ぶ。天然放射性核種はその起因に基づいて、一次放射性核種、二次放射性核種、誘導放射性核種、消滅放射性核種に分類される。

■［**一次放射性核種**］　これらは地球創生のときから存在し、半減期が非常に長い（五億年以上）ために現在まで壊変しつくさずに残っている放射性核種である。そのうち^{235}U・^{238}U・^{232}Thは、これらを出発点としてそれぞれ壊変系列[1]を構成する。その一例として、^{238}Uから始まるウラン系列の壊変系列図を図６に掲げる。親核種はα崩壊やβ崩壊を次々に行って娘核種を生成し、最終的に鉛の安定同位体^{206}Pbになる。また^{235}Uから始まるアクチニウム系列は^{207}Pbで、^{232}Thのトリウム系列は^{208}Pbで終わる。これらに共通して、最終生成物は鉛の安定同位体であり、壊変の途中で必ずラドンの同位体を生じる。既に壊変しつくしてしまって天然には存在しないが、^{237}Npから始まって^{209}Biに終わるネ

（1）α崩壊では質量数が四減り、β崩壊では変わらないので、各系列は質量数を四で割ったときの剰余が決まっていて、混じり合わない。

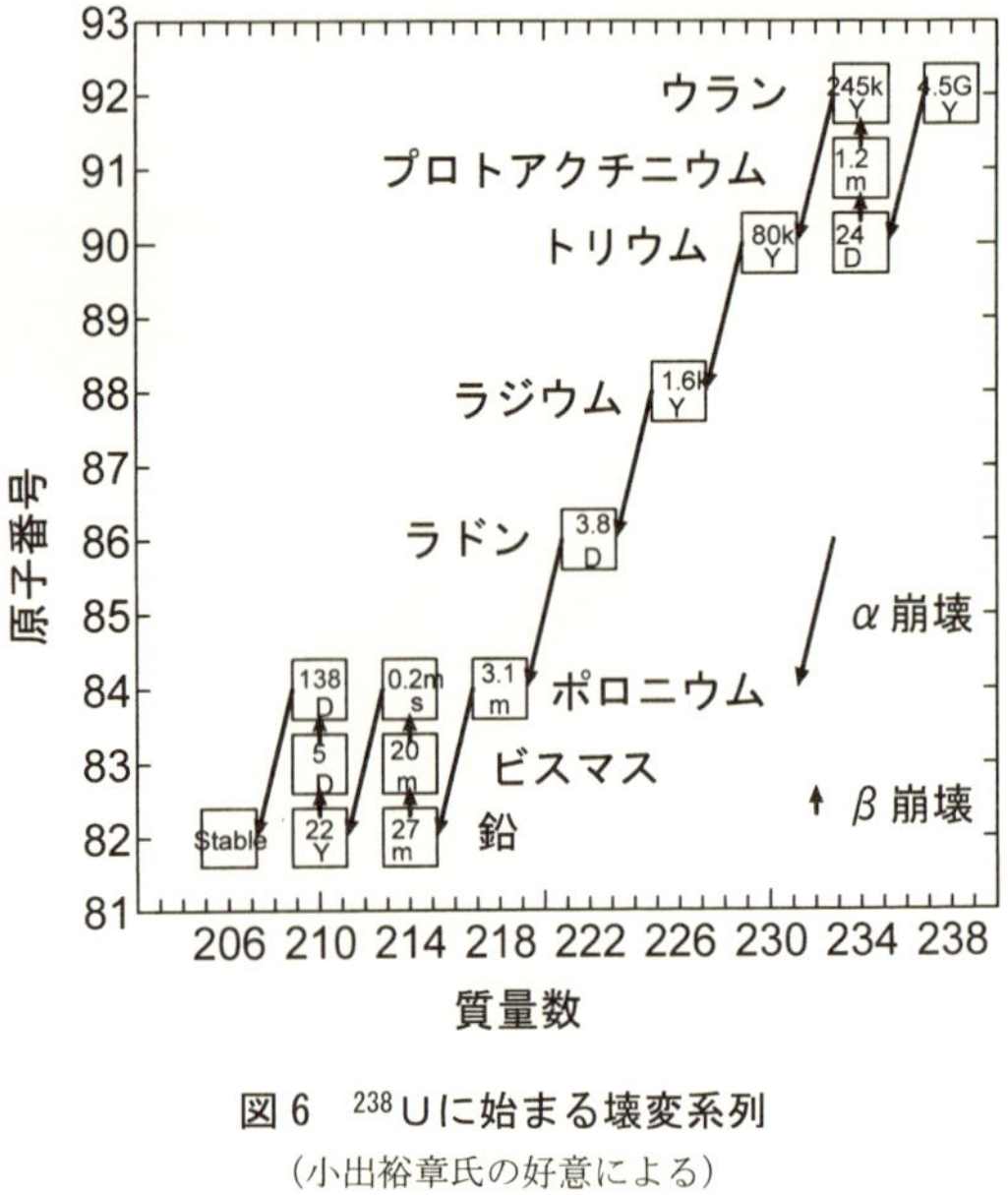

図６　^{238}Uに始まる壊変系列

（小出裕章氏の好意による）

プツニウム系列も確かめられている。

天然にはこれらの核種とは別に、壊変系列をつくらない放射性核種が微量ではあるが存在する。それらを**表Ⅶ**に挙げる。いずれも十億年以上の長い半減期をもち、一回の壊変で安定な核種に変わる。注目すべきは、^{40}Kである。^{40}Kは安定同位体の^{39}K・^{41}Kとともに岩石、水、植物、生体などに広く分布し、自然界に放射能の影響を与える重要な核種の一つである。普遍的に存在するため、生命体はこの放射能から逃れられない。また^{40}K・^{87}Rb・^{187}Reは半減期が長いため、岩石や鉱物の地質年代の測定や、海洋底での堆積速度を測ったりするのに利用されている。

代表的な核種について、存在形態と挙動をみてみよう。

ウラン——天然に存在するウランには^{234}U・^{235}U・^{238}Uがあり、そのうち^{238}Uが九九・三%で、^{234}Uはその曾孫である。ウラン・トリウムの天然放射性核

表Ⅶ　壊変系列を作らない天然放射性核種

核種	存在比（%）	半減期（年）	壊変形式	放射線のエネルギー α, β	γ
^{40}K	0.0118	1.277×10^{9}	β^-, EC	1.33MeV	1.46　MeV
^{50}V	0.250	1.5×10^{17}	β^-, EC	0.4	0.78, 1.58
^{87}Rb	27.83	4.75×10^{10}	β^-	0.275	
^{115}In	95.72	4.41×10^{14}	β^-	0.48	
^{123}Te	0.905	1.3×10^{13}	EC		
^{138}La	0.0902	1.06×10^{13}	β^-, EC	0.21	0.81, 1.43
^{142}Ce	11.13	7.5×10^{16}	α	1.5	
^{144}Nd	23.80	2.29×10^{15}	α	1.83	
^{147}Sm	14.97	1.06×10^{11}	α	2.2	
^{152}Gd	0.200	1.08×10^{14}	α	2.14	
^{176}Lu	2.59	3.78×10^{10}	β^-	0.43	0.31, 0.20, 0.09
^{174}Hf	0.162	2.0×10^{15}	α	2.50	
^{187}Re	62.60	4.35×10^{10}	β^-	0.0027	
^{190}Pt	0.0127	6.5×10^{11}	α	3.16	

（EC：軌道電子捕獲）

種は、閃ウラン鉱やカルノー石などのウラン鉱物や、モナズ石などのトリウム鉱物に含まれている。岩石（〇・一～三ｐｐｍ）、土壌、河川水、海水などにも微量ながら広く含まれている。リン鉱石のウラン濃度は高い（一二〇ｐｐｍという報告例がある）ため、リン酸肥料にウランが比較的多く含まれ、土壌汚染を起こしつつあるといわれる。ウランは土壌や肥料に含まれることから食物にも存在し、食品をとおして人体中に一〇〇～一二五マイクログラム含まれている。この量は一日当たり一マイクログラムのウランの摂取と平衡にあるとされている。ウランが全て^{238}Uであるとすると、人体中の一〇〇マイクログラムのウランの放射能は一・二七ベクレルになる。一年は三千万秒強なので、一年間に四千万回壊変が起きることになる。その吸収線量は、娘核の分を考慮して、一年でマイクロシーベルトのオーダーになる。

^{40}K——^{40}Kの半減期は一三億年で、β崩壊してカルシウムになる。天然存在率が一一八ｐｐｍと少ないことが幸いして、生命体は今日の繁栄を実現したと考えられる。塩化カリウム(1)の放射能はグラムあたり一六ベクレルであり、海水中にもリットルあたり一一ベクレルあるが、われわれは海水浴を楽しんでいる。法律に定める放射性物質とは、天然物でグラムあたり三七〇ベクレル以上となっており、塩化カリウムは放射性物質としての規制は受けない。時に健康上ナトリウムイオンを制限せざるをえないことがあり、その時は減塩と称して食塩(2)を減らして、その分塩化カリウムを用いる。天然の放射性物質はそのまま受け入れざるをえないし、生命体が誕生以来^{40}Kの放射能に曝されてきたことを考える必要があろう。

■［**二次放射性核種**］

これは一次放射性核種の壊変によって二次的に生成するものであっ

(1) KCl

(2) NaCl

て、たとえば**図6**に示した^{238}Uから^{206}Pbまで壊変する途中の放射性物質をさす。半減期の長い親核種から絶えず供給されるので、親核種がある限り必ず存在する。比較的半減期の長いものに^{234}U（二四万五千年）、^{231}Pa（三万三千年）、^{230}Th（七万五千年）、^{228}Th（二年）、^{227}Ac（二二年）、^{228}Ra（五・七五年）、^{226}Ra（一六二二年）、^{222}Rn（三・八日）、^{210}Po（一三八日）、^{210}Pb（二二年）などがある。新幹線に線量計を持って乗り込んで線量の変化を追ったデータによると、列車がトンネルに入ると線量が高くなり、橋の上を通るときは低くなっている。トンネル内では大地からの放射線が強くなり、橋の上では少ないからである。

二次放射性核種の挙動は、半減期の長い親核種の物理的・化学的状態が環境中の娘核種の動態を左右することに特徴がある。主な核種の環境中での動態を見よう。

^{226}Ra——^{238}Uより生じる^{226}Raは、一六〇〇年の半減期を持ってα壊変により半減期三・八日の^{222}Rnを生じる。さらに三個のα線、二個のβ線を放出して^{210}Pbになってしばらくとどまり、三回壊変して^{206}Pbになる。このため^{226}Raが体内に入ると、他の核種に比べて影響が大きくなる。表面海水にリットルあたり一万分の一ベクレルのオーダー、河川水や井戸水では地域差が大きいが、リットルあたり〇・〇一〜〇・一ベクレル含まれている。化学的性質がカルシウムと近いので、生育土壌中にカルシウムが多ければ食品中の^{226}Raの含有量は少なくなる。食物中ではブラジルナッツ、卵にかなり含まれると報告されているが、理由は不明である。

^{226}Raの濃度は火成岩で高く、岩石中にはキログラムあたり数十ベクレル含まれている。岩石中に含まれているため、石作りの家の屋内放射能は^{226}Raとそれに続く^{222}Rnのため高くなっている。

アラスカやワシントン特別区の^{226}Ra濃度は他地域より一〇～五〇倍高く、地域による変動が大きい。石炭にも^{226}Raが含まれているため、百万キロワットの石炭火力発電所から一年間に、煤煙処理をしない場合に約四〇億ベクレル程度の放射能の放出があるという報告もある。

^{222}Rn――^{222}Rnは^{226}Raの娘核種である。大部分の^{222}Rnは^{226}Raのある大地や岩石から空気中へ放出されている。このため空気中濃度がトンネル内で高くなる。ラドンは希ガスであるため呼気を通して肺へ入り、娘核が肺に止まって被曝の恐れのある核種である。昔アメリカのウラン鉱山で働く労働者に肺ガン患者が多く発生したが、坑道の換気をよくすることで解決されている。スウェーデンではラジウムを含むミョウバン頁岩を含んだ発泡性コンクリートが古い家屋建築で使われていることと、^{222}Rnが大地から床下を通って家屋内へ流入するため家屋内の放射能が高く(立方メートルあたり二〇〇ベクレル以上もあることがある)、^{222}Rn濃度の測定値が家賃に反映されるという。逆に日本のような木造建築では、通風が良いこともあり、立方メートルあたり一五ベクレル前後と低い。岩石中の^{226}Raが気体の^{222}Rnになると空気中を漂っている間に^{210}Pbになり、空気中の粉塵に付着して地上に落下する。ラドンの空気中濃度は、地域差、日変化が大きい。とくに雨の日は、ラドンが土壌から追い出されて大気中濃度が高くなったり、逆にラドンが雨水に溶解するため低くなったり、気象学的要因によって変動する。親核種^{226}Raが大地に含まれているのでその娘核種^{222}Rnは、地殻変動があると井戸水中の濃度が高くなることがある。このため、地下水中の^{222}Rn濃度を常時監視して地震予知に利用する研究もなされた。

　他にラドンにはトリウム系列の^{220}Rn（半減期五四秒）があるが、これはその後壊変を続けて数分以内に^{208}Pbになり、安定化する。^{210}Pb—^{210}Po——祖先が^{222}Rnであるため、^{210}Pbはほとんど原子レベルの大きさになっている。このため空気中の粉塵に付着して地上に積もり、地表近くで濃度が高くなる。^{210}Pbから半減期五日の^{210}Biを経て、半減期一三八日の^{210}Poが生まれる。一般に娘核種の環境中での物理的形態は親核種の形態に左右されるので、^{210}Poの動態は寿命の長い^{210}Pbの挙動に依存している。^{210}Poは、タバコの煙に多く含まれることが報告されている。喫煙者は一年間に気管支の基底細胞で〇・八六ミリシーベルトの被曝を起こし、喫煙者の肋骨には非喫煙者の二倍、肺には四倍の存在量があるといわれる。

■**〔誘導放射性核種〕**　誘導放射性核種の多くは、宇宙線と高層大気との相互作用など、自然界で起こる核反応によって定常的につくり出されている。成層圏で作られ、天然に存在する核種を**表Ⅷ**に掲げる。大気中での生成率は一年間に一平方センチメートルあたり^{3}Hで八百万個、^{14}Cで五千〜六千五百万個と見積もられている。成

表Ⅷ　宇宙線起源の主な誘導放射性核種

核種	半減期	壊変	生成率*	推定量	存在
^{3}H	12.33年	β^-	2.5×10^{3}	3.5　kg	雨水・陸水など
^{7}Be	53.29日	EC	8.1×10^{2}	3.2	雨水
^{10}Be	151万年	β^-	4.5×10^{2}	4.3×10^{5}	海底土
^{14}C	5730年	β^-	2.3×10^{4}	7.5×10^{4}	大気・生体・海水
^{22}Na	2.6年	β^+	8.6×10^{-1}	1.9×10^{-3}	海水
^{26}Al	72万年	β^+	1.6	1.1×10^{3}	堆積土
^{32}Si	160年	β^-	1.6	2.0	海水・堆積土
^{32}P	14.26日	β^-	8.1	4×10^{-4}	雨水
^{33}P	25.34日	β^-	6.8	6×10^{-4}	雨水
^{35}S	87.51日	β^-	14	4.5×10^{-3}	雨水
^{36}Cl	30万年	β^-	11	1.5×10^{4}	岩石
^{39}Ar	269年	β^-	56	22	大気

＊単位は原子数/m^2・s

層圏と対流圏の間には圏界面があり両者間の大気の混合はあまり起こらない。両極上空では圏界面がないため、成層圏から対流圏への誘導放射性核種の注入が起こりやすくなっている。

成層圏で生成した^{3}Hは大部分水として、^{14}Cは二酸化炭素として、大気中に降下してくる。このため、大気中の二酸化炭素やそれをもとに光合成を行う植物、および植物を食料にしている動物には必然的に^{3}H・^{14}Cが存在する。一方石油や石炭などは数億年前に作られ、^{14}Cは完全に減衰しつくしているため放射能はない。都会では自動車などによる大量の化石燃料の燃焼による二酸化炭素放出のため、空気中の^{14}C濃度が低くなっている。

誘導放射性核種のうちで、半減期が数日から数年の核種（^{3}H・^{7}Be・^{22}Na・^{32}P・^{35}S）は大気の混合・移動過程の調査におけるトレーサーとして、長半減期のもの（^{10}Be・^{14}Cなど）は生物や地球化学的試料の年代測定などに利用されている。^{7}Be・^{32}P・^{35}Sなどがフォールアウト（放射性降下物）として大気高層から降下してくる速度は、これらの核種の追跡から秒速〇・一ミリメートルと見積もられた。典型的ないくつかの核種について、以下に述べる。

^{3}H――^{3}Hは半減期一二・三年の放射性核種であり、トリチウム（T）とも呼ばれる。誘導放射性核種であるが、一九六十年代の核実験によって環境に多量に放出されたため、その分が上乗せされている。しかしすでに三半減期をすぎていることと海洋への移行により急激に減少して、現在は地下水を除いて核実験以前のレベル近くまで下がっている。海洋は水のリザーバーであり、いろいろな急激な変動事象を緩和する役目をはたしてきた。^{3}H濃度の高い雨は地下にしみこみ、一部は降雨のたびに少しずつ流出する。海洋で発生したトリチウム濃度の低い水蒸

気は雨となり、大地に降って^{3}H濃度の高い地下水を海へと流出させる。このため、沿岸海水中の濃度は大洋中の濃度より高くなっている。海洋も深海に行くほど表面海水との混合はゆっくりと起こるので、海洋底近くでの^{3}H濃度はゼロである。**図7**に一九八二年当時の様子を示すが、一五〇〇メートル付近までトリチウムが浸透していることを示している。九州大学島原地震観測所の深い井戸の水のトリチウム濃度はほとんどゼロであり、このことはこの井戸水が数十年以上古い水であることを証明していることになる。

現在、トリチウムはリットルあたりで大洋の海水に〇・一〜〇・二ベクレル、河川水・雨水に〇・五〜一・五ベクレル含まれている。水や有機物の構成元素であるため、生命体にとっては^{14}Cとともに重要な元素である。トリチウムはβ崩壊するが、β線のエネルギーが小さいため、その放射線が物質に与える損傷は小さいと考えられる。しかし水素は核酸など遺伝子の構成元素であるので、遺伝子に取り込まれたトリチウムの崩壊は遺伝子に決定的なダメージを与え、ダメージを受けた遺伝子が代謝経路から排出されることも事実である。このため、もっと詳しい研究が必要とされる。また、大気中の水素ガスおよびメタンのトリチウム比は、他の有機物に比べて異常に高いことが知られている。

^{7}Be——成層圏で作られた^{7}Beは、空気中の塵や雨に付着して地上に落ちてくる。**図8**に、福岡での^{7}Beの降下量の年変化を示す。春から夏に多

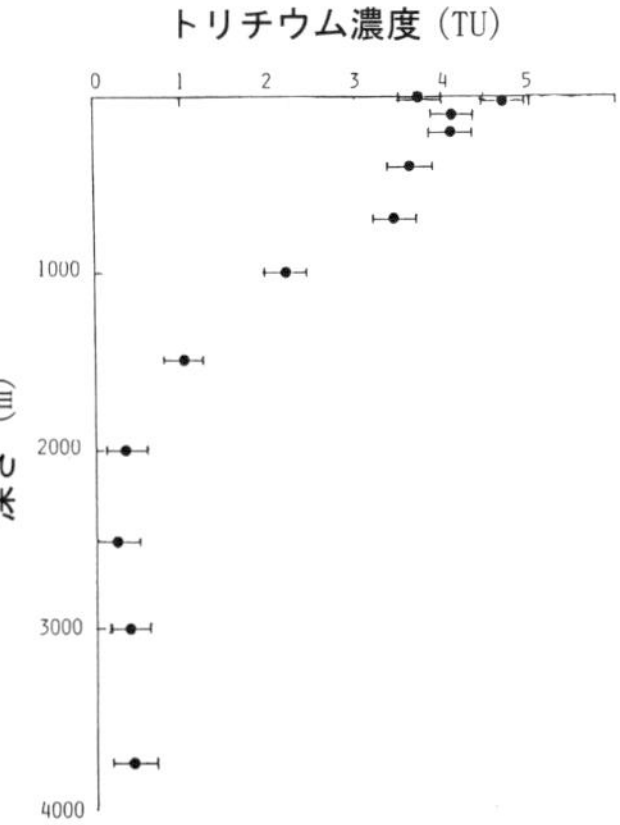

図7　海のトリチウム濃度の深さ分布①

(1) 高島良正 Radioisotopes, **40** (1991) 520-530.

くなる周期性がみられるが、これはフォールアウトの降下によくみられる現象である。^{7}Beでは、緯度により年二回のピークがみられる。

^{14}C——^{3}Hと同様に本来誘導放射性核種であるが、過去における核実験のため環境中のレベルが高くなった。現在は核実験前の三〇%増しぐらいまで減衰している。半減期が五七三〇年と長いにも関わらず減衰が速いのは、海洋への移行によるものである。さらに、石油・石炭など化石燃料の大量燃焼によって放出された二酸化炭素で希釈された。炭素は生命体の構成元素であり、β線のエネルギーは^{3}Hより約十倍大きいので遺伝子などへの放射線損傷も大きいと推定される。

大気上層における^{14}Cの生成は、宇宙線の強度に依存する。地球に届く宇宙線に占める太陽からの寄与は小さいとされているが、実際には樹木の年輪ごとに^{14}C濃度を測定すると、過去の太陽活動の記録を探ることができる。

■［**消滅放射性核種**］　消滅放射性核種とは、地球の創生のときには存在していたが、半減期が一億年以下であるため現在では完全に壊変してしまった核種である。壊変生成物や隕石の同位体存在比の研究からかつては地球上に存在していたと認められている放射性核種で、^{129}I（半減期一六〇〇万年）、^{146}Sm（半減期五七〇〇〇万年）などがある。隕石のなかにこれらの核種が見つかれば、その隕石は生成年代が新しいことになり、

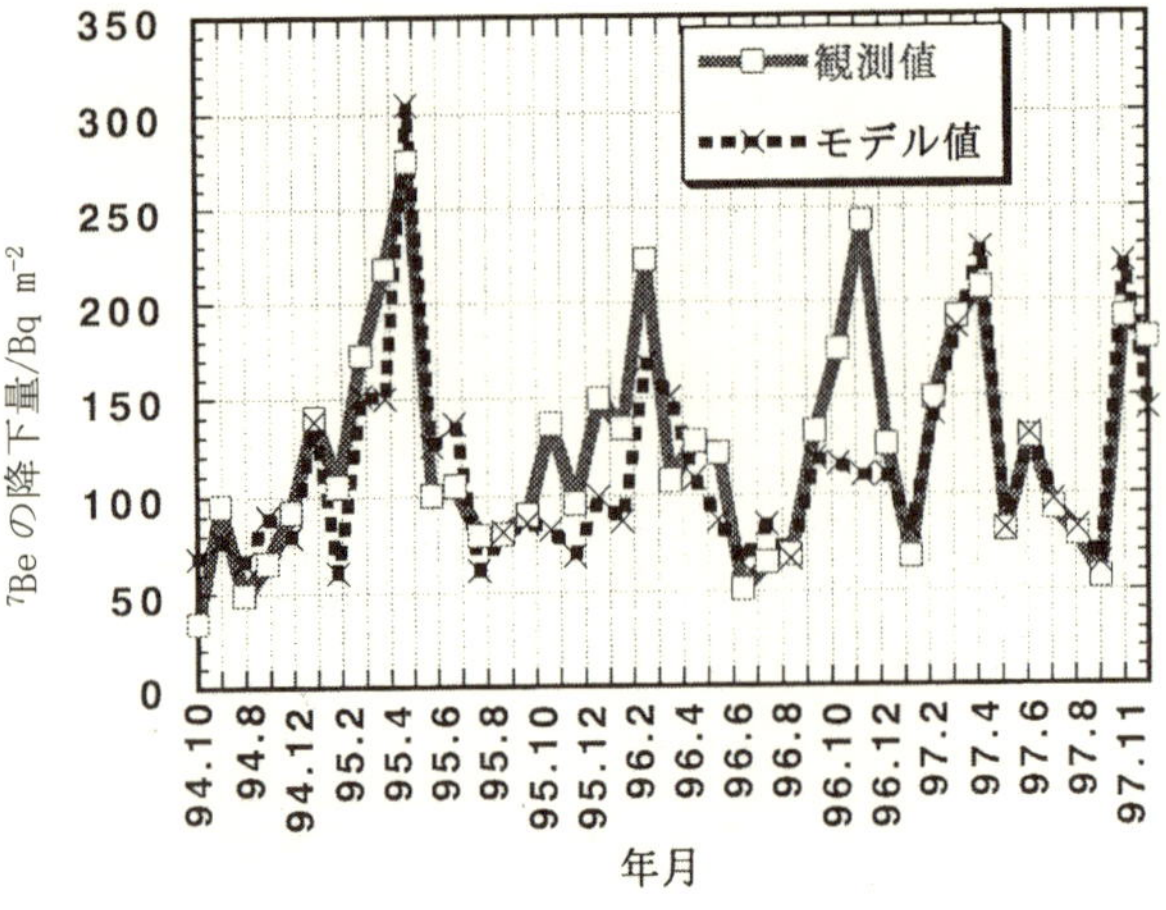

図8　福岡における^{7}Beの月間降下量①

(1) 月形美和、九州大学理学部化学科卒業研究（一九九八年）

興味ある話題を提供する。

環境に分布する人工放射性核種

過去における原爆実験や原子力施設での事故による放出、医療用放射性核種の廃棄などによって、自然界に人工放射性核種が存在するようになった。これらの多くは天然起源の放射性核種と異なるために、容易に区別することができる。各施設から放出されると推定される放射性核種を列挙すると、核燃料再処理施設から放出される可能性のある放射性核種には、^{3}H・^{14}C・^{54}Mn・^{60}Co・^{85}Kr・^{90}Sr・^{95}Zr・^{106}Ru・^{125}Sb・^{129}I・^{131}I・^{131}I・^{137}Cs・^{144}Ce・^{147}Pm・Pu・Uがある。原子力発電所から放出される可能性のある核種には、^{3}H・^{14}C・^{41}Ar・^{85}Kr・^{131}Iその他がある。核実験により放出された核種には、^{3}H・^{14}C・^{89}Sr・^{90}Sr・^{90}Y・^{95}Zr・^{133}Xe・^{137}Cs・^{140}Ba・^{144}Ce・^{144}Prなどがあり、核種の濃度分布から、どんな核実験が行われたか推定ができる。医療用には一般に寿命の短い核種が使われている。^{67}Ga・^{99}Mo・^{99}Tc・^{131}I・^{133}Xe・^{201}Tlなどで、今後^{82}Rb・^{89}Sr・^{99}Tc・^{117}Sn・^{153}Sm・^{186}Re・^{198}Auの使用が見込まれる。^{99}Tc（半減期二一万年）は例外的に寿命が長い。人工放射性核種は事故などによって短期間に多量に環境中に放出される性格を持つことについて、および長寿命核種については環境中での動態について、考える必要がある。

環境中への放射性物質の広範囲な放出に関して私たちの想定するのは、施設の火災による大気中への放出、あるいは誤作動やパイプの破壊による海水中への放出である。火災による大気中への放射性物質の放出は高温の空気といっしょになるため大気上空へ運ばれ、気流に乗って移動する。この間、気体状以外の物質はフォールアウトとなって地上へ降下する。降下以後の移動は核種の化学的性質にしたがって特有の形態をとる。地表に積もったフォールアウトの一部は降雨によって洗い流され、河川を経由して海に流入する。土壌中へ浸透したものは長い年月をかけて土壌深く入り込むことになるが、粘土鉱物に吸着されないもの、たとえばトリチウム水は地下水系へ入り、年月をかけて海へ流入する。たとえば阿蘇山に降った雨の一部は地下水系へ入り、数年後に江津《えづ》湖に噴出することになる。土壌表層に積もったフォールアウトは降雨のたびに溶出して河川系へ入り込む。このため河川水中の放射能は雨水のそれより高いことになる。一五年ほど前に福岡県英彦《ひこ》山系で行われたフィールド研究では、降雨が激しければ河川水中の^{137}Csの濃度は高くなっていた。これは昔の原爆実験によるフォールアウトによる汚染の状況であるが、原爆実験のように放射性物質が成層圏まで達したような場合は、初期には地下水より雨水の方が濃度が高い。また海水中へ放出された非溶解性の核種は沿岸海底土に沈積し、その後海底土中に生息する貝類へ移行する可能性がある。

原子力発電によって生じる多量の使用済核燃料を再処理することになれば、正しく処理されないと環境を汚染する重大な原因の一つとなる。既にアメリカや旧ソ連の核兵器製造のための再処理工場の周辺は汚染が報告されている。特に核分裂生成物の一つである^{85}Krは希ガスであるので、適切な処理をしなければ再処理の過程で多量に大気中に放出される危険性がある。

一九四五年以降の度重なる大気圏内原水爆実験（一九八〇年一一月まで）やチェルノブイリ原子力発電所の事故（一九八六年四月）などによって、多量の核分裂生成物やトリチウム、^{14}C

などが地球上に放出された。過去の汚染事故のいくつかを見てみよう。

■［**ビキニ環礁原爆実験**］　一九五四年の中部太平洋ビキニ環礁におけるアメリカの核実験では、日本漁船（第五福竜丸）の二三名、マーシャル人二三九名、アメリカ人二八名が実験に遭遇し、一七〇～六九〇レントゲンの放射能を浴びた。三〇〇レントゲン浴びたとして計算すると、一般人が一年間に浴びる自然放射線量の一三〇〇倍を一〇～二〇日間で浴びたことになる。このときには爆発地点が海面に近いこともあって、大量のサンゴが火球に取り込まれ、放射化した降下物が雪のように船に積もったといわれている。日本の核化学者による降下物の調査などでこの実験は三Ｆ型[1]の原爆実験であったことが判明し、国際世論の厳しい批判にさらされた。

■［**ウィンズケール原子炉事故**］　一九五七年にはイギリスのウィンズケール原子炉の炉心破壊が起こり、^{131}Iが約二万キュリー、^{137}Csが約六〇〇キュリー、^{89}Srが約八〇キュリー、^{90}Srが約九〇キュリー大気中に放出された。このときには牧草地が一平方メートル当たり約一マイクロキュリーの汚染を受け、この牧草を食べた牛から得られた牛乳が一リットル当たり約〇・一マイクロキュリーの汚染となった。また、五百平方キロメートルの土地が一～二ケ月間立ち入り禁止となった。

■［**たびたびの核実験**］　核爆発で生じる「死の灰」は、対流圏のみでなく成層圏まで吹き上げられた後次第に地表に降下する。この放射性降下物に含まれる比較的半減期の長い核種、たとえば^{90}Sr・^{137}Csや^{239}Puなどが大地に蓄積されて、地球上の放射能レベルを高めている。一九六

（1）Fission-Fusion-Fission（核分裂－核融合－核分裂）の略。核融合を起こす水素爆弾の外側をさらに^{238}Uで囲み、その核分裂で多量の放射能を製造するようになっている原爆。

〇年前後には一リットル当たり百〜千ベクレル、降雨初期には数万ベクレルの雨も観測された。一平方キロメートル当たり月間五百〜五千キロベクレルの放射性降下物、新潟では一九六一年に一平方メートル当たり六万ベクレル以上の土壌汚染も観測された。汚染初期には、野菜では大根や人参の葉のように、でこぼこのある部分に多くのフォールアウトが見られるが、可食部は汚染されていなかった。一九五九〜一九六一年頃には、大気中核実験によって生じた数万ベクレルのオーダーの高放射能粒子が新潟地方で観測された。牛乳中の^{137}Csの濃度を各年度ごとに測定した研究によると、一九六五年をピークとして減少し、現在では数十分の一になっている。一九七五年でも、日本の北部の牛乳は南部より放射能が高かった。これは北部のフォールアウトが多かったことによる。

図9に山林における^{137}Csの深さ分布を示したが、過去における原爆実験のフォールアウトが地表から一〇センチメートルまで達していることが解る。セシウムはカリウムと同じアルカリ金属であり、カリウムは植物に多量に含まれるから、^{137}Csは植物中に多量に入り込むように想像される。しかし降下した^{137}Csは粘土鉱物と強い結合を作るため、植物本体にはあまり入り込まない。むしろ葉面吸着が多いとされる。このため、根菜類には^{137}Csによる汚染はほとんどない。しかし、牛は牧草を洗って食べるわけではないので、牧草から牛乳へ^{137}Csが入り込み、摂取した^{137}Csの八〇%が筋肉へ入るという。

図10に、杉の木の年輪に蓄積した^{90}Srと^{137}Csの濃度及び比放射能を示す。両者

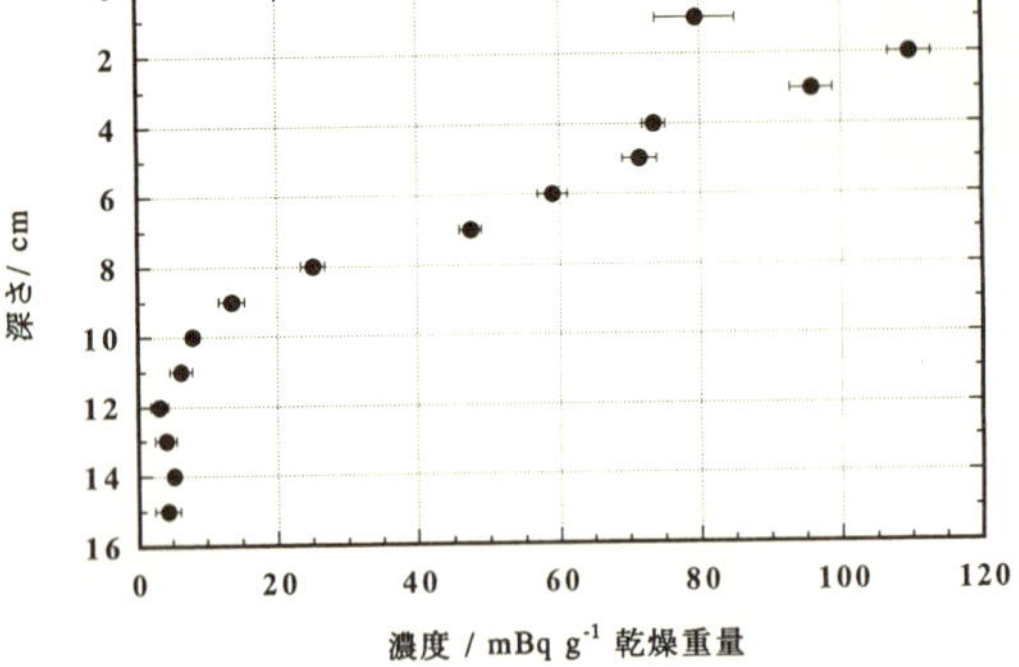

図9　森林土壌中の^{137}Csの垂直分布①

（1）馬場智子、九州大学理学部化学科卒業研究（一九九八年）

（2）エクサ＝10^{18}
テラ＝10^{12}

の分布や減衰の様子の違いが読みとれる。また、トリチウムや^{14}Cの濃度も増した。アルコール中の^{14}C濃度の変化を追ったデータによると、一九五十年代後半から日本、外国を問わず食物が汚染され、大気圏内の実験が停止された後減衰に向かっていたことが解る。

■［**チェルノブイリ原発の事故**］　一九八六年にベラルーシ国境に近いウクライナのチェルノブイリ原子力発電所で爆発事故があった。その結果、周辺三〇キロメートル圏を含む一万平方キロメートル以上の土地に人が住めなくなり、約五百の村や町がなくなって四十万の人々が住み慣れた土地を離れざるをえなくなった。放出された放射能は、クリプトン、キセノンなどの希ガス類が七エクサベクレル(2)、希ガス以外の放射性物質が五エクサベクレルと見積もられている。

事故後十年の一九九六年に、世界保健機構（WHO）、国際原子力機関（IAEA）およびEUが旧ソ連諸国と環境への影響に関する国際会議(3)を開いている。その報告によると、舞い上がった放射性物質のうち約六〇%が一二〇〇〜一八〇〇メートル上空に達し、一平方キロメートル当たり最大一七〇テラベクレル(2)の汚染をもたらした。三〇キロメートル圏内では、内部被曝線量と外部被曝線量がほぼ同程度であった。一九九六年現在、一般住民の居住していた区域は比較的低線量率で、屋外での線量率は一時間あたり八〇〜二〇〇ナノグレイ、屋内では一時間あた

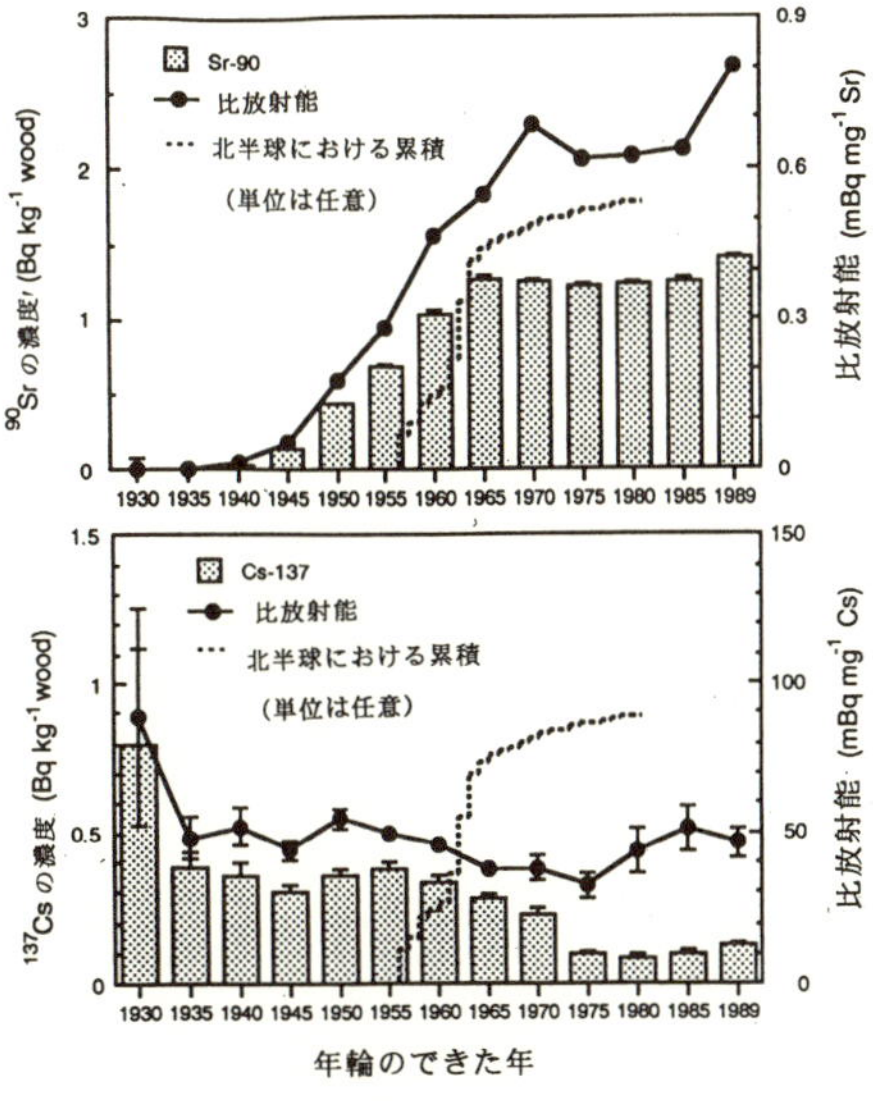

図10　杉の年輪中の ^{90}Sr ^{137}Cs の濃度④

（3）日本原子力学会誌、四二巻（一〇号）（一九九七年）が特集している。

（4）N. Momoshima, I. Eto, H. Kofuji, Y. Takashima, M. Koike, Y. Imaizumi and T. Harada: J. Environ. Qual. **24** (1995) 1141 - 1149.

り五〇～一〇〇ナノグレイまで低減していた。屋内での線量率は日本のバックグラウンドの一～二倍程度である。現在でも検出されている核種は、^{90}Sr・^{137}Csとプルトニウムである。健康障害として、急性放射能障害者二五七名（死亡三〇名、そのうち二八名は事故後三ヶ月以内。その他に一四名が死亡しているが、放射線障害による可能性のある人は二名）、小児甲状腺癌九〇〇名（うち死亡三～五名）である。急性障害の死亡者は事故に最初に関与した人たちである。慢性障害では小児甲状腺癌以外の癌については一九九六年現在確認されていないが、今後さらに追跡調査が必要、としていた。

この結論については、現地の医療関係者を中心に異議が出ている。約八〇万人といわれる事故処理作業者の集団では、白血病・癌・循環器系疾患が増加しているという報告(1)がある。また当時の共産党中央委員会の秘密議事録(2)に、事故直後に一万人を越える人々が病院に収容され、子供を含む住民に急性障害が認められるとの報告があることがソ連崩壊後に明らかにされている。UNSCEAR(3)の二〇〇〇年の報告によれば、事故時に一七歳以下だった住民に発生した小児甲状腺癌患者は二〇〇〇年までに約千八百名という。

図11にベラルーシ、ウクライナ、ロシア三共和国における小児甲状腺癌患者数の推移を示す。甲状腺癌は^{131}Iによるが、半減期が短いために事故後に生まれた子供には影響がない。事故後数年で増加して約十年で減少していることは、事故が原因であることを示している。

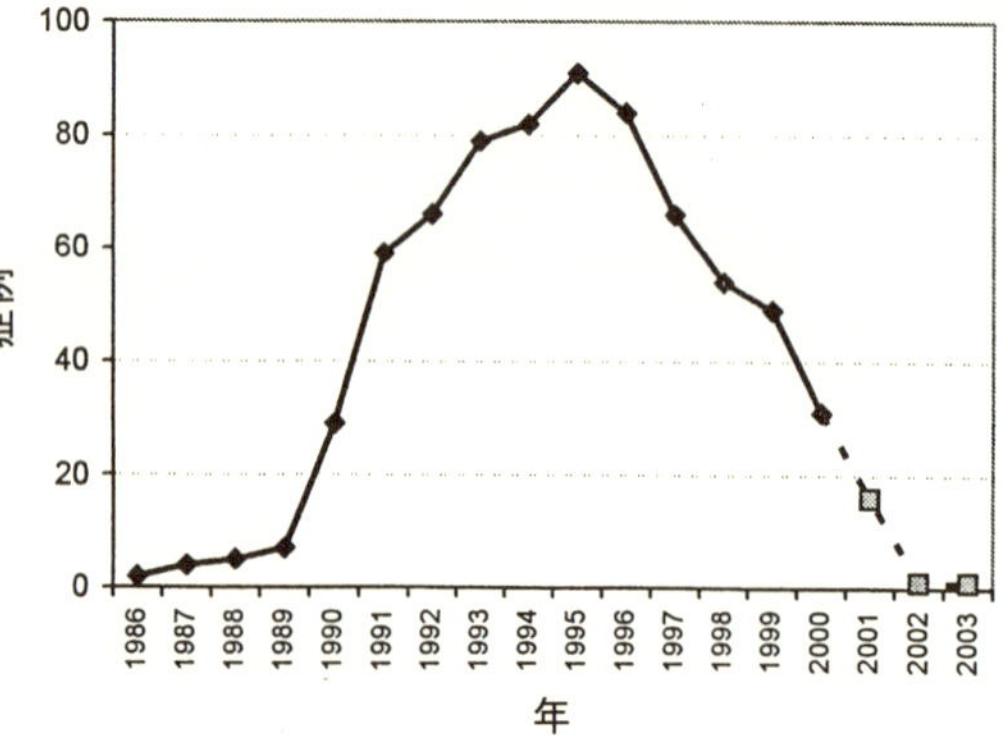

図 11　ウクライナ・ベラルーシ・ロシアでの 14 歳以下の小児甲状腺癌患者発生数の推移④

（1）V. K. Ivanov *et al.*: Health Physics, **74**（3）（1998）309.

（2）http://www-j.rri.kyoto-u.ac.jp/NSRG/chernobyl/kpss/izvestiya9204.html

4　日常生活における被曝線量

私たちが日常的に浴びている線量を起因別に分類して**表Ⅸ**に掲げる。私たちは宇宙線と、大地や空気中さらに体内に存在する放射性物質から、電離放射線を絶えず受けている。線源が体外にある外部被曝と体内の内部被曝とは影響が異なるので、区別して考える必要がある。

(3) United Nations Scientific Committee on the Effect of Atomic radiation, 放射線影響に関する国連科学委員会

(4) http://www-j. rri. kyoto-u. ac. jp/NSRG/reports/kr79/kr79pdf/Malko2. pdf

外部被曝

人が受ける外部被曝としては、宇宙線と地殻に含まれるγ線放出核種からの寄与がある。宇宙線については既に触れた。また医療に伴う被曝は意味が違うけれども、量としてはかなり大きい。肺のレントゲン検査（直接撮影）を一回受けると体表面で〇・三〜一・〇ミリシーベルト、胃の透視検査では五〜一五ミリシーベルト、癌の放射線治療では六〇シーベルト程

表Ⅸ　自然線源からの平均年間被曝量（mSv）

線源	平均被曝	被曝範囲[a]
宇宙線		
直接の電離成分	0.28	
中性子成分	0.10	
誘導放射性核種	0.01	
計	**0.39**	**0.3–1.0**[b]
地殻からの放射線		
屋外	0.07	
屋内	0.41	
計	**0.48**	**0.3–0.6**[c]
吸入		
U および Th 系列	0.006	
^{222}Rn	1.15	
^{220}Rn	0.10	
計	**1.26**	**0.2–10**[d]
摂取		
^{40}K	0.17	
U および Th 系列	0.12	
計	**0.29**	**0.2–0.8**[e]
合計	**2.4**	**1–10**

(UNSCEAR 報告 2000)

a：典型的な値
b：海面から高山までの範囲
c：土壌と建築材料中の放射性核種による
d：室内の大気のラドンガス含有量による
e：食物と飲料水中の放射性核種の含有量による

度まで被曝する。土壌の主な放射線放出源は^{40}K・^{226}Ra・^{235}U・^{238}Uであり、地上一メートルでの空気中での照射線量率は、土壌中に一％カリウムが存在するとして四三マイクロクーロン／キログラム、一ｐｐｍウランが存在するとして八マイクロクーロン／キログラム程度である。橋の上など水上では、大地からの照射線量は低くなる。一般地域での空間線量率は、一時間あたり二〜四ナノクーロン／キログラム程度である。しかし、モナズ石などの鉱床があるブラジルのエスピリットサントス州やリオデジャネイロ州、インドのケララ州、中国陽江県では、一時間当たり二五ナノ〜一マイクロクーロン／キログラムに達する地域もある。高濃度のラジウムやラドンを含む温泉水では、日本では一リットル当たり^{226}Raが約二キロベクレルの、世界ではオーストリアのバートガスティンで約四キロベクレルの温泉水が知られている。日本の基準では、摂氏二五度以上で一キログラム当たり一一〇ベクレル以上の放射能を有すると放射能泉に分類される。

内部被曝

私たちは食品や土壌に存在する放射性物質を、食品をとおして日常的に体内に取り込んでいる。人体に対する放射線の影響度からみると、^{226}Raとその娘核種からの被曝がもっとも大きい。体内に存在する^{226}Raの八〇％は骨に蓄積し、一グラムの骨の灰当たり一・一〜一・五ベクレルあるとされている。トリチウムや^{14}Cは生体組織の主要な構成元素の放射性同位元素であるし、^{40}Kもあらゆる食品中に含まれている。平均的成人は体重の〇・二％のカリウムを含んでいるので、平均体重を七〇キログラムとして人体中の^{40}Kの放射能は約四キロベクレルと推定される。これによって年間に〇・一五ミリシーベルトの被曝を受ける。また人体には体重の一八％の炭素があり、この中の^{14}Cの放射能も約四キロベクレル程度、これによる被曝は一年間に〇・〇一六ミリシーベルト程度である。

■［決定臓器と濃縮係数］　体内の器官はそれぞれ特有の生理作用をもち、その機能を発揮するために特定の元素を必要としている。このため、体内に取り込まれた可溶性放射性物質は体全体に拡がらないで、元素によって特定の器官（これを決定臓器と呼ぶ）に濃縮する。たとえば次のようである。

骨にはリン、カルシウム、ストロンチウム、イットリウム、
肺にはクリプトン、ラドン、ケイ素、
腎にはバナジウム、クロム、セレン、モリブデン、
睾丸にはテルル、イオウ、
肝にはスカンジウム、コバルト、マンガン、カルシウム、カドミウム、ランタン、
前立腺には亜鉛、
甲状腺にはヨウ素、
これらとは別にトリチウム、ナトリウム、炭素、セシウム、リン、鉄、カリウムなどは筋肉や血液、体液などに含まれているため全身に分布している。核分裂生成物のうち、体外被曝としては^{90}Zr・^{95}Nb・^{137}Csからの、体内被曝としては^{14}C・^{90}Sr・^{131}I・^{137}Csからの寄与が大きい。また組

織の感受性も異なり、造血器官である骨髄や生殖細胞、胎生組織、眼の水晶体、リンパ組織は、手や足に比較して放射線感受性が高い。放射性物質が体内に入ってからの生理学的な長期的移動のほかに、壊変系列の核種では壊変により元素が変わることによる移動も考慮する必要がある。

生物はその生理的な必要性から特定の元素を選択的に体内に取り込んでいる。このため多くの無機元素は生体内に濃縮する。海洋生物による体内への無機元素の濃縮の度合いとして、式(9)のような濃縮係数が用いられる。一般に一〇から一〇〇程度、第二次捕食者ではさらに大きくなる。可食部分で濃縮係数が千以上の値を示す海産食品を元素ごとに列挙すると、

$$CF = \frac{\text{水産生物中の放射性物質の濃度}}{\text{水中の放射性物質の濃度}} \quad (9)$$

マンガンは、やりいか、たこ、ほたてがい、

鉄は、うに、なまこ、とこぶし、はまぐり、昆布、

コバルトは、いせえび、

亜鉛は、たこ、あわび、かき、ほたてがい、

に濃縮されやすい。しかし水圏における放射性物質の存在状態はイオン状、コロイド状、粒子状に大別され、これらの代謝機構は物質の存在形態に左右されるので、濃縮係数の取り扱いには十分な注意が必要である。

被曝線量の軽減

放射線を利用する業務が正常に行われているときには、従事者や周辺の公衆の被曝量は規制値以下になっているはずである。その規制値で期待するだけの効果があ

るかどうかについての議論は既に述べたので、ここでは事故の場合を考えよう。放射線事故では寿命の短い核種が大量に存在しているので、初期に短寿命核種による被曝を回避することがまず重要である。

フォールアウトによる体外汚染を防ぐには、放射性物質に接触しないのが第一である。しかし、放射能の高い地域から避難するのは、必ずしも容易ではない。接触した時には、洗浄して除去する必要がある。初期には、気体状の^{131}Iの吸入を防ぐことが重要である。^{131}Iの半減期は八日と短いため、^{90}Sr・^{137}Csのような長期間の食物連鎖を考える必要はない。人間ではヨウ素は甲状腺に集まるが、甲状腺が取り込むヨウ素の量には上限があるので、被曝二時間以内にヨウ化カリウムなどの形でヨウ素を摂取することで、甲状腺への^{131}Iの移行を阻止できる。被曝二時間以内の摂取が重要なのでヨウ化カリウムを常備しておくのもよいが、昆布や若布などヨウ素を多く含む食品を食することで十分である。海草は他の無機物も多く含むので、^{90}Sr・^{137}Csなどの摂取の抑制にも効果がある。長期的には、埃の吸入と汚染食物に注意を払う必要がある。

放射性物質の体内への沈着を防ぐ第一の方法は、放射性核種の同位体存在比を少なくすることである。^{131}Iの体内への移行を防ぐために放射性でない安定ヨウ素をとるのはこのためである。第二の方法は、放射性核種と類似の化学的挙動をとる他の元素を共存させることである。たとえば、^{90}Srの植物への移行を抑えるために耕作地にカルシウムやアンモニア肥料を施したり、^{137}Csの移行を抑えるためにカリウム肥料を施肥すると良いことが解っている。

5　将来の被曝線量

地球環境にいろいろな放射線があることを述べてきた。今後放射性物質の利用はますます増えると推定される。日本における放射性物質使用許可・届出事業所数は一九九八年現在で五千ヶ所を越え、非密封アイソトープ供給量は年間六千ギガベクレルを越えている。また、生体に対する放射性医薬品の供給量は約五十万ギガベクレルに達している。

放射性物質は、一定の管理のもとで使用すれば、人類に多大の利益をもたらすことは事実である。その一方、核兵器の使用は論外であるが、放射線源を搭載した人工衛星の落下の危険性や、昔と較べて技術的には格段の進歩があるけれども、原子力施設が事故を起こす危険性など、対処しなければならない課題は多い。また、現代の機器にはいろいろなところに放射性物質が使われている。例えば^{3}H・^{147}Pm・^{226}Raなどが夜光時計、ガス検知器、理化機器に、^{60}Coが非破壊分析器、癌治療などに使われている。今後新しい電子機器の登場および医学的診断、放射性医薬品の使用頻度の増加によって、電離放射線による被曝量は増大すると考えられる。これらも、必要最小限にとどめる努力が必要とされよう。医療診断用の放射線の利用量は毎年伸びているが、検出器、フィルムの感度の改良など技術の進歩によって、一回当たりの被曝線量を減らす努力がなされている。

人類全体の遺伝を考える上では、集団等価線量を予知することが大切である。これまでの主なものを**表X**に挙げた。核実験による被曝線量は、世界の人口を考慮して、一人当たり自然放射線の三年分の被曝線量に相当する。現在先進諸国で出産年齢が上昇していることは、その間自然放射線を浴びていることになるので、遺伝的観点から考慮するとゆゆしき問題と考えられる。一方この観点からは、生殖年齢を過ぎた人たちへの医療による外部被曝は、確率的効果についてはあまり問題にする必要がないとも考えられる。

核兵器の使用がなくなれば、将来の被曝源として原子力施設の事故がクローズアップされてくる。現今、大電力を集中的に生産するという観点からは、石油と原子力の二者択一をせまられつつあるように思う。エネルギー源として石油が選択されつつある情勢は、単に石油探査の技術の向上により、石油の埋蔵量が一五〇年分以上あるのではないかということで、需給が緩和されているためにすぎない。地球が数億年かかって石油として蓄積した太陽エネルギーを、わずか三〇〇年ぐらいで消費しようとする人間の技術と人口の爆発が地球の温暖化をもたらしているのであり、私たちはエネルギーと環境の問題を根本から見直す必要に迫られているように思う。石油による発電は、石油という価値ある遺産を後世に残さず、無駄使いしていることになる。私たちは、石油を単に燃やすために使用してはならない。このためにも超安全型原子炉の建設が切望される。しかし、それは可能であろうか。また、原子力発電は温室効果ガスへの影響はないが、地球上で新たなエネルギーを発生させていることに変わりはなく、地球の温暖化を少なからずもたらすだろう。

アメリカのジョン・グレン宇宙飛行士は「地球はフイルムのように薄い大気に包まれている」と言った。地球の大気はわずか地上一〇〇キロメートルぐらい（流星の見られる高度とする。

表X　人類全体の集団等価線量（人・Sv）

大気圏内核実験	30,000,000
チェルノブイリ事故	600,000
原子力発電関連	400,000
ラジオアイソトープ生産利用	80,000
核兵器製造	60,000
キシュテム事故（ソ連）	2,500
衛星再突入（^{238}Pu）K	2,100

圏界面は地上わずか八～一六キロメートル）までしかない。一〇〇キロメートルは福岡から熊本までの距離である。さらに、フイルムのその一部の、地上わずか三キロメートルまでの空間に百六十万種の動物と三十万種の植物が繁栄している。私たちの地球を守るには何をすればよいのか？

贅沢は地球と人類の敵である時代がやってくるかもしれない。

第4章　環境問題と物理学

中山正敏

環境問題は人間社会の問題である。したがって、経済を始めとする人間の社会的活動と深く関わっている。またそれは、人間の生活様式、文化、さらには思想とも関わりあった問題である。しかし直接的には、環境問題は人間を取り巻く自然の状態の問題である。環境の悪化もそれを浄化するのも、物質的な過程である。さらには、それらをもたらす人間の生産活動や生活、その中での生命活動もまた、自然の中の物質的過程である。したがって環境問題の理解は、まずその物質的な過程の理解を基礎としなければならない。この点は、自然科学の課題である。

これまでの二章でも述べたように、個々の環境問題に関しては多くの具体的な検討が行なわれてきた。しかし、次々と現れるそれぞれの問題を技術的に一つ一つ解決してゆけば、いずれ環境問題はすべて解決する、といった楽観は、許されないようである。ある問題を解決するための方策が、別の環境問題を引き起こすこともある。二酸化炭素による地球の温暖化を防ぐために化石燃料の消費を減らして原子力発電を増やすと、放射能からの生態系の防御という別の問題が生じる。環境問題とは全体としてどういう問題なのか、考えてみる必要がある。そこで成り立つ基本的な法則はないのか。それはどこまで科学的に理解できているのか、あるいはできていないのか。そもそも、科学には何ができ、何ができないのか。このような問題について考えてみたい。そんな抽象的な、雲を摑むような議論が可能かというと、物理学には熱力学という極めて抽象的で一般的な部分があって、そこで作り上げられた概念や法則、考え方が利用できるのである。(1)

さらに、これまで科学・技術が環境問題の後を追うだけで、全体として問題を増やしてきた

(1) 熱物理学的に資源環境問題を考えることは、日本では槌田敦に始まる。たとえば、槌田敦『資源物理学入門』(日本放送出版協会、一九七五年)を参照。また一九八四年以来、この問題意識に沿ってエントロピー学会が活動している。二〇〇四年現在、事務局は慶応大学日吉物理学教室の藤田祐幸が務めている。

ことを見れば、環境問題は今までとは少し違った科学を要求しているのではないか、と考えるのは自然である。環境問題は、科学に対してどんな問題を提起しているのか。これは、立場・見方によってさまざまな答が考えられよう。狭い意味での物理学に即して、そんな問題も考えてみたい。

なお熱の物理学についての詳細は、参考書[2]を参照していただきたい。

1 物理学から環境問題を考える

環境システム

■「環境は、生産・生活・生命活動を営む能動系を包む物質系である」　環境という言葉は、「取り巻くもの」という意味であろう。いわゆる環境問題は、地表近くの大気、水、土などの自然のあり方の問題として提起されている。しかし、人間の生活を問題にしなければ、二酸化炭素濃度や温暖化はどうでもよいことである。一方二酸化炭素は、生産活動のエネルギー源として化石燃料を燃焼させたときの廃棄物として、大気中に放出されている。その他にも多種多様な廃棄物が、生産・生活に伴って環境に放出されている。

このように、大気、水、土などの物質がただあるだけではなく、それらが生産、生活、生命などの能動的な活動を行なっている系を取り巻き、それと関わりあっているとき、それを環境として捉え、その有り様を考えることが重要になってくるのである。能動系を包む系、とはそのような意味である。能動系という言葉は、とりあえずは、生命を含めて、何かを作り出す系

（2）たとえば、白鳥紀一・中山正敏『環境理解のための熱物理学』朝倉書店、一九九五年。

という意味で使う。もう少しはっきりした定義は、後で述べる。

■「環境は、能動系に資源・エネルギーを提供し、生産物・廃棄物・廃熱を受け取る場である」

環境は、能動的な系にとってどういう働きをしているかを考えよう。人間が生きていくためには、食物や水が必要である。これらの物質は、環境から提供される。自動車を動かすには、ガソリンが必要である。植物の光合成は、太陽光と二酸化炭素、水を取り入れて、ブドウ糖を作る。このように、環境はその内部の能動系に資源、エネルギーを供給する。資源は、生産物の素材であったり、エネルギー源であったりする。しかし、それだけではない。水がなければ生物は生きられないが、その水はどのような働きをしているのだろうか。

人間が生き続けるには、排泄が必要である。断食をしてもしばらくは生きていられるが、水を飲まないで生きていられる時間はそれよりずっと短い。腎臓が悪くなると人工透析が不可欠である。生きていることで必ず生じる老廃物を体外に排出しないと、生物は生きてはいられない。また、夏になって気温が体温以上になると、汗をかくことで熱を放出する。このように、能動系から廃棄物や廃熱を受け取ることもまた、環境の重要な役割である。自動車は排ガスを出し、冷却水を使って放熱する。植物は光合成をして酸素を出す。これらが適切に処理されてはじめて、その環境の中の能動系は活動を続けることができる。水はそのために重要な役割を演じているのである。

廃棄物、廃熱を処理して環境を一定に保つことが、環境問題の基本である。

■「環境と能動系を一体として考えて、環境システムという」　環境は能動系を包み、両者の間には物質やエネルギーのやり取りがある。すなわち、環境と能動系は複合して、一つのシステムを作っている。これを環境システムといおう。単に環境だけを考えるのではなく、その中にどのように能動系があるかを意識しよう、また能動系を考えるときも、それがどのような環境の中に置かれているのか、環境にどのような影響を与えるのかを意識しよう、というのである。このように考えると、資源、生産・生活・生命、廃棄、環境は一続きの問題であることが見てとれる。もちろん、個々の局面を論じるときにはその前後を一応与えられたものとして、精細な分析を行なう必要があるだろう。しかしそのような議論が一段落したら、環境システム全体の中での位置づけを振り返って見ることが大切である。

環境と能動系とはつながっているのであるから、どこへ境目を入れて、内側を能動系、外側を環境とするかは必ずしも自明ではない。生命活動を考えるとき、細胞を対象とすれば、その周囲の血液などは環境である。もう少し大きく、肺とか脳のような器官を対象とするのか、人体全体を対象とするのかに応じて、能動系——環境は変わってくる。一方、環境の方にも複合的な構造がある。私の周りの室内、それが入っている建物、福岡市、九州、地球というように、さまざまなレベルの空間的な構造がある。私の生活環境は、筑後川からの水、エルニーニョによる異常気象などに影響されている。この入れ子構造は空間的なだけではない。現在の水事情が数ヶ月前の降雨状況によって左右されるように、時間的にもさまざまなスケールで影響を及ぼし合っている。その中には、因果関係がはっきりしているものもあるが、必ずしも明確ではないものも多い。また、時間的変動には、春夏秋冬のように規則的なものもあるが、降雨のようにランダムなものもある。しかし揺らぎを含みながら全体として、今年と同じ来年が来なければ困る。そうでないと、我々の生活は持続しない。

■ [環境システムは、開かれた系である]　一般に自然界の系は、外部との物質やエネルギーのやり取りに応じて次のように分類される。

a　孤立系――エネルギーも物質も外とのやり取りがない系である。断熱のよい魔法瓶の中の水などがこれに近い。完全に閉じた系である。

b　閉鎖系――物質のやり取りがないという意味では閉鎖されているが、エネルギーのやり取りは行なわれる系である。風船の中に閉じ込められた気体がその例である。外から熱を加えれば膨張するし、力を加えて凹ませればエネルギーが増える。

c　開放系――物質もエネルギーも外部とやり取りが可能な系である。人間を含めて、多くの能動系がそれに当たる。

閉鎖系と開放系は、なんらかの意味で外部とのやり取りがあるので、二つを合わせて開かれた系という。能動系は、環境に対して開かれている系である。それを包む環境も、既に述べたように、空間的・時間的な入れ子構造を持っており、個々の環境システムはその中から切り出されたものである。たとえば、空調してある部屋のなかにいるわれわれがその室内を環境と考えれば、これは一定の温度の環境と考えられる。しかし、その温度調節がどのようになされているかを問題にすれば、熱エネルギーを室外に捨てている開かれた系である。もちろん、自然界には空間的・時間的に階層構造があり、われわれは時空間のある範囲を切り取って考えることができる。いつも全宇宙の全歴史を考えねばならないわけではない。しかしこの切断の前提を越えたスケールの現象については、元へ戻って吟味しなければならない。

環境システムの基本法則

環境システムは物質的なシステムの一つであるから、当然物理学の法則にしたがう。物理学において、物質やエネルギーの出入りのあるシステムをあつかう理論は、熱力学と呼ばれている。熱力学は、熱の出入りを利用して動力を発生させる熱機関をあつかう理論として作られた。その後この理論は、化学反応による物質の変化をもあつかえることが分かってきた。そこでこの章では、熱力学を環境システムに応用したときに、どのような基本法則が成り立つかを整理する。細かい議論については、一〇九頁で挙げた小著を参照されたい。

■**［物質の総量は保存される］**　まず、物質の総量が保存されるという法則がある。言い換えれば、物質は突然出現したり、消滅したりすることはない。「無から有は生じない」。この法則は、熱力学に限らず、自然科学全体の基本法則である。

現代の自然科学では、物質の捉え方にはさまざまなレベルがある。それぞれのレベルに応じて、この法則が成り立つ。たとえば、物質の相変化も化学変化も起こらない場合であれば、それぞれの化学物質ごとにその総量が保存される。ある池の水量は、蒸発がなければ流れ込んだ量だけ増え、流出した量だけ減る。相変化が起こって蒸発すれば、水分子の総数は変わらないから、気体の水蒸気になった分だけ池の水の量は減少する。

化学変化が起これば、個々の分子の個数は変化する。しかし、化学反応は原子の組み替えであるから、さまざまな分子の中に含まれている各元素の原子の総数は、反応の前後で変わらない。さらに、核反応が起こるような場合には、原子の種類も変化する。その場合にもしかし、原子核を構成している陽子や中性子の総数は反応の前後で変わらない。

これは常識といえよう。そうして、能動系の活動に素材として必要な資源を供給し、活動の結果として生じた廃棄物を引き受ける環境が必要である根拠は、この原理にある。しかし環境問題の議論の中で、必ずしもこの常識が意識されているとは限らない。典型的な例は、環境汚染の濃度規制である。環境の基準としてしばしば、汚染物質の濃度をある基準値以下に保つという規制がなされる。人体の水の摂取量はほぼ一定で、環境から受ける汚染物質の量はその濃度に比例するから、それを規制することには一理がある。しかし、濃度を規制すれば、大量の水に溶かせば大量の物質を棄てることが許される。その結果は、より広い領域の水が、基準値以下とはいえ汚染されることになり、より多数の人々がその影響を受ける。化学物質の場合には、ある程度以下の濃度では影響がないこともありうる。しかし第三章で述べたように放射線の場合には、低線量でも被曝線量に比例した影響が確率的に生じる。そのような場合には、放出された放射能物質が無くならない限り、その総量に応じた被害が生じうる。これは、一見目立たないだけに始末の悪い問題を引き起こす。

物質保存則は、またリサイクルの基盤でもある。確かに、物質の出入りだけを考えれば、リサイクルは資源の節約となる。しかし、それでよいのだろうか？

■［エネルギーの総量は一定である］　物質とともに、エネルギーの総量も常に一定に保たれる。すなわち、エネルギーもまた、突然作り出されたり、勝手に消滅したりすることはない。これをエネルギーの保存という。エネルギーには、位置エネルギー、運動エネルギー、化学エネルギー、光エネルギー、核エネルギーなどさまざまな種類のものがあり、それらが相互に転換する。しかしそのとき、たとえば化学エネルギーの減少分が光エネルギーの増加分に等しいというような関係が常に成り立ち、総量は不変なのである。

物理学では、エネルギーは仕事をする能力として定義される。仕事は、たとえば石を持ち上げるといったように物体に力を加えてその方向に動かしたとき、力と移動距離の積と定義する。この仕事は、力を出す方の物質系（筋肉とかエンジンとか）のエネルギーの減少を伴ってなされる。「ただ働き」はない。外からの供給無しで仕事をし続ける、「永久機関」が空想された時代があった。しかし、そのようなからくり仕掛けを作ることはできないことを、エネルギー保存の原理は教えてくれる。いかに技術が進歩しても、できないことはできない。そのことをはっきりさせておくこともまた、科学の重要な役割である。

持ち上げられた石のように、仕事を受けた系はエネルギーが増加する。滑車の一方の端にこの石をつけて下げるなどの工夫により、そのエネルギーを使って別の系に仕事をすることができる。このように、仕事はエネルギーを受け渡す過程の一種である。マクロな物体のマクロな距離の移動を伴うことが、その特徴である。

エネルギーを増加させるもう一つの方法は、加熱することである。ガスコンロで薬缶《やかん》を加熱するとき、薬缶の表面に力がはたらくわけではないから、凹みもしない。しかし、薬缶の中の水の温度が上り、発生した水蒸気は蓋を持ち上げて仕事をすることができる。これは、加熱によって、エネルギーが増加していることを示す。このときの温度上昇に伴って増えるエネルギーを、熱エネルギーという。

こういうと、加熱とは熱エネルギーを流し込むこと、冷却は流出させること、と考えたくなる。しかし、それほど単純ではない。手をこすると暖かくなるように、仕事によって熱エネルギーが増加する場合もある。逆に、気体を加熱しても膨張によって外へ仕事をすれば、温度は一定で熱エネルギーは増加しない。したがって、エネルギーの受け渡しの過程としての加熱冷却と、系のエネルギーの種類としての熱エネルギーとは区別して考えねばならない。

そこで、ある系に仕事Wがなされ熱量Qが加えられるという過程によって系のエネルギーがE_1からE_2へと変わったとすると、式(1)の関係が成り立つ。これを熱力学の第一法則という。ここで、W、Qは負の場合もある。Wが負であるということは、系が外へ仕事をする場合である。負のQは、冷却に相当する。外へ対して仕事をする系は、一種の能動系である。仕事をすればWは負であるから、式(1)によれば、系のエネルギーが低下するか、Qが正でなければならない。このQを環境から補給するだけで仕事をし続けることができるのならば、たとえば海水から熱を取ることによって航行する船を作ることができる。これはエネルギーの保存則は満たしており、海水の熱容量が膨大であることを考えれば、実際上は永久機関である。この種の機関を第二種永久機

$$E_2 - E_1 = W + Q \quad (1)$$

関というが、これが可能であればいわゆるエネルギー問題は解決される。そもそも、エネルギーの総量が不変ならば、無くならないのだから、足りなくなるといって心配することはないではないか？　この疑問に答えてくれるのは、次の原理である。

■〔エントロピーの総量は増加する（減少しない）〕　環境システムに限らず、系の熱力学的な振舞いに関する中心原理は、エントロピーの増大法則（正確には非減少法則）である。これを熱力学の第二法則という。

エントロピーは、系の変化の不可逆性を数量的に表す量である。自然界における変化には、可逆なものと不可逆なものとがある。可逆な過程とは、たとえばシーソーの両端に錘と石を載せて、錘を降下させて石を上げるように、逆向きの変化が可能な変化である。これに対して、人間が手で押して石を持ち上げたときは、可逆ではない。それは、石を最初の位置まで戻すと錘の位置のエネルギーは回復できるが、人間の筋肉が出したエネルギーは回収できないからである。関係しているすべてのエネルギーを元へ戻せなければ、可逆とはいえない。

不可逆な過程の存在自体は、むしろ常識であろう。例はたくさんある。摩擦などによる熱の発生、高温の物体から低温の物体への熱の伝導、加熱や仕事なしの気体の膨張、二種類の物質の混合、などなど。これらを逆にたどる過程には、最初の過程に関係しなかった変化が必要になる。低温から高温へと熱を移すには、電力を消費してエアコンを動かさなければならない。

さまざまな不可逆変化をエントロピーという一つの言葉で表せるのは、あれこれの不可逆性が実は同根のものだからである。その詳しい議論[1]はここでは省略して、結論だけを示そう。

(1)　白鳥紀一・中山正敏、一〇九頁注2、第二章。

熱伝導を考える。高温（T_H）の物体から低温（T_L）の物体へ熱Qが移動する場合の不可逆性は、エントロピーSの変化分dSが式(2)であるとして表される。Tは絶対温度で、その値は、摂氏の温度に二七三を加えたものである。T_HがT_Lより高ければdSは正であるから、変化は可能である。逆向きの熱の移動は、T_HとT_Lが入れ替わるのでdSが負になり、起こらない。どちらの場合もエネルギーの保存則は満たしていることを注意しておく。

式(2)は、温度Tの物体に熱エネルギーQが加えられるとエントロピーSはQ/Tだけ増加し、逆に冷却によってQだけ取り去られるとQ/Tだけ減少することを示している。地表の物体は、高いところから低いところへ落下しようとする。それは、落下によって減少した位置エネルギーの分だけ、摩擦や振動によって環境を加熱するからである。物体自体のエントロピーは変わらず（失われたのは熱エネルギーではない）、環境のエントロピーが増加するので、この向きに変化が起こる。逆に、環境の熱を回収して物体が高いところへ戻ることは、エントロピーが減少する過程だから自然には起こらない。元へ戻すには新たに仕事が必要で、それは物体＋環境以外の系から供給されねばならない。同様なことが自動車の運行についても言える。自動車の燃費は、市街走行のときに定速走行の二倍程度かかる。それは、停止するときにブレーキをかけて、運動エネルギーを熱にしてしまうからである。もしその一部を貯蔵しておいて発進のときに利用できれば、燃費は改善される。電池を使ってそれを実現したのが、最近のハイブリッドカーである。

$$dS = \frac{Q}{T_{\mathrm{H}}} - \frac{Q}{T_{\mathrm{L}}} \qquad (2)$$

$$dS = nR\ln\frac{V_2}{V_1} \qquad (3)$$

別の例として、水溶性のインクを水に落とすと薄くなって見えなくなる、という現象を考えてみよう（図1）。これも不可逆な変化であって、エントロピーが増加している。物質はなるべく広く広がろうとし、一度広がったものは、圧縮するとか温度を下げて凝縮させるとか、外から働きかけなければまとまらない。温度というのは熱エネルギーが集中している度合いを表す量だから、高温の物体から低温の物体に熱が移動するのは熱エネルギーの存在範囲が広がる過程である。そう考えれば、この両者が同根であることが理解できるだろう。実際次頁に示すように、温度Tの気体の体積をV_1からV_2に圧縮するのに必要な仕事の量を計算し、そのエネルギーが温度Tの熱になることを用いて、熱伝導と物質の拡散という全く違う現象の不可逆性を関係づけることが出来る。そのためには、nモルの物質の存在範囲が変わったときのエントロピー変化を式(3)のように表せばよい。式の中のRは気体定数[1]と呼ばれる普遍定数で、lnは自然対数を表す。一般に、起きた変化を元に戻すために最低どれだけの仕事をしなければならないかを考えることによって、その過程の不可逆性の度合い、即ちエントロピーの変化を知ることが出来る。

熱の出入りがあっても全体が可逆で、エントロピーが変化しない過程も考えられる。熱エネルギーを使って仕事をする機関を熱機関というが、たとえば温度T_Hの熱源からQ_Hの熱をもらって気体を膨張させ、次に温度T_Lの物体にQ_Lだけ熱を渡して気体を収縮させるからくりを考えて、Q_HとQ_Lの比をT_HとT_Lの比に等しくなるようにすれば、全体としてエントロピーは変化せず、しかもQ_HとQ_Lの差だけの仕事を引き出すことが出来る。この過程を、最初に考えた人に

（1）（式(3)）$R = 8.31$ J/mol K

（2）米沢富美子『ブラウン運動』（共立出版、一九八六年）による。

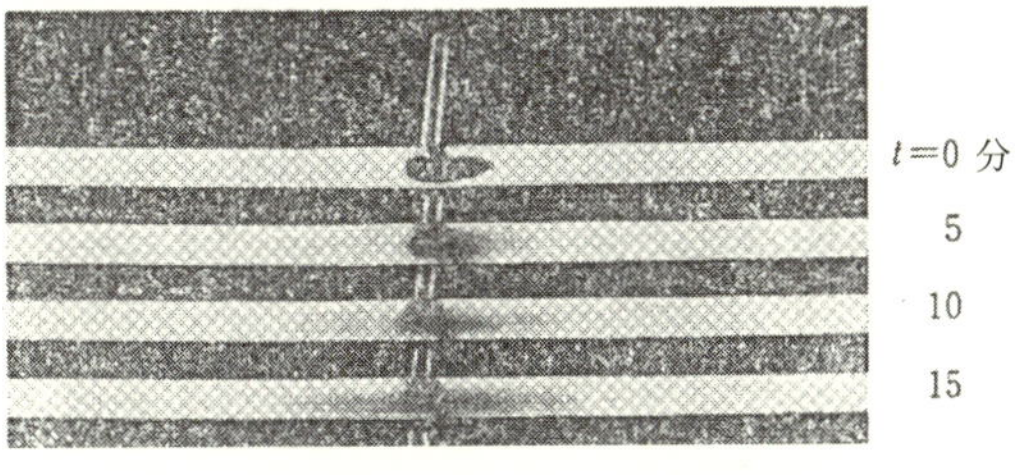

図1　水に落としたインクの拡散[2]

因んで、カルノーサイクルという。熱源からエンジンに入った熱エネルギーのうちで、力学的エネルギーに変わった部分の割合を効率というが、カルノーサイクルの効率は式(4)で与えられる。下付のCはカルノーの頭文字である。摩擦などはなくすべて可逆過程で動くと仮定しているので、これ以上効率の高い熱機関は原理的に存在しない。実際のエンジンの効率は、式(4)より低い。例えば原子力発電所では、冷却材に水を使うという制約から、T_Hは絶対温度で六〇〇度程度である。一方低温側は普通の地表環境だから、T_Lは三〇〇度として良い。式(4)で計算すると効率は二分の一になるが、実際には三分の一程度で残りの三分の二は廃熱になる。なお一二八頁の式(9)を参照。このように、エントロピーの法則から廃熱は避けられない。廃熱なしで熱を百%仕事に変える第二種永久機関は不可能である。熱力学第二法則もまた、技術の改良によっては突破できない原理的な限界を教えてくれる。

$$f_C = \frac{Q_H - Q_L}{Q_H} = 1 - \frac{T_L}{T_H} \qquad (4)$$

$$W = Q_H - Q_L = Q_H\left(1 - \frac{T_H}{T_L}\right) \qquad (5)$$

$$2H_2 + O_2 \rightleftarrows 2H_2O \qquad (6)$$

　化学反応の向きもまた、エントロピーの増大によって説明できる。たとえば、式(6)の反応は、常温付近では右向きに進む。それは、水分子の方が化学結合が強く、右辺の方が左辺よりエネルギーが低いからである。石が低いところへ落ちるときのように、低下した分の化学エネルギーは環境に熱として放出され、エントロピーが増加するのである。しかし一分

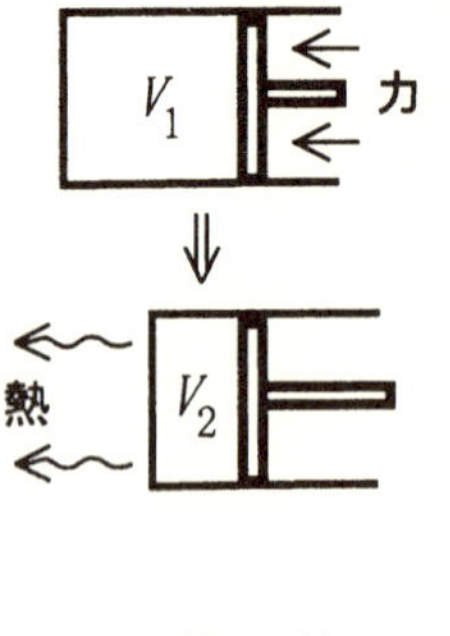

1　気体の等温圧縮は可逆過程である。

2　nモルの気体の体積をV_1からV_2まで圧縮するには、$nRT \ln (V_1/V_2)$ だけの仕事が必要である。

3　この仕事は熱になり、それに伴ってエントロピーが $Q/T = nR \ln (V_1/V_2)$ だけ増える。

4　一方、気体の体積減少に伴うエントロピー変化は $nR \ln (V_2/V_1) = -nR \ln (V_1/V_2)$ である。

5　全体としてエントロピーは変化しない。

図2　熱のエントロピーと存在範囲のエントロピーの関係づけ

子当たりのエネルギーの利得は、石の時とは桁違いに小さい。したがってその熱エネルギーを温度で割って得られる環境のエントロピー増（Q/T）も小さい。ところが式(6)の左辺は気体が三モルあるから、二モルしかない右辺よりもエントロピーが大きい。[1] 環境の温度が高くなると、環境の熱エネルギーの増加によるエントロピー増は温度に逆比例して小さくなり、ついには気体の分子数が減ることによる減の方が大きくなって、反応は左向きに進むようになる。ちょうど境目の温度では、どちら向きにも進まない。これが化学平衡である。ほとんど平衡に近いときの変化が可逆であり、それ以外は不可逆であることが分かるだろう。このように化学反応は熱力学的にあつかうことができる。その学問分野を、化学熱力学という。

■〔**能動系はエントロピーの減少部分を含む系である。それを補償するエントロピーの増大が、環境システム全体で起こっている**〕　熱力学第二法則によって考えれば、能動系の意味が分かる。不可逆過程は、いわば自然に起こる変化である。それに逆行する変化を起こすところに、一般に能動系の意義がある。

熱機関では、熱の一部（Q_HとQ_Lの差）は仕事に変わる。すなわち、熱エネルギーが力学的エネルギーに転換するという、不可逆過程に逆らった変化が起こっている。それにつれて、この部分のエネルギーのエントロピーは減少している。光合成では、環境に散らばっていた二酸化炭素と水をブドウ糖の分子にまとめている。これは、拡散という不可逆過程の逆行である。生命活動では、組織の更新、動力の発生などのさまざまな過程が統合されている。死体がすぐに腐敗・分解していくのは不可逆過程であって、それを押し止めているのが生命活動である。

(1) 気体の体積は固体や液体より桁違いに大きいので、エントロピーもずっと大きい。固体や液体と気体とが共存しているときは、大雑把にはエントロピーは気体だけで決まる、と考えて良い。

このように能動系では一般に、ある部分でエントロピーの減少が起こっている。その部分をAと書くことにすれば、dS_Aは負である。しかし環境システム全体では、エントロピーは増加しているはずである。すなわち、能動系を含めてA以外の部分をBと書けば、その部分のエントロピー増dS_Bは、dS_Aを上回っていなければならない。この増加分を、活動のために必須だという意味で、エントロピーコストということが出来よう。能動系の活動はエントロピーコストを伴うのである。カルノーサイクルのような可逆熱機関でいえば、式(7)、(8)のようになる。変化が完全に可逆であっても、S_Aの減少分だけのS_Bの増加は確かに必要なことが分かる。

$$dS_A = -\frac{Q_H - Q_L}{T_H} \quad (7)$$

$$dS_B = \frac{Q_L}{T_L} - \frac{Q_L}{T_H} \quad (8)$$

部分系Bのエントロピー増は、具体的には物質・エネルギーの高エントロピー化であり、結局は環境に廃棄物・廃熱として放出される。すなわち、環境はエントロピーコストの引受け場である。それがなければ、能動系の活動は停止せざるをえない。

以上述べたように、能動系の生産活動は廃棄物、廃熱なしには行なえない。このことをはっきりと認識するところから、環境問題の議論は出発しなければならない。いわゆるリサイクルは廃棄物から資源を回収する過程であるが、それはまた新たなエネルギー源を必要とし、新たな廃棄物・廃熱を作り出すことを忘れてはならない。

開かれた定常系としての環境システム

孤立系では、その系だけを考えればよいので、エントロピーが増大する向きに進む変化の行き着く先は、系のエントロピーが最大の状態である。この状態に達すれば、それ以上の変化は起こらない。これを熱平衡状態というが、それはまた熱的な死の世界でもある。地表もそのような終末を迎えるのではないかと心配されたこともあった。しかし、一一一頁で述べたように環境は入れ子構造をなしており、開かれた系であるから、別の可能性がある。

■［内側の系が定常であるためには、その環境が定常でなければならない］　人間の生産・生活・生命活動が、持続できなくなっては困る。これが、今日の環境問題の基本であろう。言い換えれば、昨日と同じ明日の暮らしを乱されたくない、ということである。

能動系の活動の様子が時間的に一定であることを、定常的であるという。これは何も変化しない静止・平衡とは違う概念である。能動的に活動しているのであるから、物質・エネルギーのやり取り、転換過程は行なわれ続けている。その様子が、時間とともにほぼ一定に続いている状態である。ほぼ一定といったのは、一日、一年の中での変動のように、規則的な変動も含めようという意味である。自動車のエンジンの出力も、ピストンの周期的な運動に応じて、周期的に変動している。その周期や変動幅が変わらなければ、定常的な運動である。

定常的な系では、あらゆる量の値が一定に保たれる。すなわち、その系の物質、エネルギーとともにエントロピーの値は一定である。これはもちろん、環境とのやり取りがあってはじめて可能である。取り入れた資源の量と、排出する製品＋廃棄物の量とは等しい。また、出し入れの値も一定である。資源が枯渇しても、廃棄物が処理されなくて溜っても、活動は変化し、多くの場合止まってしまう。エネルギーについても同様である。エントロピーの場合は、排出するエントロピーは入ってきたエントロピーに比べて、不可逆過程による増加分だけ多くなければならない。環境負荷としてのエントロピーコストの存在は、定常系の場合より明確である。

能動系と環境との物質・エネルギーのやり取りの様子は、両方の系の状態に依存する。したがって、このやり取りが定常であるためには、環境の状態もまた定常でなければならない。定常な環境は、それを包むより大きな環境に対して開かれていることによってはじめて可能になる。大環境との物質・エネルギー・エントロピーのやり取りが定常のとき、小環境は定常状態を保ちうる。大環境へ渡すエントロピーの量は、小環境が能動系から受け取る量よりも大きい。大環境が定常であるためには、それが大大環境に対して開かれた系でなければならない。

このように環境の入れ子構造は、環境システムの定常性を保証するための鍵である。入れ子構造の一番外側は、大気圏を含んだ地球全体であろう。その外側の物質のない宇宙空間とは物質のやり取りはないから、これは閉鎖系である。しかし、エネルギーについては、太陽光を受け取り、赤外線を放射している。その年平均の値がバランスしていることが、地球環境の定常性の基礎である。[1]ところで太陽光の温度は、太陽の表面温度（絶対温度で約五八〇〇度）である。一方大気圏の上端の温度は絶対温度約二五〇度で、赤外線はこの温度の熱を放射する。地球全体から放出されるエントロピーと入ってくるエントロピーの差は、式(2)を使って求めることができる。地球全体で起こる不可逆過程によるエントロピーの増加分はこの減少分によって補償され、地球環境はほぼ定常に保たれているのである。

この値を使って、地球上の能動系をどれだけ拡大できるか試算しようという勇ましい議論が

（1）第二章で詳しく述べたように、このバランスは地表の温度の定常性を保証しない。大気圏内の微量の気体分子によってエネルギー輸送が変化すると、地球全体の定常性を保持したまま地表の定常性が破壊される。それが温室効果による地表温度の上昇である。

ある。しかし実際には、太陽光のエネルギーのほとんどは地表や雲などを暖めるのに使われている。これは熱伝導の一種で、絶対温度約三〇〇度の熱になるまでのエントロピーの増加は、能動的な活動とは無縁になされている。太陽光の高い温度を活用している過程は、光合成の他には太陽光発電ぐらいしかない。それを拡大して、全地球をシリコンの傘で覆うような議論は、机上の空論でしかない。太陽光による地表と上空の温度差は大気の循環をもたらし、地表環境からの廃熱に大きく寄与している。また、これに伴って、地表の汚れた水が蒸発して水蒸気となり、上空で液体に戻って雨となる過程は、汚れた水を純化していて、廃熱とともに地表環境を維持する重要な役割を果たしている。この大気―水循環に沿った形で能動系の廃棄物・廃熱を処理できる範囲が、現実的な環境の容量を与えるであろう。

いわゆるリサイクルや持続的発展も、この環境の容量に適合してはじめて意味を持つ。山形県長井市のレインボープラン(2)はその一例で、家庭の生ゴミから堆肥を作り、それを利用して有機栽培で野菜を作り、市民がそれを食べるというように、できるだけ自然の循環に近い形で物質を繰返し利用している。しかしこの場合でも、輸送や農耕にエネルギーを使い、その分エントロピーが増加することは避けられない。

■［系の変動の時間スケールは、大きな系ほど長くなる］　現実には、地表の人間活動は定常ではなく、増加し続けている。工業生産、それに伴う石油の消費量、人口は、一九世紀から二〇世紀にかけて爆発的に増加してきた。それに伴って、環境に放出される廃棄物、廃熱の量が急速に増え、環境の容量を上回りかねなくなってきた。その影響は、最初は水俣病、四日市喘

(2) エントロピー学会編『循環型社会を創る』九六頁。藤原書店、二〇〇三年。

れるようになったのが、今日の姿である。

息というように、局所的な環境の悪化、公害として現れた。それが全地球的な規模で問題とさ

このような問題を考える時に重要なことは、系の時間的変動のスケールである。一般にそれは、系への入力の単位時間当たりの大きさとともに、系の容量によって定まる。たとえば、水や空気を熱するとき、加熱の速度が大きければ温度は速く上昇する。しかし一方で、同じ熱を与えたとき、水は空気に比べて暖まりにくい。それを水の熱容量が大きいという。したがって、系の温度の上昇速度は［加熱速度］／［熱容量］に比例する。ところで、熱容量は系の体積、すなわち系の（ある方向の）長さdの三乗に比例する。これに対して、加熱は境界面を通してなされるのが普通であるから、表面積、すなわちdの二乗に比例する。こうして系の温度変化の速度は、dに反比例することになる。

上記の例が示すように、一般に系が大きくなるほどその時間変化はゆっくりとなる。能動系、その直接の環境、大環境、大大環境、……、全地球環境と外側へいくにつれて系は大きくなる。それにともなって、能動系から見てその環境の変動は比較的ゆるやかになり、能動系の活動の持続を保証してきた。全地球環境の悪化が見えるようになるまでには、時間がかかったのである。大事故や戦争のように、急激な被害を起こすことについては、人間は対策をそれなりの真剣さで考える。しかし、一見去年とほとんど同じながら、徐々に進行する環境の変化は気付き難いし、対策も早急には講じられない。一方で上記のことは、大きな環境は改善するにも時間がかかることを意味している。ここに、地球環境問題の本質的な難しさの一つがある。

■**［能率を上げようとすると効率は低下する］**　熱力学的考察によれば、不可逆過程がない場合に系の効率が最大になる。このとき、資源は最も有効に活用され、また廃棄物、廃熱は最小に抑えられる。したがって、資源・環境問題の観点からは、効率を最大にすることが望ましい。しかし、現実の生産過程では、効率よりも能率を高めることが目標とされることが多い。能率は、時間当たりの生産量である。できるだけ速く、大量に生産することによって、より速く利潤をあげようとするからである。

　能率の向上は、効率の低下を招く。それには普遍的な理由がある。熱機関の例について考えよう。[1] 高温の物体から能動系へ熱を移すには、能動系の中の熱を受け取る部分の温度T'_Hは、供給する高温物体の温度T_Hより少し低くなければならない。加熱の速度は、この温度差に比例する。この熱伝導は、エントロピーが増加する不可逆過程である。廃熱側も同様で、能動系の熱が出て行く部分の温度T'_Lは、環境の温度T_Lよりも少し高く、廃熱過程も不可逆である。他の過程は全部可逆的だとすれば、能動系の効率の最大値は式(4)のT_H・T_LをそれぞれT'_H・T'_Lで置き換えて得られ、それはカルノー効率（式(4)）より必ず小さい。カルノー効率は、単位時間あたりに熱源から供給される熱量（熱流）が小さい極限で成り立つ。しかしそれでは仕事が出来ないから、能率はゼロに近付く。供給する熱流を大きくすると、効率は低下する。その時能率は最初大きくなるが、供給熱流が大きくなり過ぎると、効率が落ちるために能率も低下する。能率が最大になるような条件では、効率は式(9)で与えられる。現実の熱機関の効率の値は、これに近い。例えば一二〇頁で述べた原子力発電の場合、式(9)の値は〇・二九である。

（1）白鳥・中山、一〇九頁注2、第四章。

$$f = 1 - \sqrt{\frac{T_L}{T_H}} \quad (9)$$

同様な事情がそれぞれの能動系について成り立つ。物質の移動の場合には濃度差に比例した流れが生じるが、これは拡散・混合過程であるからやはり不可逆である。圧力差によって流れを作れば、摩擦力・抵抗力による熱の発生という不可逆変化が伴う。能率を上げようとすれば、これらの不可逆過程を有限の速度で行なわざるをえない。内燃機関では、燃料を燃やして化学エネルギーを熱に変えている。不可逆性の大きな、エントロピーの増大過程である。これに対して、燃料電池では化学エネルギーで直接発電するので、〇・九以上の高い効率で動力に転換できる。しかし、能率はあまり高くない。

資源・環境問題を考える技術開発は、能率優先の思想から脱却しなければならない。

2　環境問題から物理学を考える

環境システムの原論として熱力学、特にエントロピーという概念が有効であることを述べた。しかし、エントロピーも万能ではない。たとえば、ゴミの分別は、エントロピーを減少させるだろうか。多数の部品を組み立てて自動車を作る生産過程は、エントロピーによって記述できるだろうか。一方、情報によってエントロピーを減少させるという議論があるが、それは本当だろうか。これらの問題を考えるには、熱力学的方法の基礎と限界を知らねばならない。

熱力学の原子論的基礎付け

■［**熱力学は、熱運動している多数の要素からなる系の平均的な性質を正しく与える**］　熱力学は、多数の要素から構成されている系のマクロな性質を記述する。アボガドロ数N_A(1)個の分子の集合である一モルの気体はそのような系の典型的な例で、そのマクロな性質をミクロな要素（分子）の運動に基づいて説明する理論は、統計力学として確立されている。ここではその筋書きのあらましを述べる。

気体の分子は飛び回っており、ときどき互いに衝突して速度を変える。多数の分子が衝突しながら運動しているので、その様子はきわめて複雑である。これを熱運動という。気体に限らず液体や固体でも、内部では分子や原子が熱運動している。熱運動はあまりに複雑なので、個々の分子の運動を追跡することは断念して統計的にあつかう。

熱運動している要素（原子、分子など）の運動エネルギーの平均値（一要素当たり）は、要素の種類によらずに同じで、一方向の運動当たり$kT/2$である（Tは絶対温度、kはボルツマン定数(2)という普遍定数）。これをエネルギーの等分配則といい、本章の以下の議論の中で重要な役割を演じる。真空であっても、その中にはさまざまな波長の電磁波がある。このとき、ある波長の電磁波のエネルギーの平均値は、波長が長ければ$kT/2$である(3)。

気体の分子は飛び回っているので、その位置も複雑に変動している。しかし、熱平衡であれば、箱の中にある気体の分布は一様である。箱を半分ずつに分けて考えたとき、左半分にある

(1) $N_A = 6.03 \times 10^{23}$

(2) $k = R/N_A = 1.37 \times 10^{23}$ J/K, Rは気体定数（一一九頁）。

(3) 波長が短いとそうではなくなるが、それは量子力学で説明されている。ここでは触れない。

気体分子の個数と右半分にある個数とは、ほぼ等しい。すなわち、気体の密度は左右で等しい。また、エネルギーについても、左半分の気体の値と右半分の値は等しい。エネルギーの等分配則から、これは左右の温度が等しいことに当たる。

中央を壁で仕切り、気体を左半分に入れておいて壁を取り去ると、気体分子は熱運動によって右側へも入り、両側へ同じ密度で分布した状態に達したところで落ち着くであろう。すなわち、気体は拡散して、一様な分布で熱平衡に達する。この後、気体の分子が再び左側へのみ集まるようなことは起こらない。拡散は不可逆である。これはなぜだろうか。

それは、確率的にそうなるのである。圧力とか体積とか、外から与えられたマクロな条件を満たすミクロな状態はすべて同じように実現するとする[1]と、一個の分子は左側にいるのも右側にいるのも同じ確率である。ミクロに考えて、右側にいる状態の数（これは右側の体積に比例する）と左側にいる状態の数は等しいからである。二個になると、ともに左側にいる場合に比べて、左右に一個ずついる状態の数は二倍になる。分子の個数が大きくなるにつれて両側へ等分配される場合の数が圧倒的に大きくなり、分子が一方に片寄ったような状態は出現しない。

これが不可逆性の根拠である。この考察から、系のあるマクロな状態のエントロピーは、その状態に属するミクロな状態の数に関係していることが察せられよう。実際式(10)によってエントロピーSを定義すれば、それが熱力学的なエントロピーと一致する。ここでZはそのマクロな状態に対応するミクロな状態の数であり、kはボルツマン定数である。

$$S = k \ln Z \quad (10)$$

（1）これはもっともらしいが、厳密に証明されてはいない。エルゴード性の仮定、と呼ばれる。

これは位置だけのことではない。マクロに全エネルギー（温度）を指定したとき、その範囲で許されるすべてのミクロな状態が同じように実現するならば、分子の平均の運動エネルギーが等しくなるのはほとんど自明であろう。上に述べたエネルギーの等分配則はその結果である。気体容器の壁の原子も熱運動している。壁原子と気体分子の衝突によって、気体分子の熱運動のエネルギーが変化する。壁の温度の方が高ければ、平均として壁から気体へと熱運動のエネルギーが伝えられる。このエネルギー伝達の機構が、加熱である。

一般にマクロな状態の秩序が高い時には、ミクロな要素の配列が制限されているので、状態の数Zは小さい。したがってエントロピーも小さい。気体を入れた容器の壁が全体として動くときは、壁の原子が同じ速度で動いているので、秩序のある運動である。内側に動く壁と衝突すると、気体分子の運動のエネルギーは増加する。しかし気体分子は頻繁に衝突しているので、その運動の秩序はすぐに失われてしまう。その方が状態の数が多いからである。これが仕事による加熱のミクロな機構であって、その部分のエントロピーが増加する。

■［**煙などの小粒子の熱運動は、粒子が大きくなると小さくなる**］　大気を構成している酸素や窒素の分子は熱平衡にある。大気中の煙や塵の小さい粒子も、酸素や窒素分子に絶えず衝突されて、熱運動している。その一粒子当たりの平均エネルギーも、酸素や窒素の分子と同じく、一方向当たり$kT/2$である。タバコの煙の粒子は半径が五〇ナノメートル程度で、人間の眼から見ると非常に小さい。しかし、この半径に沿って原子は数百個並んでおり、原子のスケールからは非常に大きい。質量は酸素分子の質量の千万倍以上にもなる。この違いは、熱運動の効果にどのように影響するだろうか。

物体の運動エネルギーは質量に比例し、また速度の二乗に比例する。熱運動では、その平均値が$kT/2$に等しい。したがって、同じ温度での平均速度は、質量の平方根に反比例する。こうして、普通の環境温度（絶対温度）三〇〇度での平均速度は、酸素分子では毎秒二八〇メートルであるが、煙粒子では毎秒六センチメートルでしかない。粒子の質量は半径の三乗にほぼ比例するから、塵などの粒子ではこの値はもっとずっと小さくなる。

地球の重力の効果も、両者で劇的に異なる。物体の位置エネルギーは、質量と高さと重力加速度の積である。熱運動している物体は熱エネルギーによって、この値がkTになる程度まで上昇できる。その高さは、酸素分子では八千メートルにも達する（それより上の成層圏にも、少しは存在できる）。フロンなどの他の分子も、同様である。一方、この高さは質量に反比例するので、煙粒子では一ミリメートルに足りない。もっと大きい粒子は、熱運動ではもっと低い所にしか存在できない。このように、熱運動があっても、その効果がマクロな運動のスケールに比べて非常に小さくなれば、その影響は無視してよい。床の上のボールが熱運動で浮き上がることは、考えなくてよいのである。

タバコの煙は空気中を漂う。それは、煙粒子が熱平衡の位置に落ち着くまでに、時間がかかるからである。煙粒子は重力によって落下するが、また空気の分子との衝突によって速度に比例する抵抗力を受ける。したがって、重力と抵抗力の釣り合いで定まる一定の速度で降下する。これを、粒子の沈降という。煙粒子の沈降速度は、毎秒一マイクロメートル以下で、極めて遅い。一メートル沈降するのに、二十日もかかる！　落ち始めるとどんどん速度が速くなり、最初の一秒で五メートルも落下するボールとは違う。

熱運動のもう一つの効果として、粒子は拡散する。その距離は、時間の平方根に比例する。煙粒子の場合、拡散距離は一秒間に二十マイクロメートル、一メートル沈降する二十日間で三センチメートル程度である。このこともまた、熱平衡状態では熱運動よりは重力の効果が大きいことを示す。このように、煙粒子の運動では重力や抵抗力が支配的で、熱運動の影響は小さい。その様子は力学によって記述される。こうして、熱運動が重要な小さい要素よりなる系と、重要でない大きな要素よりなる系との境目が、タバコの煙あたりにある。前者の系の平均的な振舞いが、熱力学の活躍の場である。

揺らぎ

■［**平均値からのずれ**］　熱力学の諸法則が非常に多くの粒子群の平均として成り立つということは、ミクロに見れば各粒子はいつも平均値からずれている、ということである。このずれを揺らぎという。分子の運動エネルギーの平均値が$kT/2$である（等分配則）ということは、すべての分子がいつも同じエネルギーを持っているということではない。ある粒子を見れば、そのエネルギーは時によって平均値よりずっと大きくあるいは小さくなるが、それは他の粒子との相互作用によって失われあるいは補充されて、長い時間で平均すれば（系が熱平衡にあれば）全粒子についての平均値と一致するのである。そのエネルギーの分布の様子は、粒子のエネルギーをεとしたとき、温度によらずε/kTで決まっている。[1] 熱運動のエネルギーがQだけ増えたとき、エントロピーの増加がQ/Tで表される理由はここにある。

系の外部から力学的に働きかけてある粒子のエネルギーを大きくすると、そのエネルギーも、系内の他の粒子との相互作用でたまたま得られた大きなエネルギー（すなわち揺らぎ）と同様に、他の粒子に移ってゆく。この場合には、元々は力学的エネルギーだったものが熱エネルギーになるので、エントロピーが増加している。これは摩擦と同じ過程で、一般に（エネルギーの）散逸と呼ばれる。揺らぎと散逸とが同一の過程であるというのは、統計力学の重要な定理[2]である。熱平衡に近いときには、平均として見れば、各粒子のエネルギーの時間変化は系の性質として決まっているのである。熱とか揺らぎとかいうものは物体の極めて一般的な性質であるから、エネルギーの散逸という過程も極めて一般的で、我々はそれを逃れることができない。熱力学の議論にはしばしば摩擦のない移動過程が現れるけれども、それは思考上の極限（準静的過程という）で、実際に存在するわけではない。環境問題のように実在の過程を考察するときには、簡単に用いるわけにはいかないのである。しかし、準静的でない過程の考察、熱平衡から離れた状態の考察は、一般に難しい。

前節で述べた煙の粒子の場合にも、沈降には時間がかかり、現実の環境ではこの間に風に吹かれてあちこちさまよう。それによって煙が薄められる効果は、熱運動による拡散よりも遙かに大きい。環境での風の吹き方には、ランダムな部分がある。すなわち、環境自身のゆらぎがある。風自体は、空気の塊の運動である。体積一立方メートルの空気の質量は一キログラムも

（1）運動エネルギーが粒子の質量に比例することを考えると、揺らぎの様子は粒子の大きさで決まることになる。この点の解析によってアインシュタインは、一九〇五年に原子の存在を物理学的に初めて証明したのである。興味のある方は、江沢洋『誰が原子を見たか』（岩波書店、一九七六年）、米沢富美子『ブラウン運動』（共立出版、一九八六年）などを参照されたい。

（2）揺動散逸定理という。

あるから、風を熱運動と考えるわけにはいかない。それを物理学として扱おうとすると、熱運動をはるかに上回る大きなゆらぎ現象、空気の塊の集団的な運動を流体力学によって調べ、一般法則を求めることが課題になる。このように、環境システムの力学的運動の中には、いわゆる複雑系の物理学の大きな宿題となるものが多い。

さらに環境問題としては、そのような取り扱いの有効性自体が問題になる。**図3**は一九九九年に起きたＪＣＯの臨界事故の時のある地点での放射線線量率の時間変化の実測例である。このような揺らぎは空間的にもあって、放出された放射能は一様には拡がらず、ホットスポットと呼ばれる放射能の強い地点が現れる。これらの形を理論的に再現することはできない。理論的にできるのは、ある種の平均値の議論である。廃棄物放出の効果を考えるようなときには、しばしばそのような平均値に基づく議論が行われる。**図3**の場合、被曝者が動かずにその点にいたとして、放射線の影響がそう大きくはなくて積算値に意味があるのならば、そのような理論的な考察も意味があるかもしれない。しかしピークの値が問題ならば、そのような計算には意味がない。一般に、平均

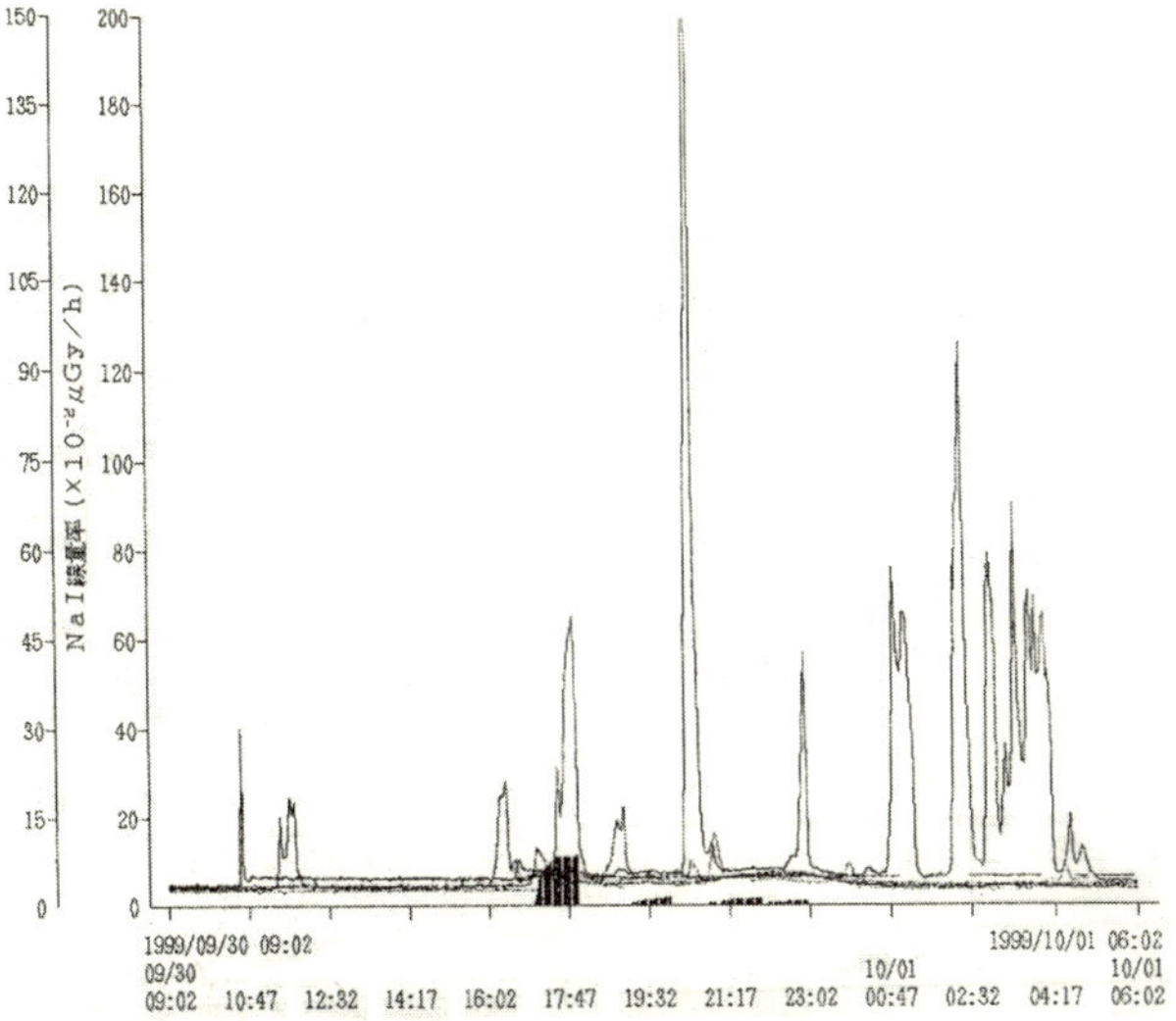

図３　ＪＣＯ臨界事故の際の定点でのγ線線量率の時間変化の例

（事故調査委員会第２回資料 2-8-1）

値による考察に意味があるかどうかは、その場合に即して厳しく検討する必要がある。そのような検討の手法を確立することも、科学の役割でなければならない。

揺らぎの影響をさしあたり考えなくとも良いような場合には、系の構成要素を同定し、要素の変動の素過程を知り、それらによって時間発展の方程式をたてて解いていくシステムダイナミックスの標準的な手法は、環境問題に関係してもっと大きなモデルについても用いられる。地球環境変動による温暖化の条件を調べる、人口・食糧・資源・環境を連立させ「成長の限界」を探るなど、多くの研究がなされている[1]。システムダイナミックスでは、初期の状態を指定するとその後の位置は一意的に決定される。つまり、問題は決定論的に扱われる。しかし、わずかに違う初期条件から出発した運動の差が時間とともに急速に拡大するような場合（カオス的運動と呼ばれる）があることが知られている。クローン羊にも個性がある。この場合には、決定論的な予言は実際は不可能となる。一方、確率論的にも問題は扱えない。では、何が言えるのか？　この分野の「原論」は、まだ確立されていない。

(1) この最初の有名な例がローマクラブ報告である。D・H・メドウス他、大来佐武郎監訳『成長の限界』ダイヤモンド社、一九七二年。

情報の問題

■［**熱運動が無視できるときに、情報が現れる**］　揺らぎに関係して、情報[2]の問題に触れておこう。情報理論では、いくつかの値（状態）が考えられる量（たとえばアルファベット、あるいは電話番号）がある時に、その中の一つを確定すると情報が得られる、と考える。その状態の数がZ個であれば、情報量は式(11)のように定義される。ただし、ここに出てくる定数Kは、

(2) 物理学では通常、情報をもっぱら量的な側面から考察する。情報でもっとも重要なその意味については、全く別の考察が必要である。この節の最後の部分も参照されたい。

同じ形の式⑽のボルツマン定数と違って、決定することができない。式の形が一致しているので、こうして定義された量は情報エントロピーとも呼ばれる。また、情報が得られたときには状態は一つに決まっているのだからエントロピーの場合と逆で、式⑾の情報量は負のエントロピーに対応する、といわれたりする。このことから、さまざまな誤解が生じた。その中でも重要なものは、情報を利用すれば系のエントロピーを減少させることができるという議論である。しかし、そのZ個の状態（Z通りの値）を系が動き回ってしまったら、情報は失われる。情報が意味を持つのは、Z個の状態を動き回る系の熱運動が、少なくとも考えている時間内で無視できる場合である。一方、系のエントロピー、すなわち熱力学的記述は、系が熱運動してZ個の状態を次々と変わることを前提としている。すなわち、エントロピーと情報は、系の状態について正反対の想定をして、相補的な見方をしている。したがって、一方の変化で他方の変化を補償することは、そもそも考えられない。

$$I = K \ln Z \quad (11)$$

上で、エントロピーの増大は秩序が失われることに当たると述べた。しかし、秩序とはなんだろうか。原子が規則的に配列している結晶は、自由に動き回る液体や気体に比べて秩序がある。原子配置の熱運動によって変動する範囲は結晶の方が制限されており、その違いはエントロピーによって表される。一方私の机の上の書類の配置は、他人の眼には無秩序でも、私にとっては大切である。今日の仕事を終えたときの配置は風などで散らかされず、もちろん熱運動によって変わったりしないで、明日も同じ配置であって欲しい。他の人にきれいに整頓されたりしては困る。部品の組み立て生産も同じことである。指定された順序にしたがって組み合わされた部品が、熱運動などで勝手に配置換えが起こらないから、製品となるのである。

いくつかの配置があって熱運動によってその間を移り変わることがない場合に、その配置のどれかを選択することによって情報が表現される。私の机の上の書類の配置は、私にとって重要な情報である。あるいは、ごみを出すときにきちんと分別することは、回収する人に情報を提供することである。情報それ自体は、物質やエネルギーの状態によって担われている。算盤の数値は、玉の位置によって表される。コンピュータの記憶装置の〇と一は、ＬＳＩ中の小領域の電荷の状態に対応している[1]。それぞれの配置は、熱運動では越えられないマクロなエネルギーの壁（算盤でいえば、軸と玉の間に適当な摩擦があって、動かさないときには置いた位置に止まっていなければならない）の中に閉じこめられ、ミクロな状態はその閉じこめられた範囲で熱運動をしている。つまり、それぞれの配置は一つのマクロな状態である。熱運動によって変化するミクロな状態であれば、情報を表現することができない。したがって情報を表すそれぞれの配置（マクロな状態）はエントロピーをもっているが、配置間のその差は（原理的には）問題にならない。それらの配置（マクロな状態）の間を、熱運動によってではなく力学的に、移動させることによって情報が操作される。

ここまでの議論から分かるように、これらの配置が熱運動によって乱されないためには、情報を担っている物体やエネルギー、算盤ならばその玉、はある程度以上大きくなければならない。前節で述べたことを使えば、ε が kT に比べて十分に大きい必要がある。そのような物体や

(1) 回路のある部分に電流が流れているかどうかで数値を表す場合は、定常な状態ではあるがエネルギーの継続的な散逸を伴っていて、平衡状態ではない。そのような場合の議論はここでは省略するが、エントロピーの定常的な増加以外、ここでの議論が通用する。

エネルギーを環境の中で動かすときには、必ず抵抗がはたらく。電荷の移動には電気抵抗がある。環境に熱運動があれば抵抗が存在することは、これも前節で述べた揺動散逸定理によって一般的に証明されている。真空中であっても、熱放射とのエネルギーのやり取りに応じた抵抗が避けられない。抵抗に逆らって物体やエネルギーを動かした仕事は、やがて熱に変わる。すなわち、必ずエントロピーが増加する。

このように、情報の記録や操作のコストは、式(11)で表される情報量が大きくなれば操作量が大きくなるからそれに従って大きくなるとしても、本来情報量と直接的には関係しない。もちろん、それを情報量で相殺などできない。情報そのもの、また情報が関係する物質的な過程においてどのような物理法則が一般的に成り立つかも、残された課題である。

■〔情報の機能・意味〕

最後に情報というものの機能を考えてみよう。それを受け取る系があり、受け取った系のその後の動作がそれによって決まるようなものを、情報というのであろう。もちろん、ある情報を受け取った系はそれ以外の情報も受け取ってそれらを操作し、つきあわせてその後どうするかを決める可能性がある。そうであれば、情報を受け取る系が複雑になり高級になればなるほど、情報とそれを受け取った系の動作との関係は直接的ではなくなる。しかし、受け手の動作・状態に影響を与える可能性が全くないのであれば、それは情報とは呼べない。

ここで肝心なのは、情報にしたがって動作をする為の機構もエネルギーも、情報自体ではなく受け手の系の方に備えられていることである。だから、ある情報の効果をその情報自体で測ることはできない。それを情報として受け取る系の性質を知らなければ、それは判らない。第一章で触れた籤引きを思い浮かべて欲しい。籤の番号は典型的な情報である。賞金額は籤のシステムで決まっている。そのシステムがなければ、番号は何の役もしない。

これは、環境問題を考える上で非常に重要である。例えば環境ホルモン(1)を考えてみよう。ある種の化学物質は、環境中の濃度がごく低くとも、動物に精子の減少や雄の雌化といった作用をすることが明らかになって、人間も例外ではないと考えられている。それは、生物の個体としてのあるいは種としての定常性を保つための制御を司っているホルモンに似た原子構造をもっている物質が体内に取り込まれ、誤った情報を与えるために起こる。環境ホルモンの作用は、生体の本来の働きの向きを変えているだけである。そのために、環境ホルモン自体の作用は大きくはないにもかかわらず大きな、また重大な結果をもたらすのである。極めて大きな増幅効果、といっても良い。考えてみると、このようなことは決して珍しくはない。水俣病での有機水銀、サリドマイド薬害など、枚挙にいとまがない。環境で情報として機能する物質を規制するときには、その「増幅度」を考慮しなければならない。

(1) 綿貫礼子ほか『環境ホルモンとは何か』I・II、藤原書店、一九九八年。

第5章

公共利益の観点からみた原子力研究開発政策——高速増殖炉サイクル技術を中心に

吉岡　斉

1　公共政策はどうあるべきか

何のために公共政策を論ずるのか／公共利益とは何か／公共政策のアカウンタビリティー

2　日本における原子力政策決定の仕組み

中央政府主導の政策決定／原子力行政機構における「二元体制」／「二元体制」の歴史的変転／国策決定の最高機関としての原子力委員会／経済産業省総合資源エネルギー調査会／民間活動を国家事業に組み入れる仕組み

この章では、資源・環境に関わる「公共政策[1]」の実際と、そのあるべき姿について、原子力研究開発政策をおもな素材として議論したい。ただしわずかの紙面で原子力研究開発全般について論ずると話題が拡散するので、主たる素材として、日本の原子力研究開発の中で最も中核的な地位を占め続けてきた高速増殖炉[2]サイクル技術の研究開発を取り上げる。エネルギー政策が資源環境問題を論じる時に重要であることはいうまでもないが、原子力研究開発は、次のような理由により、科学技術論としても取り上げるに値する素材である。

第一に原子力分野は現代科学技術の研究開発に投入される予算総額の中で非常に大きな比重を占めている。第二に、原子力研究開発の中核をなす一連の事業は政府主導のナショナルプロジェクトという独特の様式を有する。第三に、その多くは「成功しそうにない技術」であるが、それでもなお執拗な研究開発努力が続けられているケースが多い。「失敗した技術」として正式に認められ、すでに事実上放棄されたプロジェクトはまだ数えるほどしかない。

このように原子力分野は科学技術研究開発の世界のなかで、独自の存在感と推進様式をもつが、特に高速増殖炉サイクル技術は前記の三つの特徴すべてを、典型的な形で兼ね備えている。

さて、公共政策とは、中央政府や地方自治体などの公的統治機関によって決定される政策のことである。それは「公共利益[3]」増進の観点から優れた政策であるべきだというのが、大方の共通了解である。主権者である国民は公共政策決定の最高責任者である。国民は公的統治機関に対して公共政策の企画立案作業の事務機能を付託し、公的統治機関は公僕としてその付託に応える責務を有する。それゆえ公共政策が公共利益増進にとって好適なものとなるべきことは

(1) public policy.
(2) Fast Breeder Reactor, FBR.
(3) public interests.

当然である。

しかし実際には、公的統治機関は国民の意思形成の事務補佐機関ではなく、独自の利害関心をもつ組織体である。また公共政策に関する決定権は、名義上は国民に属するとしても、実質的権限を公的統治機関が掌握している場合が多い。そして公的統治機関は政策の企画立案に際して、その所轄業界の特殊利益を公共利益の上位に置くことが一般的である。その結果として、公共利益増進という観点から不適切な公共政策が決定されることも少なくない。

日本の高速増殖炉研究開発政策もまた、公共利益増進の観点から正当化することが困難なものとなっている。それは無駄な投資となる可能性が濃厚である。無駄な投資が続けられている背景には、二つの事情がある。第一は、原子力技術全体を支える大黒柱的シンボルを失いたくないという原子力関係者全体の思いである。第二は、研究開発に従事する機関と、それに所属する科学者・技術者等の関係者の権益確保に関する利害関心がある。ここで注目しなければならないのは、科学者・技術者が未解決の問題に取り組むさいの思考様式としての「前進主義」がそれ自体として、彼らの権益確保に好都合な性質のものとなっている点である。公共政策決定組織の関係者はもとより、主権者である国民一人一人も、「前進主義」の問題点を十分に認識しておく必要がある。

1　公共政策はどうあるべきか

何のために公共政策を論ずるのか

最初に、科学技術の研究開発における公共政策の重要性を確認しておこう。現代科学技術の「全体として持っている性格」は、公共政策によってかなりの程度まで、決定されている。なぜなら公共政策は、科学技術の研究・開発・利用に関連する諸活動（以下、科学技術活動と記す）に対して、その推進と規制、つまりアクセルとブレーキの両面において、絶大な影響を及ぼしているからである。

まず最初に推進面から見ると、公共政策は科学技術の研究開発活動を経済的に支える役割を果たしている。研究開発活動は大きく分けて、官セクター、学セクター、産セクターの三者によって進められているが、どの先進国でも政府が直接支出する研究開発予算は、その国で使われる研究開発費総額の三分の一前後に達している。そして官セクターと学セクターは、研究開発費の大部分を政府資金に依存しているのである。研究開発費の残り三分の二前後は、民間企業等が負担している。しかし産業界における研究開発においても、政府から提供される研究開発資金の役割は重要である。とくに投資リスクが高い研究開発においては、決定的に重要である。

科学技術の利用においても、政府がその経済的条件を大きく左右している。政策的に優遇される分野には、政府による製品調達、補助金支給、税制上の優遇などの措置が講ぜられるのである。もちろん当該の科学技術分野そのものの実力が高くなければ、いくら政策的に優遇しても、その分野が順調に発展することは不可能であるが、少なくとも公共政策が科学技術分野の発展の条件を、大きく左右することは否定できない。

次に規制面から見ると、公共政策は科学技術活動に関する国内的および国際的なルール作りにおいて、中心的役割を果たしている。そのルールは法律・政令等で定められることもあれば、非公式の行政指導によって運用されることもある。あらゆる科学技術分野はさまざまの形で、公的規制による束縛を受けている。その対象と度合いは、分野によりさまざまであり、また同じ分野でも国によりさまざまである。そして公的規制の在り方によって、科学技術活動は大きな影響を受けるのである。

公共利益とは何か

すでに述べたように、公共政策の目的は、少なくとも名義上は、公共利益増進にある。公共利益というのは、ある共同体——問題となっている事柄の性質に応じて、人類の場合もあれば、国家の場合もあり、特定地域の場合もある——の構成員全体にとっての利益のことであり、その反対概念は特定の集団にとっての利益、つまり特殊利益である。ある共同体の議会や政府が、その共同体の構成員たちの信託を受けて公共政策を決定する以上、公共利益の実現を最優先するというのは当然の判断である。

国家レベルの公共政策の決定に際しては、中央議会（日本では国会）が中心的役割を果たし、その実施に際しては、中央政府が中心的役割を果たすというのが、現代の先進国の原則であるが、現実には公共政策の決定過程においても、政府が中心的役割を果たし、議会がその決定をオーソライズ、つまり正当なものとして承認する、という役割分担関係となっているケースが多い。公共政策の実施のためには多くの場合、法律の制定や改正を必要とするが、日本では議員立法は少なく、官僚が関係者の意見を考慮して法案を作るのが普通である。

国家レベルの公共政策は、その国の公的統治機関のみが決定および実施の権限をもつが、それによって影響を受ける人々の地理的広がりについては、一国に限定されず世界全体に及ぶことが、今日では稀ではなくなっている。それゆえ国家レベルの公共政策といえども、国際レベルの公共政策との整合性を維持しなければならないし、かりに国際的な条約・協定等が結ばれていない場合であっても、国家政策の国際的影響およびそれに関連する国際世論の動向に対して、十分な配慮を払わねばならない。

ところで、利益というのは本質的に主観的なものであり、個人の価値観により、ある政策が自らにどのような利益をどの程度もたらすかの評価は異なってくる。共同体全体の利益については、個々人の価値観を測定し、その総和をとることができれば、客観的に定めることが理屈上は可能であるが、実際には価値観の測定は困難であり、総和をとる方法についての合意もない。したがってある公共政策について、公共利益の観点から客観的に評価することは厳密にはできない。しかしこの問題については、現代の先進国の人々の価値観がある一定の範囲内に収斂することを踏まえるならば、公共政策評価における共通認識形成にとって、重大な障害となるとは考えにくい。

なお前述のように、科学技術活動に関連する公共政策（以下、科学技術政策と記す）の内容がどのようなものとなるかは、科学技術活動の担い手である科学技術者にとって、職業的な利害に直接関わる重大な関心事である。それゆえ科学技術者（とりわけ指導的立場にある者や、渉外業務に従事する者など）は、官・産・学いずれのセクターに属する場合でも、所属組織や所属分野などの特殊利益を背負う形で、科学技術政策決定に影響を及ぼそうとするものである。そして彼らの特殊利益が公共利益と両立する保障は何もない。

彼らは一般的に言って、科学技術の研究・開発・利用の促進に好都合の政策を求めるであろうが、それが公共利益増進に対してプラスに働くか、それともマイナスに働くかについては、ケース・バイ・ケースの慎重な評価が必要である。科学技術発展の性善説を取ることはできない。科学技術者は政治家、官僚、軍人、企業経営者などと同様の意味で「党派的」な存在と見なすべきである。科学技術の公共利益上の意味について深い見識を示すことが、科学技術者の社会的発言が最小限の社会的信用を得ることの必要条件となるゆえんである。

公共政策のアカウンタビリティー

つい最近まで、国家レベルでの公共政策の決定・実施に対して、国民一般が影響力を及ぼすことは、きわめて困難であるというのが、大方の日本国民の共通認識であった。公共政策というものは日本では、中央省庁が省庁間および関連業界との間で調整を行ったのちに政策案（法案、予算案等）を決定し、大蔵省（財務省）および政権党の承認を得た上で、国会に上程して最終的にオーソライズされるものであり、そのいずれの段階においても、国民一般の世論が反映される余地はなく、かりにあったとしても間接的なものにとどまる、と考えられていた。

しかし一九九十年代に入ってから、国家政策は国民に対する「アカウンタビリティー」(1)を負わねばならないという新たな常識が台頭してきた。ここでアカウンタビリティーとは、公的統治機関が公共政策の決定に際して、それが公共利益増進にとって合理的であることを共同体構成員に説明し、同意を得る義務があるという考え方であり、「説明義務」などと訳される。

ここで重要なことは、単に形式的に説明すれば良いということではなく、論理的・実証的にその政策の合理性を立証しなければならない、ということである。そのためには、実証的根拠となる全ての情報を公開することが必要である。そして立証が不十分であると国民が判断した場合、国民はその政策を棄却する権利(拒否権)をもつのである。なお、国家政策というものはその決定後も、法律や予算として、あるいは許認可行為として、常時機能しているものであるから、それが適切に機能していることを、国家統治機関は常時チェックしなければ、アカウンタビリティーの原則に背くこととなる。

もちろんこれは民主主義はこうあるべきだという理念上の話である。現実には国民が直接的な意味で、拒否権を含む決定権を行使する機会は、ほとんど与えられていない。にもかかわらずアカウンタビリティーの考え方は、誰しも建前として否定することはできず、したがって現実の国家政策においても道義的な拘束力をもつ。そして高速増殖炉研究開発政策をはじめとする原子力研究開発政策も、その例外たりえない。

(1) accountability.

2　日本における原子力政策決定の仕組み

中央政府主導の政策決定

近代日本の政策決定全般にみられる特徴のひとつは、行政を司る中央政府の権力がきわめて強大である点である。法律も予算も政府の主導のもとで作られるのが常である。ところで日本の政府は、総理大臣が率いる内閣の基本方針とリーダーシップに従って各省庁が分担して政策を推進する組織ではなく、各省庁ごとに縄張りが作られ、その縄張りの中で各省庁が関係省庁の意見も聞きながら政策を決定し、それを内閣がオーソライズすることが慣例であった。各省庁は所轄業界の代表者との協議によって、インサイダーたちの間での合意をとりつけた上で、政府内での一連の手続きをへて決定するのが常であった。

国会（中央議会）は憲法上は国権の最高機関ではあるが、それが重要な法律や予算の決定において主導権を発揮する機会はまれであった。今日でも議員立法は例外的である。国会が行政府の決定を覆したり、重要な修正を加えるケースは少なかった。裁判所も行政訴訟において行政機構の判断を覆すケースはまれであった。また州政府に大きな権限が付与されていることが多い欧米諸国とは異なり、日本では地方自治体の権限は限定されたものであった。

そうした中央政府以外の公的統治機関の弱体さとは裏腹に、大きな利権に関連する案件については、政治家が直接的に介入するケースが日常茶飯事であった。中でも組織化された形で強力な介入を行って来たのは、政権党の族議員と呼ばれるグループである。エネルギー産業は原子力発電所など巨額の資金を要する施設を多数抱えており、それが利権として大きな意味を持つ。族議員グループは日常的に利益団体として活動するだけでなく、省庁のまとめた政策案を綿密にチェックし、自らの利害に関わる事柄について省庁と協議し、満足のいくものとなった時点で承諾を与える(場合によっては拒否権も行使する)という形で、政策決定を左右してきた。

原子力行政機構における「二元体制」

日本の原子力政策の決定・実施のための行政的メカニズムの構造的な特徴は、「二元体制」ということばで表現することができる。原子力政策の場合、それを所轄する主な中央省庁は、経済産業省と文部科学省である。この二つの省庁が原子力政策に関する意思決定権を事実上掌握している。

それらの上位には、原子力委員会および原子力安全委員会という内閣直属(内閣府所轄)の機関があるが、それは基本的には、実務を担当する省庁の方針の認証機関にとどまる。そこで認証されてはじめて、二つの省庁は財務省との間で予算措置に関する協議に入ることができる。なお中央省庁再編にともない、研究開発事業とりわけその大規模プロジェクトについては、原子力委員会および原子力安全委員会に加えて、内閣府総合科学技術会議[1]の認証をも得なければならなくなった。総合科学技術会議はまた、科学技術全体にわたる大局的な予算配分方針の決定を通して、原子力分野の研究開発に大枠をはめている。

原子力政策の決定・実施に関して、経済産業省と文部科学省の両省は、それぞれ次のような

(1) 一九五九年に設置された総理府科学技術会議を発展的に改組して、二〇〇一年設置。

縄張りを与えられている。研究開発段階の事業を担当するのは文部科学省であり、それ以外の事業、つまり商業段階の事業およびインフラストラクチャー的事業[1]を担当するのは経済産業省である。両省は互いの縄張りを侵さないよう配慮しながら、また縄張りが重なり合う領域については相互の調整を図りながら、原子力政策を進めている。

二〇〇一年一月に中央省庁再編が行われるまでは、「二元体制」の構成員は通商産業省と科学技術庁であったが、前者は経済産業省へと発展的に改組され、後者は文部省に吸収合併されて文部科学省となった。日本の原子力政策の縄張りについて説明するには、歴史的アプローチが好適である。詳しくは注の小著[2]を読んで頂くとして、ここでは必要最小限の知識のみ提供する。

「二元体制」の歴史的変転

日本の原子力行政機構が確立したのは一九五六年である。この年、総理府に原子力委員会と科学技術庁が設置された。原子力政策の決定権は、原子力委員会が掌握することとなった[3]。また原子力政策の実施に関しては、同じく一九五六年に設置された科学技術庁が権限を掌握してきた。科学技術庁は原子力委員会の事務局をつとめることにより、政策決定においても実質的な主導権を握ってきた。これは事実上、一元的な体制だったといえる。

しかし原子力研究開発利用の草創期から、通商産業省も、電力産業及び鉱工業全般を所轄する官庁として、原子力発電の産業としての将来性に強い関心を抱き、電力産業および原子力産業[4]との間に、密接な関係を築いてきた。そうした状況のもとで一九六十年代に入ると、電力業

(1) 安全規制行政など

(2) 吉岡斉『原子力の社会史——その日本的展開』朝日新聞社、一九九九年。

(3) 一九七九年にそこから安全行政のみを司る原子力安全委員会が分離・独立した。

(4) 機器製造メーカーを中心とする。

界の主導権による商業原子力発電事業が台頭してきた。それにともない電力産業を所轄する通商産業省は、商業原子力発電事業に関わる原子力政策の決定・実施において主導権を掌握するようになった。商業原子力発電以外については、科学技術庁が依然として実権を握っていたが、時代が進むにつれて電力業界は核燃料サイクル事業にも進出するようになり、それにともない通商産業省の縄張りも、商業段階の事業全般へと拡大していった。こうして一九八〇年頃までに、商業段階の事業は通商産業省が、また研究開発段階の事業およびインフラストラクチャー的事業は科学技術庁が、それぞれ所轄する体制が整った。

二〇〇一年一月の中央省庁再編により誕生した経済産業省は、かつての通商産業省よりもさらに大きな権限を、原子力分野で獲得することとなった。つまり従来は科学技術庁の所轄であったインフラストラクチャー的事業も、安全規制行政をはじめとして、経済産業省の所轄となったのである。安全規制行政を担当するのは資源エネルギー庁傘下の原子力安全・保安院である。この中央省庁再編にともない文部科学省の所轄は、研究開発のみへと縮小された。こうして二つの省庁の力関係は大きく様変わりしたが、それでも「二元体制」はなお健在である。

国策決定の最高機関としての原子力委員会

前述のように日本では、通商産業省グループと科学技術庁グループの二つの勢力の連合体として、原子力共同体が行政機構の中で君臨してきた。両者の合意にもとづく原子力研究開発利用の方針を、国策としてオーソライズするうえで中心的役割を果たしてきたのは、原子力委員会である。原子力委員会は法律上は日本の原子力政策の最高意思決定機関であり、その決定を内閣総理大臣は十分に尊重しなければならないと法律に明記された[(1)]。中央省庁再編にともない総理府から内閣府へと所轄が変わった際に二四条は廃止され、その法的権限は弱められたが、それでも原子力委員会は、所掌事務について必要あるときは、内閣総理大臣を通じて関係行政機関の長に勧告する権限をもつなど、その法的地位は依然として高い。

原子力委員会の定める国家計画の中心をなすのは、同委員会が数年ごとに改定する「原子力開発利用長期計画[(2)]」である。一九五六年九月に最初の長期計画が策定されて以来、二〇世紀中に八回にわたり長期計画の改定が行われてきた。一九六一年、六七年、七二年、七八年、八二年、八七年、九四年、二〇〇〇年が改定年次である。二〇〇五年に次の改定が行われる予定である。長期計画の改定の際には、通例原子力委員会に長期計画専門部会（二〇〇〇年は長期計画策定会議）が設けられ、さらにその中に幾つかの分科会が作られる。そこでの一年から一年半ほどの審議を経て、原子力政策のあらゆる側面に関して、次の改定までの基本方針が国策として示されるのである。もちろん長期計画の谷間の時期にも原子力委員会はさまざまの決定を行う。それらの決定は多くの場合、次回の長期計画で追認される。長期計画改定を境にして原子力政策が大幅に変わることはなく、多くの政策は追認される。

なお原子力安全委員会も法的には原子力委員会と同様の権限をもつが、所掌業務が安全規制に限定されているため、原子力政策全体からみた存在感は小さい。

（1）原子力委員会設置法二四条。

（2）略称長計。改定年度によっては、他の似通った正式名称が使われることもある。

経済産業省総合資源エネルギー調査会

原子力研究開発利用に関しては、原子力委員会以外にもいくつかの審議機関があって、原子力政策をオーソライズしている。その中で最も重要なのは、前述の内閣府総合科学技術会議と、経済産業省の総合資源エネルギー調査会である。後者について必要最小限の説明をしておく。

二〇世紀後半において、一貫してエネルギー政策に責任を負ってきたのは通商産業省である。原子力もその守備範囲に属するものであった。しかし他の種類のエネルギー（化石エネルギー、電力、新エネルギー）や省エネルギーに関する政策が、全面的に通商産業省の支配下にあったのに比べれば、原子力分野での通商産業省の支配力は、少なくとも最近までは商業段階の事業に限定されたものであった。それに関する政策の決定権を掌握してきたのは通商産業大臣の諮問機関の総合エネルギー調査会[3]である。

それは法律上、通商産業大臣に意見を述べる機関に過ぎないが、実質的権限は強大である。第二次石油危機をうけて一九八〇年、「石油代替エネルギー法」が成立したことにより、同調査会（需給部会[4]）の定める長期エネルギー需給見通しの骨子に当たる石油代替エネルギー供給目標が、閣議決定されることになった。それにより同調査会の需給見通しはエネルギー政策で最上位の「国策」としての地位を獲得するようになった。

さらに二〇〇二年にエネルギー政策基本法が制定されたことにより、総合資源エネルギー調査会（基本計画部会）の定めるエネルギー基本計画が閣議決定されることとなり、それに準拠

（3）一九六五年六月設置、二〇〇一年総合資源エネルギー調査会へと発展的改組。

（4）総合部会と合同で審議を進めることもある。

して需給見通しが定められ、その骨子が閣議決定される仕組みとなった。なお需給見通しの決定に際しては原子力委員会への配慮義務があるが、エネルギー基本計画についてはそれがなくなった。さらにエネルギー基本計画は、需給見通しが商業発電のみを守備範囲としていたのに対し、研究開発についても基本方針を示すこととなっている。そうした意味において同調査会（およびその背後にある資源エネルギー庁）の権限は、一段と強化されている。

総合資源エネルギー調査会には、需給部会や基本計画部会の他に、電源開発分科会が置かれている。それは内閣総理大臣が議長をつとめるハイレベルの審議機関である電源開発調整審議会が、中央省庁再編にともない格下げされて設置されたものであるが、個別の電力会社の個別の発電所の設置計画を、電源開発基本計画という名の国家計画として権威付けする機能を果たしており、個別の原子力発電所の建設が「国策」であることの法的根拠を与えている。また同調査会の電気事業分科会や原子力部会も、タイムリーな諸問題について政策を策定するのに余念がない。以上みてきたように、総合資源エネルギー調査会の原子力政策における役割はきわめて重要である。

民間活動を国家事業に組み入れる仕組み

国際比較の視点からみた日本の原子力政策の著しい特徴は、原子力政策が民間活動の方針を直接決定する度合いが高かったことである。それは公共利益のための必要最小限の政府規制を行うという自由主義経済の原則をはるかに超えるものであった。原子力委員会や総合資源エネルギー調査会の計画に組み入れられれば、民間企業である電力会社やその傘下の会社[1]の事業もまた、国家計画の一部であり、官民一体となって推進すべき事業とされてきた。これを根拠として通商産業省や科学技術庁（二〇〇一年以降は経済産業省や文部科学省）は、強力な行政的指導・介入を行ってきた。そして国民や地元住民にしては、国策への「理解」[2]や「合意」[3]が要請されてきたのである。このような仕組みは、国家総動員時代から敗戦後の統制経済時代にかけての名残りであり、日本はこうした「社会主義的」体制を現在もなお引きずっている。

(1) 日本原子力発電、日本原燃など。

(2) 賛成をあらわす日本独特の行政用語。

(3) 同じく受諾をあらわす行政用語。

3　日本の原子力研究開発体制の概要

文部科学省の監督下での研究開発

今まで述べてきたように、日本の原子力研究開発は、商業原子力発電事業に直接関連するもの（経済産業省の所轄）を除き、基本的に文部科学省の所轄となっている。それは科学技術庁時代から継承されてきたものである。そして原子力研究開発に関する政策を認証するのは基本的に、内閣府原子力委員会の役割である。

科学技術庁を吸収合併した文部科学省は、原子力研究開発に関して今も政府内で主導権を掌握しているものの、かつての科学技術庁と比べれば、その支配力は制約されている。かつては原子力委員会が原子力政策の最高決定機関として君臨しており、その事務局を掌握することにより科学技術庁の方針が基本的にそのまま国策となる仕組みが存在したが、中央省庁再編により誕生した総合科学技術会議が、原子力分野を含む科学技術研究開発全般について指揮権を有するようになった。それは研究開発政策に関して原子力委員会の上位に立つものであり、原子力委員会の方針の認証を行う権限をもつ。したがって同会議の決定に際して文部科学省の方針が尊重されるとは限らない状況となっている。

二つの巨大公益法人の役割

文部科学省の監督下で原子力研究開発の実務を担うのは、同省傘下の二つの特殊法人である。それは古くからある日本原子力研究所（原研）と、一九九八年に動燃から改組されて発足した核燃料サイクル開発機構（核燃サイクル機構）の二つである。（両機関は二〇〇五年に合併し、独立行政法人となる予定である）。原研は実用的成果に直結しにくい基礎的・基盤的・萌芽的な研究開発を担当し、核燃サイクル機構は実用化を目指したナショナルプロジェクトを担当するという大まかな役割分担はあるが、原研の研究開発といえども高価な大型装置を扱うものが主流となっている点では、核燃サイクル機構のそれと同様である。

二つの研究所の予算はきわめて巨額である。二〇〇三年度において、原研は八六一億円、核燃サイクル機構は一一四一億円の年間予算を享受している。両者を合わせると年間二千億円あまりである。日本の原子力関係予算は同じ年度において、年間四五九三億円なので、その半額近くを二つの研究所が使っている勘定になる。ちなみに原子力研究開発費総額は同じ年度において三二八一億円であり、二つの巨大機関の予算はその三分の二近くを占める。参考までに、同じ年度の日本のエネルギー研究開発費総額は六六六三億円であり、その約半額が原子力分野に注がれている。原子力偏重の予算といわれているゆえんである。

これだけ巨額の研究開発予算が原子力分野で確保されている背景には、エネルギー研究開発利用に対する特別会計制度の存在がある。一九七四年に創設された電源開発促進対策特別会計は、電力会社から発電電力量当たり定額の電源開発促進税[1]を徴収し、それを財源として立地対策費や研究開発費に当てる仕組みであるが、その大部分は原子力に支出されている。その予算額は年間三千億円規模であり、一般会計の原子力関係予算[2]の二倍あまりに達する。そのうち約千億円の予算が、核燃サイクル機構に注がれているのである[3]。

原研と核燃サイクル機構という二つの中核的機関の他に、幾つかの国立研究所[4]も、原子力分野の研究開発を行っている。多くの大学でも原子力研究開発は行われているが、日本の原子力体制発足時の経緯により、原子力関係予算を大学に投入することは二〇〇〇年まで原則不可とされたため、大学はアカデミックな予算の範囲内で中小規模の研究を進めることを余儀なくされてきた。

(1) 二〇〇二年度まで一キロワットアワー当たり四四・五銭。二〇〇三年度より漸減し、二〇〇七年度より三七・五銭となる予定。

(2) 一三八四億円。

(3) 原研の予算の大部分は、一般会計から支出される。

(4) 理化学研究所、放射線医学総合研究所など。

動燃を中心としたナショナルプロジェクト体制の発足

二つの中枢的機関のうち原研は、一九五五年に財団法人として発足し、五六年に政府系特殊法人に改組された。それは当初は、原子力研究開発の唯一の中核的機関とされていた。しかし一九六七年一〇月、(五六年設置の原子燃料公社を改組する形で)動力炉・核燃料開発事業団(動燃)が発足するにともない、二つの中核的機関のひとつに格下げされた。

新たに発足した動燃は、実用化を目指したナショナルプロジェクトを一手に引き受けることとなった。その主要なものは次の四つである。まず原子炉に関しては、新型転換炉(1)と、高速増殖炉の二種類が重要である。つぎに核燃料に関しては、使用済核燃料再処理とウラン濃縮の二つが重要である。四つのうち最も重要なのはもちろん、高速増殖炉であった。当時の世界の原子力関係者の間では、非軍事分野での原子力研究開発の究極的な目標は、高速増殖炉サイクル技術の実用化だったからである。

(1) Advanced Thermal Reactor, ATR. 具体的には重水減速軽水冷却炉を指す。

実用化を目指すナショナルプロジェクトの昏迷

しかし動燃の挙げた研究開発成果は、芳しいものではなかった。四つの基幹プロジェクトに関して順次見ていくと、次のようになる。まず原子炉では、電源開発株式会社による新型転換炉実証炉建設計画が一九九五年に正式に中止された。これにともない動燃の原型炉「ふげん」も、二〇〇三年三月に閉鎖された。

高速増殖炉については、動燃の原型炉「もんじゅ」が試験中の九五年一二月にナトリウム漏洩火災事故を起こし、無期限の停止状態に突入した。事故から八年後の二〇〇三年末現在もなお、「もんじゅ」は運転再開に必要な改造工事を開始できていない。「もんじゅ」の次の開発ステージとして構想されていた高速増殖実証炉の建設計画も、一九九七年に従来計画が中止された。実証炉については設置者、炉型、建設スケジュール、立地点のいずれも白紙状態にある。

次に核燃料について見ると、再処理については電力業界傘下の日本原燃が青森県六ヶ所村に商業プラントを建設中[2]であるが、それはフランスからの技術導入によるもので、動燃の研究開発成果は部分的にしか生かされていない。六ヶ所村再処理工場そのものも、電力業界に重い経済的負担をもたらすので、操業まで至らずに建設が凍結されるおそれがある。

最後にウラン濃縮については、六ヶ所村ウラン濃縮工場は七〇％完成した時点で、その後の建設が凍結されている。それは動燃が音頭をとってメーカーに開発を進めさせてきた「新素材遠心分離機」の経済競争力の見通しが悲観的となったためである。遠心分離法ウラン濃縮技術の国内開発は放棄される公算が大きくなってきた。

(2)二〇〇三年末現在の予定では、二〇〇六年操業開始。

日本の研究開発事業の不撓不屈さ

このように動燃が始めた四大基幹プロジェクトは全て困難な状況におかれている。しかも四大基幹プロジェクト以外に目を転じてみても、事業が難航しているプロジェクトは枚挙にいとまがない。それは動燃のプロジェクトのみに限られない。日本で原子力の研究開発体制が整備されてからすでに半世紀近くが経過したが、ひとつとして実用技術として大きく開花したプロジェクトはない。もっとも世界的にみても、原子力分野で成功したプロジェクトは、主要なものとしては商業発電用軽水炉しかないので、日本の成績が特別に悪いとはいえない。日本の他国と比べての特徴は、不成績にもかかわらず事業の中止や凍結が行われにくいことである。

4　世界の高速増殖炉サイクル技術の研究開発

高速増殖炉サイクル技術とは何か

今まで説明してきた背景的知識を踏まえて、これから高速増殖炉サイクル研究開発についての具体的検討に入りたい。高速増殖炉サイクル技術の基幹技術は、二つある。ひとつは高速増殖炉、いま一つは高速増殖炉から出る使用済核燃料の再処理、である。

高速増殖炉とは、高速中性子による核分裂連鎖反応を炉心内で定常的に維持することによってエネルギーを生み出し、それと同時に核燃料を増殖する原子炉を指す。高速中性子を核分裂性プルトニウムに吸収させると、熱中性子[1]を核分裂性ウランに吸収させる場合よりも、はるかに大量の中性子を発生させることができる。この豊富な中性子を、連鎖反応の維持に用いる傍ら、炉心とその周囲のブランケット[2]に含まれる非核分裂性ウランに吸収させることにより、消費した核分裂性物質の量を上回る核分裂性物質[3]を生み出すことが可能となる。

高速増殖炉には理論的にはさまざまの種類があるが、実際的にはウラン・プルトニウム混合酸化物（ＭＯＸ）を核燃料として用い、冷却材として金属ナトリウムを使用するタイプが、過去半世紀あまりにわたる世界の研究開発の主たる対象となってきた。

高速増殖炉サイクル技術のもう一本の柱である再処理技術については、軽水炉の使用済核燃料再処理に用いる溶媒抽出法[4]が適用可能と考えられている。しかし軽水炉と比べて数倍の燃焼度[5]の使用済核燃料を取り扱うために、技術的難度は高くなる。それはプルトニウム含有量、超

(1)冷却されて速度が遅くなった中性子。

(2)通常の燃料棒と同じ外観をもち、炉心を構成する燃料棒の上下、および外周部に設置されており、容積は炉心の三〜四倍に達する。

(3)　核分裂性のプルトニウム^{239}Puなど。

(4)　ピューレックス法。

(5)単位重量当たりの核分裂エネルギー発生量。

ウラン元素含有量、核分裂生成物含有量などがいずれも、燃焼度の上昇につれて、高くなるからである。そのため炉心燃料だけの再処理は困難であり、炉心燃料とブランケット燃料を混ぜて再処理するのが、現実的と見られている。

高速増殖炉サイクル技術の特徴

高速増殖炉の軽水炉と比べての最大の利点は、ウラン資源の利用効率を数十倍高めることができる点にある。もし高速増殖炉が実用化されれば、原子力は事実上、資源制約のない無尽蔵のエネルギー源のひとつとなる。それが「夢の原子炉」と考えられてきた主な理由である(6)。高速増殖炉の軽水炉と比べての安全上の利点としては、常圧の冷却材を使うため、冷却材喪失事故(7)を起こしにくい点がある。しかし、全体としてみれば高速増殖炉は軽水炉よりも危険物の内蔵量が多く、制御が困難であり、危険因子を多く抱える原子炉である。具体的には次のような諸点が挙げられる。第一に、プルトニウムを多量に内蔵している。第二に、炉心の動特性(8)が不安定であり、暴走しやすい。第三に、ナトリウムを冷却材として用いる。それは空気や水と接触して、発熱酸化反応を生ずる。第四に、炉壁や配管を薄く作らざるをえないため、地震に対して脆弱である。

そうした安全上の弱点を補うために、高速増殖炉では特別の配慮がなされている。たとえば三次にわたる冷却系が、高速増殖炉には設けられている。そのうち一次と二次はナトリウム冷却系である。二次系と三次系の熱交換を、蒸気発生器を介してナトリウムと水の間で行う。も

(6) 他のメリットとして、放射性廃棄物の発生を低減させる可能性をもつ点が、付帯的に強調されることが多い。

(7) Loss Of Coolant Accident, LOCA.

(8) 温度上昇等の入力の変動に対する応答の特性。

し二次系に水を用いるならば、一次系との熱交換の際にナトリウムと水が接触して爆発的な燃焼を起こし、強い放射能を帯びた一次系ナトリウムが外部に放出されるおそれがある。また爆発的な燃焼の衝撃が炉心を直撃し、損傷させるおそれもある。それを防ぐために三次にわたる冷却系が設けられている。その他さまざまの安全上の配慮が必要となる結果として、高速増殖炉の建設コストは、同等出力の軽水炉を大きく上回る。さらに高速増殖炉では、使用済核燃料の循環的利用が不可欠となるが、それはきわめてコストが高い。

しかし高速増殖炉の最大の問題点は、安全面や経済面にあるわけでは必ずしもない。むしろ保安面のリスク、つまり軍事転用や犯罪利用のリスクが軽水炉と比べて格段に高いことが、関係者の強い懸念の対象となっている。それは高速増殖炉サイクルが大量のプルトニウムの生産・貯蔵・輸送を常時必要とするシステムであるのみならず、高速増殖炉のブランケットからの使用済核燃料に含まれるプルトニウムの品質が、核爆弾を作るのに最適であることによる。ブランケットのプルトニウムは、炉心と比べて中性子の照射を強く受けないので、高次のプルトニウム(1)の含有率がきわめて低く、理想的な原爆材料である^{239}Puの含有率がきわめて高い。その比率は通常の運転状態では九七〜九八%を占める。それは「兵器級」プルトニウムと呼ばれる。

他方、炉心で作られるプルトニウムは、激しい中性子の照射により、高次のプルトニウムの含有率が高くなる。そのためその軍事転用のリスクは、軽水炉からの「原子炉級」プルトニウム(2)と同程度にとどまる。いずれにせよ高速増殖炉保有国は、ブランケット燃料を単独で再処理することにより、理想的な原爆材料を容易に手にすることができるため、世界中に高速増殖炉

(1) ^{240}Pu・^{241}Pu・^{242}Pu

(2) ^{239}Pu の含有量五〇〜六〇%。

が普及することは、潜在核保有国が無数に出現することを意味する。それが高速増殖炉サイクル技術の実用化の前に立ちはだかる最大の障害である。

以上のように高速増殖炉発電システムは、保安面、安全面、経済面などにおいて大きな困難を抱えている。その実用化のためには、これらの困難を克服する必要がある。もちろんそれに加えて、高い技術的信頼性（それにより高い設備利用率が保障される）を確立することが絶対条件である。なお実用化をめざす研究開発プロジェクトは、通常は政府の手厚い支援のもとに進められる。その場合、巨額の税金を投入するのであるから、上記の困難を克服できる見通しと、国家財政上の十分な豊かさとゆとりが必要となる。

高速増殖炉の研究開発ステージ

高速増殖炉に限らず、新型原子炉の開発においては、次の四段階の開発ステップが設定されるのが、普通である。

①実験炉[3]
②原型炉[4]
③実証炉[5]
④商業炉[6]

「実験炉」とは、制御された核反応を持続させ、その性質を調べるための原子炉を指す。「原型炉」とは、将来の実用化を目指す「商業炉」と同じ炉型で、かつすべての機器・コンポーネ

（3）experimental reactor.
（4）prototype reactor.
（5）demonstration reactor.
（6）commercial reactor.

ントを完備した原子炉を指す。ただし「商業炉」よりも一回り小型である。その成功により、その炉型の「技術的実証」が、果たされることとなる。「実証炉」は、「商業炉」と同じ規模の電気出力をもち、すべての機器・コンポーネントを完備する。それは「一品生産」の試作品であるため、それ自体では必ずしも十分な経済競争力を持たないが、設計の合理化と量産によるコストダウン効果を見込めば、十分な経済競争力を持たねばならない。すなわち「経済的実証」が、「実証炉」の目的である。

高速増殖炉用の核燃料再処理工場についても、同様の開発ステージが設定される。

世界の高速増殖炉研究開発の歴史的概観

世界的には、原子力研究開発利用が開始された当時より、高速増殖炉は将来の原子力発電のエースとして期待され、一九四十年代から実験炉開発が進められた。そして一九六十年代後半に入ると、実用化を射程に収めた研究開発計画が先進各国でスタートした。つまり原型炉建設計画が始まった。一連の原型炉は一九七十年代前半に完成し、運転を開始した。イギリスの高速原型炉ＰＦＲ、フランスのフェニックス、ソ連のＢＮ—３５０の三基である。それらの原子炉の使用済核燃料発生量に見合う能力をもつ再処理工場も、英仏で建設が進められた。

しかし実用化へ向けての研究開発ペースは、一九七十年代半ば以降、世界的に鈍化した。その原因はさまざまである。最も早く手を引いたのはアメリカである。アメリカはクリンチリバー増殖炉（ＣＲＢＲ）という名の原型炉建設計画を一九七七年に中止した。他の先進諸国では八十年代に入ってからも、高速増殖炉の研究開発は継続された。先発組の英・仏・ソに加えてドイツと日本でも各々、原型炉ＳＮＲ―３００と「もんじゅ」の建設計画がスタートした。しかし一九八十年代半ば以降、高速増殖炉研究開発は急速にじり貧状態に陥っていった。史上唯一の実証炉スーパーフェニックスを建設したフランスも、一九九七年にその廃止を決定した。二一世紀に入ってもじり貧状態からの脱却の兆しはみられない。日本をのぞき、二〇一〇年までには全ての原型炉が閉鎖される見込みである。先進各国の研究開発の経緯は次の通りである。(1)

主要各国の研究開発の歴史

■［**アメリカ**］　アメリカは世界初の原子力発電を、ＥＢＲ―Ｉで実現し（一五〇キロワット、一九五一年）、一九六十年代まで高速増殖炉開発のフロントランナーだったが、一九六三年に運転を開始した大型実験炉エンリコ・フェルミ（電気出力六一メガワット）が六六年秋にメルトダウン事故を起こしてから、大きくスローダウンした。その後、原型炉ＣＲＢＲ（電気出力三八〇メガワット）の建設計画が立てられた。しかし巨額の建設費がかかることが問題となった。さらにインド核実験（一九七四年）を契機として核不拡散体制強化を求める世論が高まった。それをうけてカーター政権下の一九七七年、同計画は中止された。その後レーガン政権により再開されたものの、一九八三年には予算を打ち切られ、最終的に中止が決定した。

■［**フランス**］　一九六七年に実験炉ラプソディー（熱出力四〇メガワット）、一九七三年に原型炉フェニックス（同じく二五四メガワット）を完成させた。そして一九八五年に世界で唯

(1) 日本については後述する。

一、実証炉スーパーフェニックスＳＰＸ（一二四〇メガワット）の臨界を達成した。しかしＳＰＸは原因不明のナトリウム漏洩事故により長期停止を繰り返したため、一九九四年研究炉に格下げされた。さらに一九九八年、運転再開せずに廃止することが決定された。廃止理由は、連立政権を形づくる社会党と緑の党との政策合意にそれが含まれていたこと（民主主義の原則）に加え、巨額の経費が掛かるにもかかわらず成功が不確かだというものである。フェニックスは、核変換実験を行うための実験炉として存続しているが、二〇〇八年に廃止される。

■**［英国］**　一九五九年に実験炉ＤＦＲ（電気出力一五メガワット）、七四年にＰＦＲ（電気出力二七〇メガワット）が完成した。だがＰＦＲの運転実績はきわめて不振[1]であった。そして北海油田開発成功や電力自由化進展などにより、経済競争力の劣る原子力発電の斜陽化が進む中で、財政健全化をめざす政府は一九九四年三月まででＰＦＲへの出資を打ち切り、廃炉が決まった。

■**［ドイツ］**　一九七七年に実験炉ＫＮＫ―Ⅱ（電気出力二一メガワット）を完成させ、さらに一九八六年に原型炉ＳＮＲ―３００（電気出力三二七メガワット）を完成させた。だが地元ノルトライン・ヴェストファーレン州が安全性への懸念を理由として運転を認可しなかった。連邦政府は運転開始を模索したが、ベルリンの壁の崩壊につづくドイツ統一にともなう著しい財政逼迫状況の出現により計画を中止し、九一年に廃炉が決定した。

■**［ソ連（ロシア）］**　一九五十年代から実験炉数基を建設し、一九七二年に原型炉ＢＮ―３５０（電気出力一五〇メガワット）を完成させ（九九年廃止）、さらに八〇年に原型炉ＢＮ―６

（1）通算設備利用率は一五％程度。

00（電気出力六〇〇メガワット）を完成させた。これらは濃縮ウラン燃料を使った高速炉である。後者は、解体核兵器から発生する大量の余剰プルトニウム処分のための焼却炉として、MOX燃料を装荷して二〇一〇年まで運転したのち廃止される。原型炉BN―800（電気出力八〇〇メガワット）の建設計画は、財政逼迫と地元住民の反対により進んでいない。

■［**その他**］　中国では、中国実験高速炉CEFR（電気出力二五メガワット）の建設許可が二〇〇〇年におりた。二〇〇五年の初臨界を目標として建設中である。（当初はウラン燃料を使用し、のちにMOX燃料に切り換える予定）。インドは、実験炉FBTR（電気出力一三メガワット）を保有する。それは混合炭化物燃料[2]を使用する特殊な原子炉で、八五年に初臨界に成功し、九三年に初めて蒸気を発生させた。その後定格出力の四分の一以下で間欠的に運転されている。原型炉PFBR（電気出力五〇〇メガワット）は設計中である。両国の研究開発はいまだに幼稚段階にある。なお両国とも核兵器保有国である。

総括的にみれば、高速増殖炉サイクル研究開発の混迷の理由は、国によりさまざまである。しかし全体としてみれば、経済面および財政面での困難が、他の諸側面における困難と総合的に組み合わされる形で、プロジェクト縮小という結論を導いているように思われる。

（2）UC三〇%、PuC七〇%。

5　日本の高速増殖炉サイクル技術の研究開発

ナショナルプロジェクト始動まで

日本の高速増殖炉開発の起点は、原子力委員会の最初の長期計画に当たる「原子力開発利用長期基本計画」（五六長計）である。そこでは原子力開発の目標として「増殖型動力炉の国産化」が掲げられ、運転開始目標時期は一九七〇年とされた。[1] 一九六一年長計ではじめて高速増殖炉実用化という目標が明記されたが、具体的な開発計画の発足は遅れた。ようやく一九六六年に、高速増殖炉開発計画がナショナルプロジェクトとして具体化されることとなり、その推進母体として、動力炉・核燃料開発事業団（動燃）が六七年一〇月に設立された。

原子力委員会の一九六七年の長期計画（六七長計）では、実用化までのタイムテーブルが掲げられた。それによると実験炉（熱出力百メガワット程度）を昭和四十年代半ばまでに建設し、原型炉（電気出力二百メガワット～三百メガワット程度）を昭和五十年代初期（一九七十年代後半）までに完成させ、さらに実証炉の段階をへて、[2] 昭和六十年代初期（一九八十年代後半）に実用化を達成する、というスケジュールとなっていた。

高速増殖炉サイクル技術の研究開発計画の進展

前述のように日本の高速増殖炉サイクル技術の研究開発計画は、欧米から約二十年遅れて、一九六十年代後半に始まった。動燃はまず実験炉「常陽」を建設した（一九七七年臨界）。常陽

（1） 但し「熱中性子型増殖炉」が想定されていたとみられる。

（2）電気出力と完成時期の指定はない。

は実験炉として順調に運転実績を重ね、今日に至る。常陽につづく原型炉「もんじゅ」が福井県敦賀市に着工したのは一九八五年である。この時点でもなお、世界の先頭集団（英仏）とは二十年近い時間差があった。しかし一九七十年代におけるアメリカの挫折と、八十年代後半以降におけるヨーロッパでの計画混迷を尻目に、日本の計画は着実に進められた。

一九九四年四月の「もんじゅ」臨界達成により、欧米に対して約二十年遅れたものの（時間差は縮まらなかった）、高速増殖炉研究開発は実用化への重要なステップを刻んだかに見えた。一九九四年の長期計画にも、強気の実用化計画が示された。そこでは高速増殖炉は「将来の原子力発電の主流」にしていくものとしての地位を与えられ、「二〇三〇年頃までには実用化が可能となるよう技術体系の確立を目指」すという方針が示された。

「もんじゅ」に続く実証炉についても、電力業界による建設計画が、政府計画として認証された。電力業界は一九八〇年頃よりメーカーの助力を得て、実証炉の設計研究を開始した。その途上の一九八五年、電力業界により建設運転主体として日本原子力発電（原電）が指名された。そして一九九二年、電気事業連合会（電事連）はトップエントリー方式ループ型炉（電気出力六七〇メガワット）の予備的概念設計書をまとめた。九四長計では、それを二〇一〇年頃までに完成することが勧告された。

高速増殖炉用の再処理施設についても、原子炉の規模にほぼ対応する能力をもつ施設の建設計画が進められた。常陽に対応するのは高レベル放射性物質研究施設（ＣＰＦ）であり、一九八二年に完成した。さらに「もんじゅ」に対応するパイロットプラント規模の「リサイクル機器試験施設」（ＲＥＴＦ）の建設を、動燃は一九九五年一月から開始した。

「もんじゅ」ナトリウム漏洩火災事故

一九九五年一二月八日夜、四〇％出力の「性能試験」運転を行っていた原型炉「もんじゅ」で、二次冷却系からのナトリウム漏洩事故が起きた。漏洩したナトリウムは空気中の水分や酸素と反応して激しく燃焼し、空気ダクトや鉄製の足場を溶かし、床面に張られた鋼鉄性ライナー上に落下してナトリウム酸化物からなる堆積物を作った。事故原因は、Ａ・Ｂ・Ｃと合計三ループある冷却系のうち、Ｃループ配管に差し込まれたナトリウム温度計のステンレス製保護管の先端部が、微小振動の繰り返しによる金属疲労で破断し、その開口部から配管内のナトリウムが保護管の内部を通り、直接配管室の室内に出たことである。この事故により環境中に放出された放射能はわずかであった。作業員や周辺住民が直接受けた被害もなかった。

しかしこの事故に際して動燃がとった対応行動は、きわめて不適切なものであった。その第一は技術的対応のまずさである。運転者（当直長）の判断の誤りにより、原子炉の停止が大幅に遅れただけでなく、停止後のナトリウム抜き取りも大幅に遅れたため、即座の判断がなされた場合に比べて数倍[1]のナトリウムが漏洩した。さらにその間、空調システムを停止しなかったために、ナトリウム・エアロゾル[2]が原子炉建屋全体に拡散し、一部は環境に放出された。

第二は社会的対応のまずさである。周辺自治体への通報の遅れが問題となった。福井県及び敦賀市への通報は事故発生の約一時間後となったのである。さらに動燃は、意図的な事故情報

（1）推定七〇〇キログラム。
（2）放射性物質トリチウムを含む。

の秘匿・捏造を行った。動燃は一二月九日午前二時五分（一巻分）と、一六時一〇分（二巻分）の二回にわたり、事故現場のビデオ撮影を行ったが、公表したのは後者のビデオテープのうち一巻（一一分）を、肝心のナトリウム漏洩部分の映像を削除して編集したものであった。

高速増殖炉懇談会（FBR懇談会）の設置

「もんじゅ」事故のインパクトは、きわめて大きなものとなった。それは事故の原因究明と安全対策の策定・実施によって収拾されるような性質のものではなかった。それは原子力行政そのものに対する国民的批判を呼び起こし、そのあり方の総点検を余儀なくさせた。その背景として重要なのは、この一九九五年という年が、阪神淡路大震災、地下鉄サリン事件、薬害エイズ事件に関する和解成立など、政府の無能力や誤りをクローズアップさせる多くの事件が勃発した年だったことである。そうした政府不信の国民世論の流れに乗る形で、原子力行政そのものの総点検を求める声が高まった。その背景に原子力行政に対して以前から、国民が不信を抱いてきたという事情があった。

原子力行政総点検の動きを始動させたのは、一九九六年一月二三日に、福島・新潟・福井の三県知事が連名で政府に対して行った、「今後の原子力政策の進め方について」と題する申し入れである。その骨子は、「核燃料リサイクルのあり方など今後の原子力政策の基本的な方向について、（中略）改めて国民各界各層の幅広い議論、対話を行い、その合意の形成を図る」というものである。これに政府は前向きに対応し、さまざまの改革が行われた。だがそれについて包括的に論ずることは本章の課題ではない。高速増殖炉サイクル技術研究開発政策のみに絞って議論したい。

科学技術庁と通産省は、九六年三月一五日に共同で「原子力政策に関する国民的合意の形成を目指して」を発表した。その目玉は原子力政策円卓会議の設置であった。原子力委員会の主催のもとで円卓会議は四月から九月まで一一回にわたって開催された。その第九回会議（筆者も参加した）の席上、栗田幸雄福井県知事が高速増殖炉懇談会の設置を提案した。これに対して原子力委員会は前向きに対応した。その結果、高速増殖炉懇談会（ＦＢＲ懇談会、通称Ｆ懇）が一九九七年一月末に発足する運びとなった。（筆者は委員に任命された。それは筆者にとって原子力関係の政府審議会委員をつとめる最初の機会となった。）

高速増殖炉サイクル政策の見直し

高速増殖炉懇談会は計一二回の審議を行い、一九九七年一二月一日に報告書をまとめた。それは一五名の委員による多数意見と、一名の委員（筆者）による少数意見の併記という形でまとめられた。多数意見の中で提言された、新たな高速増殖炉サイクル技術研究開発政策の要点は、次の三点にまとめることができる。第一に、高速増殖炉を将来のエネルギー源の選択肢として位置づける。第二に、原型炉「もんじゅ」の運転を再開する。第三に、実証炉以降の計画は白紙とする。（なお少数意見の骨子は、高速増殖炉の実用化計画を中止し、「もんじゅ」の研究炉としての利用の可否について改めて検討する、というものであった）。報告書を受理した原子力委員会は一二月五日、「今後の高速増殖炉研究開発の在り方について」を決定し、その中で「懇談会報告書の結論は妥当と判断し、今後は同報告書を尊重して高速増殖炉開発を進めることとする」との方針を示した。

この新たな方針は以下の二点において、従来の日本の高速増殖炉政策の大きな転換を意味していた。第一に、高速増殖炉はひとつの選択肢へと格下げされた。一九九四年六月の原子力開発利用長期計画（九四長計）では、高速増殖炉は「将来の原子力発電の主流にしていくべきもの」と位置づけられているが、それと懇談会報告書の記述との落差は顕著である。

第二に、実証炉以降の計画が白紙とされた。九四年長期計画には、二〇三〇年頃という実用化目標時期が明記され、実用化途上において実証炉一号炉および二号炉の二基を建設することが明記され、さらに実証炉一号炉としてトップエントリー方式ループ型を採用し、二〇〇〇年代初頭に着工すること（つまり二〇一〇年頃に完成すること）が明記されていたのだが、これらは全て白紙撤回された。

しかしこうした政策転換は、高速増殖炉懇談会の審議によって実現したとは必ずしも言えない。「もんじゅ」事故が起こる前においてすでに、高速増殖実証炉建設計画の推進は、電力業界の経済的理由にもとづく難色により困難となっていた。九七年末の政策転換は、「もんじゅ」の運転再開を認めるが、その一方で実証炉建設計画を実質的に無期延期するという、関係者の間での暗黙の合意事項を、政策としてオーソライズしたものと解釈できる。

この高速増殖炉懇談会（ＦＢＲ懇談会）の示した方針は、三年後の二〇〇〇年一一月にまとめられた新しい原子力長期計画（二〇〇〇年長計）でも、基本的に追認された。ただしＦＢＲ懇談会報告書においては、原子炉については「もんじゅ」型（酸化物燃料ナトリウム冷却型）、再処理工場については溶媒抽出法がそれぞれ、実用化を目指す技術の本命とされていたのに対し、二〇〇〇年長計では、多様な可能性を追求するマルチパス方式（核燃サイクル機構の実用化戦略調査研究を出発点とする）への転換が提言された。その結果として、「もんじゅ」は事実上の研究炉としての役割を与えられるようになり、高速増殖炉サイクル技術の研究開発方針は、「実用システム開発計画」から、「実用化可能性探索研究計画」へと性格を変えた。

政府計画における実用化目標時期の後退過程

参考までに、今日に至るまでの政府計画における実用化目標時期の後退のあらましを**表Ｉ**に示す。これをみると、時代が下るにつれて、時間経過を上回るペースで、実用化目標時期が後退し続けてきたことがわかる。そして一九九七年以降は、目標時期そのものが消滅している。

表Ｉ　高速増殖炉計画の推移

政府計画等	原型炉完成	実証炉完成	実用化
1957 発電炉長計	——	〔概念なし〕	1970 年頃
1961 原子力長計	——	〔概念なし〕	1970 年代
1967　同上	1976 頃臨界	〔概念未確立〕	1980 年代後半
1972　同上	1978 頃臨界	80 年代前半	1985 ～ 95
1978　同上	1985 ～ 6	90 年代前半	1995 ～ 2005
1982　同上	1990 頃臨界	1990 頃着工	2010 年代
1987　同上	1992 頃臨界	90 年代後半着工	2020 年代
1994　同上	〔94 臨界〕	2000 年代初頭着工	2030 年頃
1997 ＦＢＲ懇	運転再開	〔記述なし〕	〔記述なし〕
2000 原子力長計	運転再開	〔記述なし〕	〔記述なし〕

政策修正以後の動き

本節を終える前に、「もんじゅ」プロジェクトの二〇〇三年末までの動きについて概説しておきたい。一九九七年の原子力委員会ＦＢＲ懇談会決定は、「もんじゅ」運転再開へ向けてのプロセスが動き出すことの決め手とならなかった。新しい長期計画（二〇〇〇年一一月）が策定され、その中で「もんじゅ」運転再開の方針が再確認されてはじめて、事態は動き出した。二〇〇一年六月、福井県知事の同意を得て、設置変更（安全性を高めるための改造工事実施）に関する安全審査が開始された。そして二〇〇二年一二月、経済産業省の設置変更許可が下りた。核燃サイクル機構の立てた予定では、県知事の同意を得て二〇〇三年から改造工事を始め、さらに県知事の同意を得て二〇〇五年春、「性能試験」（運転）を再開するスケジュールとなっていた。（設置変更許可申請、改造工事着手、運転再開のすべての段階で県知事の承諾が必要だというのが、「もんじゅ」事故以後の関係者の合意だった）。

ところが二〇〇三年一月二七日、「もんじゅ」に対する行政訴訟の控訴審判決が名古屋高等裁判所金沢支部によって言い渡され、原子炉設置許可処分の無効が判示された。原告側関係者やマスメディア関係者の間では違法判決が出ることは予想されていたが、無効判決は多くの関係者の予想をこえるものだった。この訴訟は一九八五年に、民事訴訟[1]と同時に提起されたもので、二〇〇〇年三月に福井地方裁判所が、両者について原告請求を棄却したものである。控訴審では一足早く行政訴訟の判決が出された。これは日本の原子力施設関連訴訟[2]において、原告請求

(1) 核燃料サイクル開発機構に対して建設・運転差し止めを求めるもの。

(2) 設置許可処分の無効を求める行政訴訟と、建設・運転差し止めを求める民事訴訟の二種類がある。

が認められた最初のケースとなった。勝訴にともない民事訴訟は取り下げられた。

これにより、一九九五年一二月から停止している「もんじゅ」の運転再開は、最高裁の判決が出るまでは困難となった。政府は一月三一日に最高裁に対して、高裁判決を不服として上告受理申立てを行ったが、二〇〇三年末時点で申立て受理の可否に関する最高裁の判断は示されていない。もし最高裁が受理した場合は、審理が開始されることとなる。

6 「成功しそうにない技術」になぜ固執するのか

「成功しそうにない技術」としての高速増殖炉サイクル技術

今まで世界と日本の半世紀にわたる研究開発の動向を概観してきた。きわめて印象的なことは、半世紀あまりの長きにわたる巨額の資金を投入した研究開発努力にもかかわらず、高速増殖炉サイクル技術の実用化への展望が開けていないということである。その原因が何であれ、半世紀あまりにわたる難航という事実だけは動かしがたい。この歴史的実績だけから判断しても、高速増殖炉サイクル技術を「成功しそうにない技術」と呼ぶのは正当である。

もちろん、技術の実用化可能性について性急に判断を下すことは禁物である。将来新たな発明・発見によって、成功への道が開かれる可能性はないとは言えない。不可能と思われていることを可能にするのが、科学者・技術者の研究開発活動の醍醐味である。とはいえ、国家や人類が研究開発に投入しうる資金は限られている。半世紀あまりという時間の長さと世界全体で通算数兆円（日本だけで一兆円以上）という研究開発資金の巨額さを考慮すると、「成功しそうにない技術」の研究開発を続けるのは、機会費用の観点から見ても賢明ではない。

こうした歴史的実績の貧しさに加えて、実用化に関する将来見通しの実績も劣悪である。過去になされた実用化に関する楽観的見通しが一貫して裏切られ続けてきたという事実は、高速増殖炉発電システムの将来に対するわれわれの見通し能力の歪みを立証している。もはや成功に関する将来見通しを語るという行為自体が、不信の対象となっている。

高速増殖炉サイクル技術の生命力の強さとその背景

それでもなお最近まで、多くの先進諸国で高速増殖炉サイクル技術に対して、巨額の研究開発資金が投入されつづけてきたことは瞠目に値する。「成功しそうにない技術」に対して、これだけ執拗に予算投入がなされてきたケースは、科学技術史上きわめて例外的である。さすがに二一世紀を迎えるまでに、多くの先進諸国は次々と原型炉・実証炉を廃止し、基礎的・基盤的研究計画への転換を進めるようになった。日本もその例外ではない。ただし日本での規模縮小ペースは緩慢である。またそれはなお公称上は実用化を目指すプロジェクト研究として、巨額の研究開発予算を享受している。

そうした高速増殖炉サイクル技術の生命力の強さの背景には、それが「夢の技術」としての地位を占めてきたという事情があると思われる。もしそれが実用化されれば、原子力発電は事実上無尽蔵のエネルギーとなる。もちろんそのメリットを過大評価してはならない。実際にはそれは電力しか生み出すことができず、しかもそのコストはきわめて高くなる公算が高い。高価な電力を利用して水素などの液体燃料を製造することは可能であるが、そのコストはますます跳ね上がる。ところで地球に存在するエネルギーは、コストを考慮しなければ事実上無尽蔵である。[1] したがって高速増殖炉発電システムは、他のエネルギーに対して経済的優位に立てなければ、たとえ無尽蔵のエネルギーであっても出番は回ってこない。

よく「高速増殖炉の代案があるのか」という問いかけがなされることがあるが、それは化石燃料をはじめ全てのエネルギーの将来における物理的枯渇を前提とした問いかけであり、その前提は間違っている。その問いかけには、「高速増殖炉の研究開発をやめるのが代案である」と答えればよい。高速増殖炉は実用的なエネルギーの選択肢となる可能性を有する候補者のひとりにすぎない。候補者がひとり減っても、補充を行う必要はない。それでも関係者たちは、幾多の困難はやがてみな解決され、無尽蔵かつ理想的なシステムが作られるであろうという技術的楽観論を頼りに、高速増殖炉サイクル技術が実用化される日を夢見てきた。

ここで重要なことは、もし高速増殖炉サイクル技術が「夢の技術」であるならば、原子力技術全体もまた「夢の技術」と呼ばれる資格をもつという点である。その意味で高速増殖炉サイクル技術は、原子力発電全体の未来を背負う大黒柱的なシンボルとして重要な役割を果たしてきた。もし高速増殖炉サイクル技術の実用化計画が放棄されれば、原子力発電そのものが「夢」のない成熟技術として扱われることになる。原子力発電を発展途上の青年期の技術とみるか、それとも衰退しつつある老年期の技術とみるか、という原子力発電に対する「技術哲学」的判断を、高速増殖炉サイクル技術は大きく左右するのである。したがってそれを守り育てること

（1）化石燃料の可採埋蔵量のデータをもとに、化石燃料の枯渇を論ずる議論をときおり見かけるが、可採埋蔵量というのは今日までに発見されている油田・ガス田・炭鉱等から、今日の技術を用いて今日の価格で掘り出すことのできる資源量であり、物理的な資源量とは本質的に異なるものである。

は、原子力関係者にとって死活的に重要であった。

もちろんそうした「技術哲学」上の闘争に敗北してはならないという理由の他に、研究開発関係者の直接的な既得権益の確保という現実的理由も、高速増殖炉サイクル技術が驚異的な生命力を保持してきた理由として重要である。第二次世界大戦後の世界において、原子力は科学技術の花形分野として特別待遇をうけてきた。原子力分野の中でも高速増殖炉サイクル技術は、非軍事目的の研究開発の最終目標として特別の地位を占めてきた。その結果として実力を大きく上回る巨大な利権が生ずることとなった。それを一挙に廃絶することは困難である。

高速増殖炉サイクル技術の研究開発に、強い生命力がそなわっている背景には、今述べたような理由がある。しかしそれでもこの分野の研究開発は世界的に衰退の道をたどりつつある。それは原子力研究開発利用活動全体の地盤沈下の一環をなすものである。

公共政策決定における科学者・技術者の役割

ここからは、科学者・技術者に焦点を当てよう。もちろんその狙いは、公共利益増進という目的実現のために、科学者・技術者はどのように考え行動すべきかについて、判断力を高めることにある。それは将来の科学者・技術者を含めて、全ての市民に必要なことである。

科学技術に関わる公共政策について、その最終的な決定権をもつのは科学者・技術者ではない。彼らは国民に意思決定権を付託されてはいない。意思決定の権力を付託されているのは、議会、政府、裁判所などである。しかしながら科学者・技術者も、さまざまの形で公共政策の決定に関わっており、その意味で決定権を事実上分有している。

たとえば公的統治機関が政策決定を行おうとするとき、しばしば当該分野の専門家を中心とした委員会を設置して勧告を提出させるが、科学技術に関わる政策の場合、そのメンバーの多くは当該分野の科学者・技術者によって占められる。それ以外にも科学者・技術者たちは、意思決定の場に証人や参考人として呼ばれたり、学協会として委員会を作って勧告を行ったり、あるいは政治権力をもつ者に個人的に働きかけたりすることにより、その影響力を行使している。彼らが大きな影響力をもつのは、科学技術の専門家として、専門知識を有するからである。そして政策決定の対象となる事柄の科学的・技術的側面について、科学者・技術者に匹敵する専門知識をもつ者はほとんど存在しない。

しかしながら科学者・技術者の行う政策判断が、公共利益にかなったものとなる保障は全くない。なぜなら教科書的に表現すれば公共政策は、妥当な社会的目標を公正かつ効率的な手段によって、達成しなければならないものであり、正しい専門的情報に立脚することが大前提であるとしても、それだけでは不十分だからである。科学者・技術者が政策的な目標・手段の妥当性について、素人以上の賢明な判断を下す能力があるとは考えられない。

おまけに科学者・技術者が提示する専門的情報は、必ずしも正しいとは限らない。たとえ虚偽が含まれていなくても、不利な情報の無視・軽視など、さまざまの形で歪んだ情報が流布される。そうした事態が起こるのは、科学者・技術者が多くの場合、専門家であると同時に利害関係者でもあるからである。彼らが組織の従業員であれば、所属組織の利害に忠実であることが要請される。それは至上命令である。また彼らは特定の専門分野に所属しており、たとえ所属組織からの統制がない場合でも、専門分野の利害に忠実であることを期待されている。

このように科学者・技術者は、公共政策決定の場に欠かせないとはいえ、適切な公共政策が何であるかを判断するには、能力と利害の両面で重大な限界がある。そうした限界をわきまえて行動することが、科学者・技術者にとって必要であり、政策決定関係者（究極的には全ての国民）も、そうした限界を熟知した上で、彼らの意見を受け止めるべきであろう。

「前進主義」とパラダイム的思考

ところで科学者・技術者に公共政策決定の主導権を与えることが不適切な理由は、単に彼らが能力と利害の両面で重大な限界をもつという理由だけではない。彼らが本質的に「前進主義」[1]的な傾向をもつことが、もうひとつの理由である。

ポジティヴィズムは通常、実証主義と訳される。しかしこの思想の核心にあるのは、実証主義的（つまり数学的・実験的）な方法論を手段として知識の不断の前進という目標を実現するというものである。それゆえ手段よりも目標の方を強調して、ここでは前進主義と呼ぶこととする。科学者・技術者の職業上の思考方法は、本質的な意味で前進主義的である。彼らの職業的な任務は、問題（科学者にとっては理論的問題、技術者にとっては現実的問題）を解決することであり、困難が大きければ大きいほど、その問題を解決した科学者・技術者には、大きな名誉と報酬が与えられる。

（1） positivism.

科学者・技術者の問題解決のための努力は、専門分野ごとの「パラダイム」(1)にもとづいて進められる。その意味でポジティヴィズムにおける前進を判定するための基準となるのが、パラダイムに他ならない。

クーンが提出したパラダイムという概念については第七章で詳しく述べているが、パラダイムを基礎として進められる研究は「通常科学」(2)と呼ばれる。通常科学は「パズル解き」のような性格を持っている。なぜなら、第一に、解答が必ず存在すると広く信じられており、第二に、仕事のルール、つまり正統的とされる概念・理論・装置・方法論などが、あらかじめ決まっているからである。そうした特徴を備えているおかげで、通常科学は累積的発展、つまり解決された問題が次第に増えていくという発展パターンを示す。

しかし時間が経つうちに、既存のパラダイムでは説明しにくい「変則例」(3)が積み重なってくる。それによって次第に多くの研究者が、既存のパラダイムが果して妥当なのかという疑問を抱くようになる。そうなったとき、通常科学は「危機」(4)に陥る。しかしながら「危機」に直面しても、科学者は既存のパラダイムを容易には放棄できない。ほとんどの科学者は既存のパラダイムで「変則例」をうまく説明してしまうことを目指す。

だがそれがどうしても困難な場合、既存のパラダイムを放棄するという職業上の選択肢について、真剣に考えるようになる。そうした状況下で科学者に与えられた選択肢は次の三つである。第一は、科学をやめて他の職業に就くこと。第二は、自分の専門分野に見切りをつけ他分野に転身を図り、そのパラダイムに従うこと。第三は、自分の専門分野において、新たなパラ

(1) paradigm.
(2) normal science.
(3) anomaly.
(4) crisis.

ダイムに乗換え、それに従うことである。もちろんこの第三の道を科学者が選ぶためには、すでに新たなパラダイム候補が出現していなければならない。いずれにしても科学者は、何らかのパラダイムに忠実であることなくして、科学者として生きていくことはできない。

以上、要約したクーンの思想に基づいて、パラダイムの基本的な性格を抽出してみよう。それは、次の三点に整理できる。第一に、パラダイムは、職業的な科学者集団（制度化された専門分野）に付随する。既存のパラダイムを発展させることは、科学者の「職業的使命」である。それを内面化していなければ、科学者は、プロフェッショナルな科学者ではない。第二に、パラダイムの根幹にある「中心的信念」を、決定的に反証することは困難である。中心的信念を弁護するために、ありとあらゆる「蓋然的な根拠」が総動員される。その一方で、そのパラダイムにとって不利な「蓋然的な根拠」は、致命的反証ではないとして退けられる。第三に、科学者は合理主義的思考を好むが、それはパラダイムによって束縛されている。つまりパラダイムを疑うような方向に、合理主義的思考は働かない。

技術開発におけるパラダイム的思考

クーンのパラダイム論は、アカデミックな基礎科学研究の世界における、科学者の党派的思考の特徴とその背景について述べたものである。しかしパラダイム概念は、単に科学者集団の推進する研究路線の特徴だけでなく、技術者集団（及びその監督者たる官庁・企業）の推進する開発路線の特徴を表現する上でも、有効な概念である。もちろん原子力開発に関わる技術者集団（及びその監督者たる官庁・企業）も例外ではない。

科学研究に関するクーンの議論を転用して言えば、技術開発におけるパラダイムとは、その専門分野の正統的な問題と方法が何であるかを定めるものである。その根幹には、技術者集団を結束させる「中心的信念」が存在する。たとえば高速増殖炉サイクル技術開発の分野では、技術者集団のパラダイムの根幹にある「中心的信念」は、高速増殖炉サイクルの実用化は可能であるという信念である。そしてこの集団の構成員が取り組むべき正統的な問題というのは、高速増殖炉サイクルの実用化という目標実現のために解決すべき問題であり、また正統的な方法というのは、この分野で妥当性が認められている自然科学的・工学的手法である。

一方この技術者集団に属さない人々の多くは、高速増殖炉サイクル技術の実用化は可能であるというこの集団の「中心的信念」に対して批判的であり、それを「成功しそうにない技術」と見なす。それに対して技術者集団の構成員たちは、この中心的信念がまだ反証されていないことを力説することによって、開発継続を正当化しようとする。

たしかに高速増殖炉の実用化が未来永劫不可能であると証明することはできない。未来は本質的に不確定なものであり、未来に関する確定的な言明を行うことは、近代科学の本質から言って不可能だからである。それは宇宙人やＵＦＯが存在しないことの完璧な科学的論証ができないのと同様の事情による。たとえ現状が絶望的な状態に見えても、画期的な問題解決の手段が次々と発見され、実用化への道が開ける可能性は、けっして皆無ではないのである。

「高速増殖炉サイクルの実用化は可能である」という信念のもとでは、一九九五年に起きた

「もんじゅ」のナトリウム漏洩火災事故や、欧米諸国での高速増殖炉サイクル実用化計画からの相次ぐ退却は、技術開発の成功可能性の乏しさを示す決定的な出来事とは見なされない。それどころかどのような大事故が起こっても、その原因を究明し必要な対策を施すことにより、実用化へ向けての道を前進することができるはずだと彼らは考える。また高速増殖炉サイクルの経済性が極端に悪くても、彼らは将来の技術的な打開策の出現に希望をつなぐ。このようにして、あらゆる不利なデータが彼らの心のなかで「決定的でない」として退けられ、それらすべてが「解決すべき課題」として認識される。最悪の場合には、不利なデータは改竄されたり、秘匿されたりする。

今述べたような、問題解決を重ねていけば最終的な目標達成に行き着くはずだと、ひたすら信じようとする思考態度こそが、「ポジティヴィズム」（前進主義）に他ならない。この前進主義の立場は、全ての近代的な科学技術分野において共有されている立場である。この「パラダイムの虜囚」としての立場を相対化することこそが、科学者・技術者が「知識人」に仲間入りするための必要条件である。つまり研究開発の現場において前進主義を採用するのは立場上当然であるとしても、現場を一歩離れて社会に出るときには、前進主義が「公共利益」に反する判断を導くかもしれないという点を、十分認識した行動を取ることが必要である。たとえば政府審議会などの公共政策決定の場に科学者・技術者が参加する際には、そのことが特に強く要請される。

公共政策決定と前進主義

基礎科学では、旧いパラダイムに対する「完璧な反証がない」限り、研究者は引退するまで旧いパラダイムに固執できるのが普通である。なぜなら「学問の自由」により、研究者の職業的身分が失われない限り、旧世代が死滅するまで旧パラダイムは生き延びるからである。

しかし技術者集団にとって残念なことに、高速増殖炉サイクル開発などの技術開発は、基礎科学研究とは異なり、巨額の税金によって営まれている事業であり、しかも保安上・安全上のリスクも内包する。それ故に「実現可能性に対する完璧な反証がない」ことをもって、その開発継続を正当化することはできない。もちろん比較的少ない金額の予算を使い、社会に対してリスクを及ぼす恐れも十分に小さい技術開発事業については、国民は技術者集団の冒険を奨励してもよい。たとえその多くが失敗に終わったとしても、寛容な姿勢をとってもよい。だが高速増殖炉サイクル技術開発計画は、明らかにそうした範疇の事業ではない。それに携わる技術者集団は、このプロジェクトの成果が優れた実用技術として開花する可能性が高いことを、説得力をもって立証しなければならない。

もし推進継続の妥当性の立証が出来なかった場合、そのプロジェクトは、パラダイムの「政策的解体」の対象となる。それが可能なのは、大規模な技術開発事業が、基礎科学研究とは異なり、自律的な営みではなく、「政策負荷的」[1]な――つまり政策によって命運を左右されるような――存在だからである。

（1）policy-laden.

もちろん公共政策決定関係者が、科学者・技術者と同様の「前進主義」的な立場に立つのは、絶対にあってはならない。なぜならそれによって、公共利益に関するバランスの取れた冷静な判断を下すことが不可能となるからである。それをするならば、敗北を決して認めようとしない軍人に安全保障政策の意思決定をまかせるのと同様の結果がもたらされる。つまり「最後の一兵まで戦って玉砕する」という無謀な戦略が採用される結果となる恐れがある。パラダイム論的に見れば、科学者・技術者というのは軍人のようなものである。そのことを公共政策決定関係者が十分認識しなければならない。

そして究極的には主権者である国民が、同様の認識をもって、科学技術に関わる公共政策と向き合わなければならない。

第6章　民主的であることの「正しさ」

——環境問題への市民的対応における科学の役割——

井上有一

1　はじめに——総合化の産物としての環境政策
2　環境問題への市民的取り組みと科学の関係
3　市民とはだれか、市民的関心とはなにか
4　京都議定書交渉過程における意思決定の問題
温暖化防止京都会議と日本の環境NGO／日本政府の交渉方針の決定／二酸化炭素排出削減可能性の研究／意思決定の透明性と合同検討の重要性／市民参加の手段としての科学的専門性
5　吉野川第十堰改築問題における科学の役割
住民投票実施の経緯／建設大臣発言、知事発言をめぐって／市民による予測計算の科学的妥当性／第十堰建設事業審議委員会の「可動堰建設妥当」答申／「1＋1＝2」と可動堰のあいだ
6　おわりに——正しさの本質と「科学市民」の存在の意味
付記1〜5

1　はじめに——総合化の産物としての環境政策

およそ開発計画や環境政策の形成と決定というものは、計画・政策の細部はもとよりその全体の意味や実施の妥当性についても、少なくとも潜在的には、おおいに論議を呼ぶものである。ダムの建設であれ、温室効果ガス排出量の削減であれ、埋め立てによる農地の造成であれ、事情は変わらない。そしてそこに、環境・開発問題が持つ多面性を見てとることができる。

この多面性は、縦割りの研究手法によって問題の全体像を妥当なかたちで把握することを困難にしている学際性（その全体像を意味あるかたちで理解するためには多様な研究分野の知見を合わせて総合的な見地から検討しなければならないという性質）と、それが社会的に問題化する要因となっている価値観や世界観の多様性（一つのことがらをめぐり、互いに異なる見方や考え方、きびしく対立し両立しない主張や期待が存在している状況）に特徴づけられる。計画や政策はいわゆる総合化の産物であり、この分野横断性や価値多様性が市民と科学の関係を規定する重要な要素になっている。

本章では、環境問題への取り組みにおいて市民と科学が現在どのような関係にあるのかを検討し、さらにその関係のあるべき姿を考える。特に、政府（中央政府）や自治体（地方政府）が一定の権力を背景に実施する開発計画や環境政策とのかかわりで、これを考えたい。なぜなら、そのような政策や計画の形成や意思決定の過程において科学的とされる言説がどのような役割を果たすかが、それらの過程での市民的価値の実現を左右する要因になり、環境問題への市民的取り組みと科学の関係がここに集約的に表れるからである。

環境問題への市民的対応の重要性は、節電やリサイクルへの協力といった個人（家庭）レベルに留まることなく、社会の意思決定にかかわる広い意味での政治レベルにおいて認められる。したがって、このような政策の形成・決定にかかわって科学の果たす役割は、市民と科学の関係を性格づける重要な要素である。本章では具体的事例として、一九九七年一二月に開催された国連気候変動枠組条約第三回締約国会議（温暖化防止京都会議）に至る議定書交渉における日本政府の意思決定のあり方、ならびに二〇〇〇年一月に徳島市で住民投票が行われた吉野川可動堰建設計画をめぐる動きを取り上げ、そこで科学の果たした役割を考えていきたい。

本章で考える科学は、専門性を持つ科学者の営みとしての科学そのものではなく、科学者ではない市民が環境問題や公共事業の問題に取り組む際、そこに「科学」という名で関与してくるものである。言い換えると、科学の性格についての本質的・哲学的な問題ではなく、実際の政策や計画の策定や意思決定において「科学」と呼ばれるものが社会的に果たす役割を考える。それゆえ、本章では「科学」とカッコ書きにすべきかもしれないが、煩雑を避けるため、ふつうに科学と書くことにする。

また、あとで改めて取り上げるが、本章では「市民」に積極的な意味を与えている。社会に対する一定の関心と責任を持ち、主体的に問題意識を持って状況にかかわり、みずからの考えや行動を相対視できると同時に当事者として社会的・政治的役割を果たしていく存在、という意味である。環境問題に取り組むこのような市民にとっては、民主的にものごとを取り扱うことが大切であり、環境持続性とともに社会的公正の保障が主要な関心事になる。そして、関連する多様な専門分野、多様な価値観が存在するなかで、何らかの公共政策（計画）が立案されその実施が決定される場合、公正さなど市民的価値の実現を図るため、透明性の確保（情報公開の確立や市民参加機会の獲得）に努力することになる。

多様な価値や利害が衝突するなかで、なんらかの政策・計画をつくり、その実施の可否を決めようとする場合、その過程で議論と判断のための情報を提供するという役割が科学に期待される。共通の土俵（コミュニケーションを可能にする共通の言語）を提供することが期待されると言ってもよい。そこには、科学的知見とは、公平と言える程度にさまざまな価値や利害から一定の距離を取り、利害の主張だけでは平行線をたどる当事者の議論を、双方がある程度納得できる結論に導いてくれるもの、という漠然とした期待がある。前提としての科学観ともいえよう。これが現実に保証されないとき、科学的知見は単に自説の権威づけのために利用され、科学的言説は相手の議論を封殺するために動員されることになる。この期待を保証するものは何なのか、意思決定の正しさとは何を意味するのか――これらの問いに、市民にとって科学とは何であるかを理解する重要な手がかりを見出すことができる。

2　環境問題への市民的取り組みと科学の関係

今日、地球環境問題を扱う国際会議は科学的知見に先導されるようになったと言われる。[1] そしてその典型的な事例は、気候変動問題やオゾン層破壊問題などへの対応を目的とした条約交

（1）例えば、米本昌平『地球環境問題とは何か』岩波書店、一九九四年。

渉に見られる。地球温暖化問題への国際的対応の大枠を設定した国連気候変動枠組条約、さらに温室効果ガスの排出削減について具体的な数値目標を定めた京都議定書の交渉過程では、気候変動政府間パネル（ＩＰＣＣ）[2]のさまざまな報告書を合意形成の基盤にすることの必要性が繰り返し強調された。

しかし、科学的知見に先導されるとは言っても、予防原則や慎重原則に立ってＩＰＣＣ報告の内容を検討するなら、科学的知見と政治的意思とのあいだの隔たりがあまりにも大きいことに気づく。すなわち、ＩＰＣＣはその第二次評価報告[3]で、間接的表現ながら人為的原因により気候変動がすでに起こっていることを指摘し（段落二・四）、主要な温室効果ガスである二酸化炭素について、その大気中濃度を現在の水準に留めるだけでも、即座に排出量を五〇～七〇％削減し、さらに続いてそれ以上の削減を行うことが必要であるとしている（段落四・五）。これに対し、京都議定書に定められた温室効果ガス六種の削減目標は、一九九〇年を基準として二〇〇八年から二〇一二年までの平均でＩＰＣＣの数字をはるかに下回る五％あまりにすぎない。しかもこの数字は、議定書で削減義務を負う北の国々だけの平均であり、また後でみるように、森林による二酸化炭素吸収効果などを勘案するという合意が成立したことにより、さらに大きく割り引かれる事態に至っている。ＩＰＣＣ報告では、大気中の温室効果ガス濃度について「安全」基準は示されていないが、予防原則や慎重原則に立つ場合、この一〇倍を超える食い違いはあまりにも大きいと言わざるをえない。（付記１）

環境問題への市民的対応を進める立場からすると、このように一定の枠内で合意された科学

（２）Intergovernmental Panel on Climate Change. この問題にかかわる世界の科学的知見を一つの「権威」として集約するため一九八八年につくられた国際組織で、気候変動の科学と政策にかかわる専門家が二〇〇〇人以上参加している。

（３）"IPCC Second Assessment Synthesis of Scientific-Technical Information Relevant to Interpreting Article 2 of the UN, Framework Convention on Climate Change：1995" Geneva：IPCC Secretariat in care of WMO (World Meteorological Organization)：1995.

的知見であっても、それがなお経済成長優先の論理が優位を占める政府間交渉の成果に(特にそれが何らかの数値目標を含む場合)直接反映されないことに理不尽さが感じられる。政治が科学から乖離しているという印象がここに持たれ、一九九七年一二月に開催された気候変動枠組条約第三回締約国会議(温暖化防止京都会議)に至る交渉過程でも繰り返し見られたように、政治は科学の知見に従うべきであるという主張が市民あるいは環境ＮＧＯ(非政府組織、市民団体)から出されることになる。

気候変動問題をめぐる国際交渉は、これまでのところ、科学と市民とのあいだに「幸せな関係」が保たれている一例である。社会体制や文化的価値観の相違が背景に存在し、政治的・経済的利害がさまざまなかたちで交錯する政府間環境交渉において、科学は、互いに拘束されるなんらかの合意を形成するための共通の土俵、共通の言語を提供するとともに、話し合いのルールを規定するある種の「権威」としての役割を果たす。とりわけ、一定の枠組において信頼性を持つとされた科学的知見が環境保全の側に立つ対策の必要を強く示唆するものである場合(気候変動問題では、ＩＰＣＣの科学評価報告書や関連するシミュレーションの結果がそうであった)、議定書交渉過程で実際に見られたように、環境ＮＧＯは科学的知見を最大限に利用してロビー活動に取り組むことになる。ここに、社会的公正にかかわる倫理的な議論——例えば、気候変動で最初に致命的な被害を受ける人々は、温室効果ガス排出量で見るなら逆に、この問題への責任の度合いのもっとも小さい人々である。この状況を多くの温室効果ガスを排出する地域に住む人々や北の政府が放置していてよいのか——が加わると、確かに無視しがたい説得力を持つ主張になる。

また科学の知見を論拠とした環境ＮＧＯの言説は、国際交渉だけではなく、国内的にも自国政府へのさまざまな働きかけに活かされる。政府（あるいは特定の省庁）内で経済成長に対する政策優先度が高く、そのために化石燃料系エネルギーの利用制限を実質的に避けなくてはならないという前提が理屈を超えて存在するとき、環境ＮＧＯの働きかけに応対する政府側担当者は困難な状況に置かれる。積極的な温暖化対策の実施を求める環境ＮＧＯに対し、担当者は「現実にできないものはできない」といった類の説得力に乏しい言説で応える一方、強力な温暖化対策は不可能もしくは不要という主張の根拠となるような科学的（とされる）研究をなんとか手に入れようと努力することになろう。そして、専門性のかげに身を隠すことを試みるかもしれない。このような場合、市民の側としてはあえて政府と同じ土俵にのり、情報公開を迫るとともに、その科学的言説の妥当性を問題にする方向で対応を進めることになるだろう。

科学が発した警告を真摯に受け止め、速やかに十分な対応に移ろうと市民が主張できる気候変動問題のような事例では、「幸せな関係」が科学と市民のあいだに保たれている、と先に述べた。しかし、こうした関係がいつも存在しているわけではない。特に日本国内における従来の事例において、環境問題や開発計画に対する市民側の問題提起や抗議・反対運動を科学（専門）の権威を利用して抑え込もうとする姿勢が、政策（事業）主体である政府・自治体、あるいは企業の担当者にしばしば見られた。ここで留意したいことは、この「幸せな関係」（科学的知見が市民の主張の裏づけとなり、これを補強し説得力を高める関係）とは、個々の環境問題の性格によって成立したりしなかったりするものではなく、その内実は科学的知見の扱われ方に求められることである。このように言うためには、市民の主張や取り組みが非科学的であったり反科学的であったりせず、その提案が合理的に構成されていることが条件になるが、本章で取り上げる二つの事例にも見られるように、今日、その条件は十分に満たされている。

あとで検討する吉野川可動堰建設問題では、「科学（土木工学）的」という性格を持つこの問題は住民投票になじまないという考えを、中山正暉建設大臣（当時）が繰り返し表明した。専門家が科学的に出した結論に対し、わけの分からない一般の人々に自分たちの考えや判断を表明する機会など与えるべきではなく、もしそのような機会ができてしまうとそれは間違いのもとにしかならないという考えである。ここには、科学の不適切な扱いの典型を見ることができる。非専門家である市民が科学の名のもとに問答無用の姿勢で沈黙を求められるという、市民と科学の「不幸な関係」と言えよう。

一般の人々の不満や抗議に政府や企業が科学の名を持ち出すことで対応する――これが可能になるのは、けっして誤りを犯さず正しさの保証になるという科学の無謬性や専門のことは門外漢には分からないという排他性が、十分な吟味もなく広く社会に認められてきたからであろう。長いものには巻かれよ、お上に物申さず、といった非市民的意識が、比較的少数の人々の抗議や真相究明の努力を押しつぶす反市民的圧力として働くことも、しばしばここに重要な要素としてかかわる。さらに、資金力や情報収集能力の差のゆえに、政府や企業は、市民に対し、科学や情報の恩恵を一方的に享受できる状況が生まれる。これに対して、市民側は「市民派」

と呼ばれるごく少数の専門家（科学者）の（多くの場合無償の）協力を得て対抗してきたというのが実情である。

では、市民は科学にどのような社会的役割を期待しているのか。それは、結果の正しさ、政策や計画が他に大きな問題を引き起こすことなく当初の目的を達成することの実現に貢献するとともに、異なるものの見方や考え方あるいは価値や利害を持つ人々のあいだにコミュニケーションを成立させ、合意形成や紛争解決、相互の納得のためのやり取りを可能にする共通の言語（土俵）を提供する役割であろう。一方、科学の名のもとに持ち出される主張や見解が絶対的なものでないことの認識は、さまざまな予測の失敗や事故といった実例、専門家の保証が空手形となり逆に一般の人々の危惧が現実のものになってしまった事例を踏まえ、今や市民のあいだに広く共有されている。(1) 科学はいつも最善の答えを一つだけ見つけ出してきてくれるわけではなく、専門家と呼ばれる人々が提出した結論に対し門外漢である市民も有効な疑問を出す必要があり、しかもそれは可能であるという認識は、今日環境NGO活動の基盤の一部になっている。これは次節で見る市民が育っていく過程に伴うものでもあろう。

市民の取り組みにおいて否定されるのは、科学の絶対性神話であり、科学の権威を政策や事業計画の正当化のために動員することである。科学の専門性が軽んじられているわけではない。政策や計画の策定や意思決定にかかわって科学的知見が重要な役割を果たすという認識は、環境NGO自身の調査や研究に対する姿勢によく表れている。ここで一つの問いが生じる。それは、科学が異なる利害や価値を持つ人々のあいだにコミュニケーションの場を提供できるもの

(1) ここでは、高木仁三郎『原発事故はなぜくりかえすのか』（岩波書店、二〇〇〇年）などで指摘されているデータの隠蔽や捏造はあえて考慮に入れていない。そのような意図的・犯罪的な操作や不作為がない状況でも、例外とは言えないかたちで予測の失敗は起こる。

であるとして、そこでなされる意思決定（どのような政策や計画を選び、実施を決定するのか）の「正しさ」とは何で、どのようにして保証されるのかという問題である。この問題については、最後の節で考えてみたい。

3　市民とはだれか、市民的関心とはなにか

本節では、これまで「市民」と呼んできた人々がどのような存在であるのかを確認する。すなわち、本章の議論で前提としている「市民」観、あるいは「市民」の姿を明らかにしておきたい。

本章で使う「市民」とは、漠然と不特定多数の人間を指すのでも、特定の市に住んでいることからそう呼ばれる人々を指すのでもない。「市民運動」や「地球市民」といった用語に見られるような、積極的な強い意味を持つ「市民」である。それは、さまざまな問題意識から、公正であることを求める方向で、社会に主体的にかかわっていく人々である。みずからを取り巻く状況を行動に結びつけるかたちで理解し、自分自身のものを含めてさまざまな考え方や行動を相対的に評価できる能力を持ち、特定の制度や因習に縛られることなく、社会的責任を持って自主的に、非権力・非営利の立場で、それぞれの課題に取り組む人々のことである。「市民意識」とでも呼ぶべきものを持ち「市民」になることを選び取っている人々とも言える。

「市民」とはこのように積極的な意味で政治的存在であり、一般的にその活動の場は個人の内面や家庭といったところに留まらず、大きく社会に広がっている。具体的には、情報収集・発

信、教育・啓発活動、調査・研究、生産・流通・消費・福祉・医療などにかかわる協働・共同事業（協同組合的活動）、企業活動に関する監視や提言、政府や自治体に対する働きかけ（広義のロビー活動）、住民投票や市民イニシアティブ（政策提言）、立法活動、などに「市民的」関心から取り組むといったことがある。

ここで市民的関心とは、領土防衛（あるいは拡大）や経済権益の確保といった限定的な国益をはじめとする国家という権力的な枠組、あるいは利潤の追求といった企業の営利的な枠組から自由で、広範かつ長期的なものの見方にもとづく関心であり、まずはみずからの生活の保障や社会的弱者の利益保護を他人任せにしないという主体的な関心である。民主的価値に裏打ちされているとも言えよう。

こうした市民的関心は、主権在民、人権尊重、平和主義といった日本国憲法の精神に合致するものであり、また一九九二年にブラジルで開催された地球サミット（国連環境開発会議）で合意された行動計画「アジェンダ21」の記述(1)にも沿うものである。すなわち、「市民」の立場からは、自分の未来を左右する問題、あるいは自分の関心について、政府セクターや企業セクターの持つ情報が公開され、政府・自治体の政策形成や意思決定の過程に参画できることの制度的・実質的な保証が求められることになる。

今日、従来の安全保障概念を、拡大する方向で再定義する必要が認識されている。軍事協力関係の強化という「日米安保の再定義」路線とは正反対の考え方である。安全保障の概念を、国家を単位とした領土や経済権益といった限定的な対象から解放し、国家を超え地球的観点か

(1) この行動計画を実施していくうえで一般の人々やNGOのコミットメントが不可欠であり、そのためには意思決定への広範な参加が基本的前提になる旨の明示的記述が、二三章や二七章に見られる。

ら見た利益（地球益）や、国家の境界や集権的観点と重ならない地域レベルの人々の利益（草の根益）を視野に入れたものに拡張していこうとするものである。拡大された安全保障概念は、地球安全保障、環境安全保障、エコロジカルな安全保障、人間安全保障、生活安全保障など、それぞれに力点の異なる多様な名称で呼ばれるが、理念的には同じ方向を向いている。すなわち、国家の枠組に縛られることなく、人々の生活の基本的必要（汚染されていない水や空気、衣食住、健康、教育・文化的営み、通信・移動など）を満たすことから始まり、社会的・政治的な諸権利が認められ、他者との連帯のもとにそれぞれ生きることの豊かさを実現していくことをめざしている。これはとりもなおさず、本章でいう市民的関心と重なるものである。

「地球規模で考え、地域で行動する」、これはエコロジー運動のよく知られたスローガンであるが、ここにも市民的関心というものが象徴的に示されている。身近に具体的取り組みを展開しながら、常にそのような自分や仲間を広い視野で相対的に評価し、またその大きな文脈における評価を次の取り組みの展開に反映させていこうというのである。これらの取り組みや評価を支える重要な要素が、論理性や合理性である。もちろん、それがすべてではないが（例えば、市民的取り組みの存在意味を形成する「共感」といった要素は論理や合理では割り切れないものである）、環境や開発の問題への市民的対応を特徴づける重要な要素である。市民と科学との関係、市民と専門性との関係も、この文脈で考える必要があろう。

以下、二つの事例を通してこれらの関係を考えてゆく。

4 京都議定書交渉過程における意思決定の問題

温暖化防止京都会議と日本の環境NGO

今日の社会が直面するもっとも重要な地球環境問題の一つとされる地球温暖化（気候変動）への国際対応として一九九二年に成立した国連気候変動枠組条約は、この問題に対する地球規模の対応が必要だという精神規定に留まり、具体的取り決めを欠くものであった。気候変動を引き起こす原因物質である二酸化炭素などいわゆる温室効果ガスを、だれがいつまでにどれだけ削減するか、という具体的取り決めは議定書においてなされることになり、その採択がかかった第三回締約国会議（COP3京都会議、一九九七年一二月）の重要性はきわめて高いものになった。開催国日本のNGOは、二二五の団体を結集した気候フォーラムを中心に、啓発・教育活動、海外のNGOの受け入れ・支援活動、政府へのロビー活動などに注目すべき成果を挙げ、内外の高い評価を得た。

政策研究の面でも、政府方針に対する具体的な代替案の提出を支えた日本の環境NGOの取り組みには、注目すべきものがあった。それは、政策決定にかかわり「日本のNGOが政府とわたり合う実力を試される」[1]と言われたことに対する回答であり、資金の不足、研究のための時間やスタッフの確保の困難さ、情報入手にかかわる政府や企業の壁、といったさまざまな制約を乗り越えたものであった。結果的に、環境NGOの研究は、削減目標に関する日本政府案の決定に際し主導的役割を果た

（1）毎日新聞、一九九七年三月二九日。

サステイナビリティ21会議風景

す機会は得られなかったものの、「(京都議定書に向けて提案された)日本案の(温室効果ガス排出)削減目標値切り下げを食い止める支えになったことは政府関係者も認めている」[1]と言われるように、無視できない存在感を持つものになった。

さらに、以下に取り上げる日本の環境NGO三団体の研究は国際的にも注目され、京都会議では、研究報告英語版を求める要望が、海外のNGOのみならず政府代表団のなかからも出されていた。会期中に京都で開催された研究会議にはこれら三団体が招かれて報告を行ったが、この研究会議を主催した世界資源研究所のジョナサン・ラッシュ所長の発言は当時の状況を象徴的に示すものである。例えば、当該会議の「主催者の挨拶」でラッシュ所長は、日本の環境NGOの「研究の質の高さや内容の濃さ」を評価するとともに、これらの研究結果と日本政府の主張とのあいだに「著しい差」があることに驚きを示し、また前提条件を公表しない通商産業省(当時)の分析に日本政府の交渉姿勢が強く影響されていることを憂慮して、政府間交渉のなかで行われる議論の根拠となっている前提条件を明らかにしていく必要を強調している。[2]

日本政府の交渉方針の決定

温室効果ガス削減の具体的取り決めを行う議定書の採択がかかった京都会議で議長国となる日本の交渉ベース——どのような削減案を出すか——は国際的に注目されていたが、政府の削減案の提出は遅れに遅れた。よく知られているように、[3]一九九〇年を基準にして二〇一〇年には七~八%の二酸化炭素排出削減が可能とする環境庁(当時)と、種々の対策を積み上げても

(1) 鶴岡憲一「省益に歪められた地球温暖化防止京都会議」、『官界』二四巻二号、一三二~一三九頁、一九九八年(引用は一三八頁から。引用部分に挿入されたカッコ内の補足説明は井上による)。

(2) 世界資源研究所(World Resources Institute)・国際研究奨学財団共催"Sustainability 21: Energy Policies and CO_2 Reduction Technologies"(国際研究会議、サステイナビリティ21——エネルギー政策と二酸化炭素削減の技術)(京都、一九九七年一二月六日)議事録 五頁。

(3) 例えば、竹内敬二『地球温暖化の政治学』朝日新聞社、一九九八年、の六章に詳しい記述がある。

三％ほどの排出増加は避けられないとする通商産業省との対立が主な原因であった。

削減案の決定はもう後がない一九九七年九月下旬にずれ込み、結局十名あまりの官僚による文字通りの密室協議で決着をみた。ここでも、それまでの歩み寄りの結果五％削減案を掲げた環境庁と外務省に対し、通産省は二酸化炭素についての〇％案（削減なし）を主張したが、結局、名目的には前者が政府方針として了承された。しかしながら、実質的には通産省の〇％案が守られていることに留意したい。五％の基準削減目標は省エネルギーが進んでいる日本については差異化条項により二・五％に切り下げられ、さらに二％分は削減義務違反とならない許容分ということが含みになっており（これは通産省が報道に提供した資料のなかに示されたポジションであり、環境庁の同意を得たものではない）、残り〇・五％分はメタンと亜酸化窒素の削減による換算で見通しがつくからである。日本政府はこの案をベースに京都会議に臨むことになった。

二酸化炭素排出削減可能性の研究

日本政府の議定書交渉方針に大きな影響を与える可能性という意味で、日本の環境ＮＧＯによる二酸化炭素排出削減可能性の研究は戦略的重要性を持った。地球環境と大気汚染を考える全国市民会議（ＣＡＳＡ）、市民エネルギー研究所、世界自然保護基金日本委員会（ＷＷＦジャパン）がそれぞれ行った研究がよく知られている。ＣＡＳＡと市民エネルギー研究所の調査研究は大学院生を含む研究者・専門家にボランティア・ベースで担われ、ＷＷＦの研究は民間の研究機関に委託されたものであった。

これらの研究の標的になったのは、一九九〇年レベル以下への二酸化炭素排出量削減はできないという通産省の見通しである。NGOの研究は、一九九〇年比で二〇一〇年には一〇~二〇%程度の二酸化炭素排出削減を、現在の生活レベルを実質的に落とすことなく、また原子力利用の拡大に頼ることなく実現する、十分な技術的・政策的余地が存在することを具体的に示すものであった。すなわち、原子力利用大幅拡大(二〇一〇年までに原発二〇基程度増設、二〇三〇年までに原子力による発電容量を二・五倍に拡充)を前提に、なお実質削減には踏み込めないとする政府見解に真正面から挑戦するものであった(**表I**を参照)。

意思決定の透明性と合同検討の重要性

では、日本の二酸化炭素排出削減の可能性は一体どれだけあると考えるべきなのか。経済成長や原子

排出量予測研究

主な仮定		文献
GDP成長率 2000年まで 2.9%、以後 2.3%(年率)		総合エネルギー調査会基本政策委員会中間報告(1996.12.)
GDP 成長率同上	技術導入進まず	AIM Project Team 「我が国の二酸化炭素削減の可能性について」国立環境研究所(1997.5.)
	技術導入市場放任	
	炭素税など導入	
現状のまま放置		CASA、気候変動防止戦略研究会「CO_2 排出削減の提言」(1997.10.)
91件の技術を積極導入		
91技術導入に加え、エネルギー消費関連経済活動を1995年水準で維持		
GDP成長率2.3~2.9%	新エネ導入など、総合エネ調と同程度	環境と社会研究会「政府の炭酸ガス削減政策の検討」『環境と社会』(1997.10.)
同上1.3~1.8%		
同上0 %		
同上0 %	エネルギー多消費型活動の抑制など	市民エネルギー研究所「政府のエネルギー政策を問う」(1997.12.)
同上 −2.0%		
規制や補助による最新技術積極導入、GDP 成長率や基本のモデルはAIMプロジェクトチームと同じ		槌屋治紀「日本におけるCO2削減のためのキーテクノロジー政策」WWFジャパン(1997.12.)

(2010年排出量予測値は、1990年比)

力開発の優先度が高い通産省が削減は困難と言い、慎重原則・予防原則に立ち環境保全や地球規模の公正を重視するＮＧＯが大幅削減は可能と言い、その中間に環境庁が位置することは示唆的であるが、それぞれの主張は合理的根拠を持っていなければならない。

通産省の三％増加から環境ＮＧＯの二〇％以上削減可能までの大きな食い違いは、計算のもとになるデータや導入する政策などの仮定、計算手法などの違いによるものであろう。それゆえ、なぜそのような数字が出てくるのかを共通のテーブルに載せ、異なる見解を持つ者の間で、それぞれの計算の科学的妥当性や仮定に関する政治的受容可能性について検討することが必要になる。根本的な考え方の違いなどから合意は困難な場合もあろうが、少なくとも食い違いの原因は明らかにできるはずである。検討の内容が公開されれば、社会的に重要な意味を持つ。例えば、物質的な生活水

表Ｉ　日本の主な二酸化炭素

	シナリオ／ケース	2010 年排出量予測
総合エネルギー調査会・超長期エネルギー需給見通し（通産省の根拠）	現行施策継続	＋21.9％
	施策最大限強化（省エネ推進、新エネ導入）	＋9.4％
ＡＩＭプロジェクトチーム（環境庁の根拠）	技術現状固定	＋24.4 ～ 26.4％
	技術導入策なし	＋12.9 ～ 14.7％
	技術導入政策積極推進	－6.1 ～ 7.6％
ＣＡＳＡ（地球環境と大気汚染を考える全国市民会議）	現状推移	＋24.5％
	技術導入政策	−8.1％
	技術導入政策　および経済活動 95 年水準維持	−21.0％
市民エネルギー研究所	需給見通し類似ケース	＋8.4％
	低成長ケース	＋5.3％
	ゼロ成長ケース	－1.3％
	ゼロ成長＋生産抑制導入	－15.0％
	マイナス成長＋生産抑制導入	－24.6％
ＷＷＦ／ＡＩＭ（世界自然保護基金日本委員会）	技術導入政策積極推進に加え、最新技術など強力に導入	－13.4 ～ 14.8％

準や経済成長に関する国の方針をどのような方向に定めるのか、どのような技術導入や税制改革を実施するのか、そしてこれらの政策を踏まえ、どのような交渉方針をもって議定書交渉に臨むのか、といった問題にかかわる論議が広く社会でなされるきっかけとなる可能性を持つからである。

しかし、このような合同の検討は政府内部でさえ、つまり通産省と環境庁のあいだでさえ、まったくなされなかったという。(1) さらに、通産省の見解、特にその見解の根拠である「長期、超長期エネルギー需給見通し」は、その算定の根拠や手法を明らかにしていない点を環境NGOに厳しく批判されている。京都会議開催の迫った一九九七年一〇月においても、政府が公表した試算結果は、二〇一〇年に二酸化炭素排出量を一九九〇年レベルに戻すことが精一杯（すなわち削減には踏み込めない）とするものであった。ここでも、特に産業部門や運輸部門におけるエネルギー需要予測や技術導入可能性の根拠の詳細は、明らかにされなかった。これに対する気候フォーラムの情報開示要求も応えられることはなく、二酸化炭素削減可能性に関する政府とNGOとの合同検討会も実現しなかった。

すなわち、歴史的重要性を持つとされた京都会議に臨む議長国の交渉ベースが、科学的にも政治的にもその妥当性が外部の検証にさらされることなく、政府内部の合理的な検討も、また国民の代表である国会審議も経ることなく、少数の官僚によって最終決定されたのである。前述のとおり、より広くその妥当性を検討することのできる条件が、環境NGOの研究などの存在によって、ある程度整っていたにもかかわらず、こうした事態が起こったのである。

（1）竹内敬二、二〇四頁注3、一六四頁。

このような「密室」状態で京都会議に臨む基本姿勢を決めた日本政府に国際社会が与えた評価はきわめて低いものであった。(2) この外交的失敗の主な原因は、

一、交渉方針の内容そのものが悪かったこと、

二、その決定方法も悪く、根拠が欠如していたこと、

に求められる。

通産省の主張にもとづく交渉方針は、米国やEUに対する日本政府の交渉姿勢をすべて後ろ向きに縛り、議長国としてのリーダーシップの発揮を阻害した。これでは、賢明な選択とは呼べない。また、ごく狭い従来型の国益を考えたときにも、この意思決定は、判断を誤ったものと言える。みずからの提案の科学的(合理的)根拠を示せず交渉基盤を確立できないまま、米国などの交渉方針を読み誤り、結果として、代替フロンなどを含む六種の温室効果ガスを対象に二酸化炭素換算で六％という当初の予定をはるかに超える削減義務を受け入れざるをえない状況に追い込まれたからである(**表Ⅱ**を参照)。

もし、削減目標の根拠などに関する議論や検証が広くなされる状況がつくられていたなら、これほどの失敗は避けられていたであろう。国内的には新しい時代にふさわしい政策転換を可能にし、国際的には国民が誇りにできる歴史的役割を果たす道が開けていたかもしれない。しかし不幸なことに、官僚による密室内の意思決定の厚い壁は最後まで崩れなかった。そしてそれは、日本政府の主張に根拠がないという証拠をみずから示すものと見なされたのである。

さらに、京都会議における日本政府の失敗が「失敗」として政府自身に認識されず、会議以

(2)日本政府が京都会議に至る交渉過程で国際社会の信頼を克ちえていなかったことは、京都会議の議長職に象徴的に示された。慣例により、議長には開催国の日本から大木浩環境庁長官(当時)が就任したが、新たに全体委員会が設置され、それまでの議定書交渉において実績が認められていたラウル・エストラーダ大使(当時。アルゼンチン)がその委員長に就いたことで、議長は実質のない名誉職にすぎないものになった。

表Ⅱ　京都会議に向けた削減目標案（1997 年 11 月 1 日時点）**と京都議定書に記載された削減義務**（1997 年 12 月 11 日）

	G77/中国（約 130ヵ国）	ＥＵ（15ヵ国）	米国	日本
2010 年削減目標（1990 年比）	− 15.0 %	− 15.0 %	0.0 %（削減なし）	− 3.2 %（− 1.2 %）
目標案に付随する条件など	一律削減 2005 年目標案 − 7.5 %	一律削減、EU 内共同達成 2005 年目標案 − 7.5 %	削減対象は 6 種のガス、一律削減、排出量取引、共同実施など	国別の目標差異化、排出量取引、共同実施など
京都議定書での確定目標数値	該当せず（削減義務なし）	− 8.0 %	− 7.0 %	− 6.0 %

備考

① 削減目標案の数値は、削減義務を負う国についての加重平均値（二酸化炭素に換算した数値）。

② 目標案の対象ガスは、二酸化炭素、メタン、亜酸化窒素の 3 種、米国案はこれにハイドロフルオロカーボン、パーフルオロカーボン、六フッ化硫黄を加えた 6 種。京都議定書では、米国案の 6 種を削減対象にすることになった。

③ 日米の 2010 年削減目標値は、2008 年から 2012 年までの 5 年間の平均。京都議定書でも、第一目標期間として、この期間を採用した。

④ 日本案の削減目標は、名目的には− 5.0 %。国別の差異化によって個々の国別目標はこれよりも小さな数値となり、それを平均したものが− 3.2 %。通産省によると、このうち− 2.0 %分は柔軟性条項によって免責可能となり、法的責任を持つ目標部分は− 1.2 %となる。日本案における日本自身の削減目標は− 2.5 %(法的拘束力を持つ部分は− 0.5 %)。

⑤ 最も早い時期に提出された削減目標案は、気候変動による海面上昇の危機にさらされる小島嶼国連合（AOSIS）による 1994 年 9 月の案で、2005 年に 1990 年比で− 20 %の削減を主張していた。

⑥ 米国は、京都会議では日本よりも削減に積極的な姿勢を示し、− 5.0 %を超える削減目標数値の受け入れに抵抗した日本を最終局面で説得する役割を果たした。

⑦ 京都議定書は国別に差異化された削減義務数値を採用し、削減義務を負う国全体では− 5.2 %の削減になるとされている。

⑧ 京都議定書では、EU の域内共同達成とともに、日米の案にあった排出量取引や共同実施を認めることになった（削減目標数値の実質切り下げにつながるのではないかと懸念されている）。

表Ⅲ　日本政府の京都議定書削減義務達成方針

二酸化炭素に換算した 2010 年目標値（1990 年比）

	削減目標数値	備考
二酸化炭素	0.0 %（削減なし）	原発 20 基程度増設、産業部門－7 %、家庭・業務部門 0 %、運輸部門＋ 17 %
メタン、亜酸化窒素	－ 0.5 %	
革新的技術開発、国民各界各層の更なる努力など	－ 2.0 %	具体的な技術的裏づけや政策の実施見通しなどのない数値
ハイドロフルオロカーボン、パーフルオロカーボン、六フッ化硫黄	＋ 2.0 %（増加）	前二者は、いわゆる代替フロン
森林による吸収	－ 3.7 %	議定書採択時の解釈では、ここで読み込める数値は日本の場合、－0.3 %に過ぎない
排出量取引など国際枠組（いわゆる京都メカニズム）	－ 1.8 %	排出量取引（ロシアなどの余った排出枠を購入）、共同実施（北の国同士の協力による削減）、クリーン開発メカニズム（南北間協力による削減）
合計	－ 6.0 %	議定書によって定められた日本の削減義務数値

（地球温暖化対策推進本部，1998 年 1 月 9 日）

備考

① この方針は、基本的にはこのまま「地球温暖化対策大綱」に引き継がれ（1998 年 6 月 19 日）、ハーグ会議が開催された 2000 年度に入っても維持された。ただし、2000 年に入り、原発 20 基の建設が不可能であることを認める変化が政府内にも見られた。なお、この年 11 月に開催されたハーグ会議（第 6 回締約国会議：COP6）では、植林など土地利用変化に関わる温室効果ガス吸収量の算定方式についてＥＵと日米などのあいだで厳しく意見が対立し、会議は結論の出ないまま決裂した。2001 年 7 月には、COP6 再開会合がボンで開かれ、米国の議定書離脱宣言を受けＥＵが政治的判断から大幅な譲歩をした結果、森林など二酸化炭素吸収源に関して日本はみずからの主張を上回る 3.8 %分までを算入できることになった。（付記 2 を参照）

② 表Ⅲに示された方針は、政府外部の意見や知見を求めることなく、非公開の場で官僚によってつくられたものである。

後も軌道修正されないことは、今後につながる大きな問題である。京都議定書で六・〇%の削減義務を負ったあと、無理に無理を重ねたつじつま合わせが図られ、通産省の二酸化炭素排出削減なしの方針は第六回締約国会議（オランダ・ハーグ、二〇〇〇年一一月）でも日本政府の交渉を縛ることになった。

京都議定書の施行規則を決めることになっていたハーグ会議は決裂した。米国に加え日本が、森林による二酸化炭素吸収効果を大きく見積もり、削減義務の実質的な低減を狙ったことが主な原因とされる。**表Ⅲ**に示されているように、日本政府は二酸化炭素排出削減〇%方針を、六%の削減義務に整合させようとした。そのため、三・七%分を森林が吸収したことにして削減義務数値の割引を図る必要が生じた。しかしハーグ会議では、議長の最終調停案でも日本については〇・五%分を認めるにとどまり、この調停案に日本政府は強く反発したのであった。

ハーグは三年前の京都の再現であった。日本政府は、六%以上の削減が森林吸収や排出量取引などに頼らずとも無理なく可能とする気候ネットワークなどの研究[1]を放置したまま、京都議定書を葬りかねない交渉姿勢を取ってしまったのである。外部の研究成果を取り入れる意志と回路をもたない日本政府の意思決定システムは、このままでは、地球益と国益の両方を損ない続けることになるであろう（付記2を参照）。

市民参加の手段としての科学的専門性

「科学的知識に裏打ちされた専門性と、市民の支持を背景にした代表性――この二つがＮＧＯ

（1）気候ネットワーク地球温暖化防止温室効果ガス六%削減市民案プロジェクト「六%削減を実現する政策・措置――環境ＮＧＯの視点から」（二〇〇〇年一〇月）。地球環境と大気汚染を考える全国市民会議（ＣＡＳＡ）気候変動防止戦略研究会の新しい研究成果をまとめた、水谷洋一編『二〇一〇年地球温暖化防止シナリオ』（実教出版、二〇〇〇年）も参照のこと。

の武器だ」[2]と言われる。京都会議の機会に日本の三つの環境ＮＧＯは、国内的にも国際的にも高く評価される研究をなしとげた。このような科学性、専門性に裏づけられた努力は京都会議以降も継続されていて、[3]ハーグ会議の際にも再度注目された。気候ネットワークの二酸化炭素削減可能性研究は、「協力した専門家が関連文献の分析、メーカーへのヒアリング、徹底した議論を行ってまとめ上げた報告書の意義は決して小さくない。ＮＧＯが実力を付けてきたと評価もできる」と報道された。[4]また、ハーグ会議での日本のＮＧＯは、森林吸収に関する専門的な計算を次々とその場でこなすなどして、「とりわけ力量を上げてきたのがＮＧＯだ」と評価された。[5]

今後、環境や開発といった不確実性を多分に持つ問題にかかわる政策形成や意思決定には、従来の政策決定の枠組を超える対応が求められることになろう。そこでは、情報を公開し、意思決定過程を市民の目に見えるものにし、その過程に広範な参加を実現することが求められる。結論だけを国民に示すのではなく、開かれた議論のもとに、国全体としての合意を形成しようとする努力が必要になる。市民の側について言うなら、そのような参画を実効的なものにしていくための準備が求められる。そしてその一つが、市民的価値に基づき科学の言葉で語ることのできる提言や研究成果である。

5　吉野川第十堰改築問題における科学の役割

住民投票実施の経緯

二〇〇〇年一月二三日、徳島市で吉野川第十堰改築（可動堰建設）をめぐる住民投票が実施

（2）朝日新聞、一九九七年一二月一六日。
（3）例えば、京都会議の翌年には、地球環境と大気汚染を考える全国市民会議（ＣＡＳＡ）気候変動防止戦略研究会「地球温暖化防止対策を推進するための政策と措置についての提言——二酸化炭素排出削減を中心として」（一九九八年五月）が公表されている。これは、前掲、水谷につながる研究である。
（4）毎日新聞、二〇〇〇年一一月三日。
（5）朝日新聞、二〇〇〇年一二月二日。

された。はじめに、投票に至る経緯を簡単に振り返っておきたい。

吉野川(四国)河口から約一四キロメートルの地点に約二五〇年前に築かれた固定堰第十堰を治水上問題とし、これを取り壊して新しく可動堰(ゲートの操作により流下量を調整できる堰)を新設するという内容の「第十堰改修計画」が登場したのは、一九六十年代後半にさかのぼる。しかし今回問題になった建設省(当時)の具体的計画が明らかにされたのは、一九九十年代に入ってからのことであった。九五年、この計画の妥当性を検討する「吉野川第十堰建設事業審議委員会」(圓藤寿穂徳島県知事(当時)が推薦した一〇名と知事本人の計一一名で構成)が発足した。この委員会審議は途中から一般の傍聴が認められるようになり(審議資料も公開)、情報公開面での改善が認められるが、九八年七月、可動堰建設は妥当との最終意見を答申した。

この間、計画に疑問を持つ市民と計画を推進する建設省は、固定堰である第十堰が吉野川の治水に及ぼす影響の評価、可動堰化(第十堰を取り壊し約一キロ下流に可動堰を新たに建設)に伴う環境への影響(例えば、水道用水の水質変化)の評価、治水上の代替案に関する費用対効果比を含む評価、などをめぐり大きく見解を異にしていた。委員会の最終答申はこうした市民側からは見切り発車と見なされ、これに対する一つの対応として可動堰建設計画をめぐる住民投票が検討され始めた。一九九八年九月には「第十堰住民投票の会」が発足し、地方自治法に基づき徳島市で市長(議会)への直接請求による住民投票条例制定をめざすことになった。直接請

吉野川第十堰全景

求には全有権者の二%を超える署名が必要とされるが、期間内に徳島市の全有権者の四八・八%(一〇万一五三五人)の有効署名が集められた。しかし、翌一九九九年二月、条例制定の請求を受けた議会は、本会議での投票で一六対二二と条例制定を否決した。これを受け、四月の市議会選挙では条例制定が主要な争点となり、結果的に条例制定派が議席数を逆転して議会の多数を占めることになった。

こうして六月には、新しい市議会に住民投票条例案が議員提案された。しかし、なお紆余曲折を経ることになる。条例制定に賛成ではあるが可動堰建設にも賛成する公明党議員団が、投票時期を明らかにせず投票率五〇%を投票の成立条件にするなどの項目を折り込んだ独自案を提出し、他の条例制定派議員と対立したからである。結局、投票時期については半年後に再度検討することを合意し、期限ぎりぎりで公明党案への妥協がなされ、ついに条例が制定された。これを受けて、一二月の定例市議会では持ち越されていた住民投票の実施が審議された。ここでも住民投票実施への抵抗がなお続けられ、投票率が五〇%に満たない場合は開票さえせず投票用紙を廃棄するという、きわめて異例な取り決めがなされた。

翌年一月、ようやく投票が実施された。可動堰建設推進派の一部が投票率を下げるための投票ボイコットを行うなか、最終投票率は五五・〇%となって開票が実現した。可動堰建設反対票は投票総数の九〇・一%(賛成票は八・二%)、有権者総数の四九・六%に達した。

建設大臣発言、知事発言をめぐって

徳島市議会が住民投票条例を審議中、可動堰建設計画に関して「洪水被害が予想される地域の極一部と考えられる徳島市の住民投票結果をもってその方向を決するなど到底忖度《そんたく》し難く、民主主義原理の履き違えを憂慮いたしております」と書かれた書簡（一九九九年一二月一一日付）が、中山正暉建設大臣（当時）から徳島市長などに送られた。中山大臣は、その後も住民投票の動きを牽制する発言を積極的に行った。ここには、直接民主制（住民投票など）と間接民主制（代議制）との関係にかかわる議論（付記3）など多くの興味深い問題が含まれていたが、公共事業計画の意思決定にかかわって、科学と市民の関係についても中山大臣は多くを語っている。例えば、投票の翌日、テレビの報道番組（朝日放送「ニュースステーション」）で、「1＋1＝2は資本主義国でも社会主義国でも変わらない、住民投票で変わるようなものでない」と述べ、「科学的、土木工学的」という性格を持つ可動堰建設問題は正しい答がすでに一つに決まっていて、住民投票になじまないという考えを繰り返し強調した。

同様の考えは、圓藤寿穂徳島県知事も投票のかなり前から示していた。知事は、一九九八年九月、阿波町議会が徳島県内自治体で初めて第十堰改築計画に反対する意見書を可決したことに対し、「意見書を出すなら、きちんと勉強してからにしてほしい」と厳しく批判し、「事実について正しく認識いただいていない部分がかなりある」ことが「第十堰改築問題が、いかに専門的な問題かを示しているのではないか。間違った知識で判断すると大変なことになる」と述べた。[1] 知事はこれ以前にも、この問題は「かなり専門的で、理解してもらうことは極めて難しい」、「住民投票は、住民に正しい知識を正しく理解してもらっていることが大前提。(第十堰問題では)それがまだ十分でなく、理解してもらったうえでないと、十分な意味があるとは思わない」と述べ、住民投票条例制定を求める動きに対し繰り返し否定的見解を示していた。[2]

これらの発言は、ありていに言えば、「専門的なことは専門家に任せろ、素人は口出しするな」といっているのである。そして、(発言した本人がそのように信じているかどうかは別にして)可動堰建設のような事業において、土木工学をはじめとする高度に専門的な科学が、天災や被害規模の予測(例えば、吉野川における洪水の発生とそれに伴う被害に関する予測)、最善の対策の作成(例えば、可動堰の建設)、その具体的・技術的な設計(例えば、可動堰のデザイン)に至る一連の過程における解答を出すことができ、その解答は、専門的知識を持つ人々のあいだでは、正しいものが唯一つに決まる、ということを前提にしている。

もう少し詳しく見てみよう。この前提では「専門性」は排他的で、専門家とそうでない人々のあいだには越えがたい溝が存在する。専門家でない人々は、専門家が出した正しい答を追認するだけで、専門家が出した結論にまさる正しい答に非専門家が独自に到達することはできない。専門家がかかわった計画に反対する非専門家である市民の意思表示は誤った判断であり、それを政策決定の根拠にした場合後世に悔いを残す。中山大臣はこれを、「民主主義の誤作動」と呼んだ。このようにこの前提からは、(今回の可動堰建設問題を含めて)住民投票は、百害をもたらすことはあってもよいことは何もない、ということが自然に導き出される。

(1) 徳島新聞、一九九八年九月二八日。

(2) 徳島新聞、一九九八年九月一日。

市民による予測計算の科学的妥当性

容量一リットルのビーカーに五〇〇ミリリットルの水を注いだとしよう。注がれた水がどれくらいの深さになるか、論争の余地はない。では、吉野川に毎秒一万九千トンの水が流れたとき（建設省が採用する予測では、一五〇年に一度の確率で起こるとされる洪水時に、上流に計画されるダム群で調整しきれない毎秒一万九千トンの水が下流に流れる）、第十堰付近の水位はどの程度になるのか。こうした問題では、誤差を含むにせよ、答はおおむね一つに決まるように思える。少なくとも、数値が有意に食い違えば、どちらの予測がより適切なのか、計算手法や予測の前提となる仮定を双方が公開して合同で検討すれば、互いに納得できる予測数値に到達できるように思われる。しかし、実際にはそうでないらしい。

一九九七年、可動堰建設の根拠に疑問を持つ市民で構成される吉野川シンポジウム実行委員会が、（「専門家」の領域に踏み込み）独自の水位予測に挑んだ。その結果は建設省の計算結果と大きく食い違い、この水位予測が妥当と判断された場合には、可動堰建設推進の最大の根拠を崩すのに十分なものであった。吉野川シンポジウム実行委員会によると、流量毎秒一万九千トンのとき、第十堰上流側（河口から一六キロメートルの地点）では危険水位を四二センチ超えてしまうと建設省は予測するが、その手法を用いて一九七四年の洪水の場合を計算すると、実際の洪水痕跡よりもはるかに高い水位が出てしまうという（**図1**を参照）。そして、

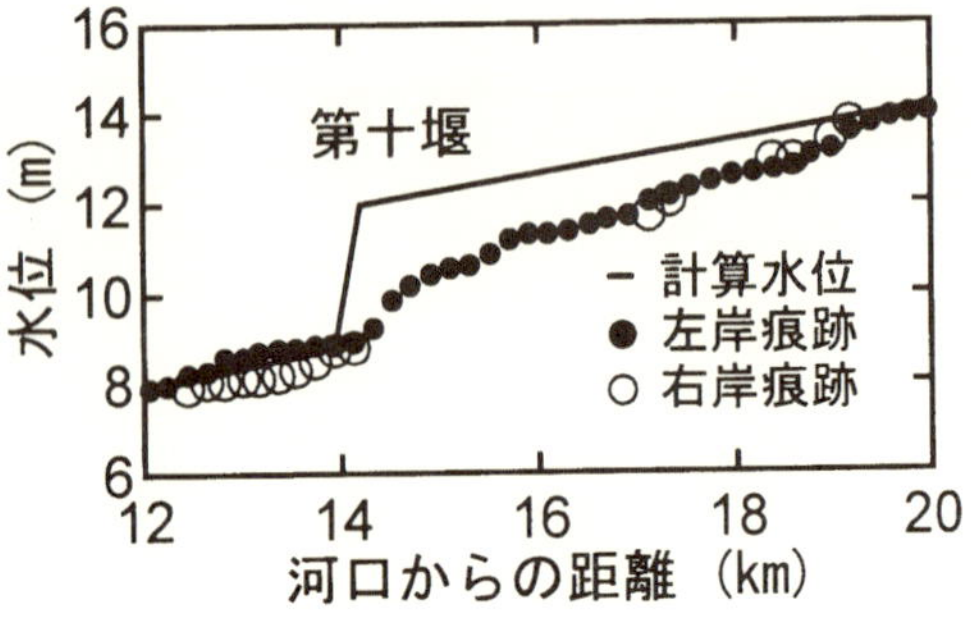

図1　洪水痕跡と計算水位の比較①

（1）吉野川シンポジウム実行委員会『信じていいの？　建設省の第十堰パンフレットを読む』十一頁掲載の「洪水痕跡と計算水位の比較」による。

これに対し、一九七四年の洪水痕跡をよく再現する市民グループの手法では、毎秒流量一万九千トンのときの水位は、第十堰上流側で建設省の予測より七二センチ低くなるという。(2)

いったいどちらが「正しい」のか。吉野川第十堰建設事業審議委員会はこの市民グループによる計算結果の妥当性評価を四人の専門家に依頼した。これらの専門家は、先に土木学会の推薦を経て第十堰改築にかかわる技術評価を行った六名のなかで堰の影響による水位上昇に関する評価を行った四名で、全員が大学に在籍している。この依頼に対し、三人の専門家は建設省の数字の方がより適切と回答し、残る一人からは市民グループの計算手法の方が「信頼性が高い」とする回答が届けられた。(3) このできごとは、先に述べた科学と専門性の「神話」について、多くを示唆するものである。(付記4)

この問題については、市民団体である吉野川シンポジウム実行委員会が一九九七年五月八日に独自の計算結果を建設省徳島工事事務所に提出したことを受け、それに対する建設省の見解が示され、両者の意見交換会が開催され、そこに市民側の新しい計算が示される、といった経緯をたどった。(4) 吉野川シンポジウム実行委員会の計算は、河川工学などの専門家が加わることなく、専門外の市民の手で「建設省のデータ」をもとになされたものである。両者の意見交換は、結局のところ、予測数値に関する合意とは程遠いところで終わった。また、互いの違い(正当性)についての了解に達することもなく、そこから新たな共同作業が始まることもなかった。ただ、「その後、建設省のパンフレットからは『四二センチ』が消えた」という。(5)

(2) 吉野川シンポジウム実行委員会(技術班)「吉野川第十堰改築問題——水位計算の結果について」一九九七年五月二日。

(3) 吉野川第十堰建設事業審議委員会「せき上げに関する専門学者の見解」一九九七年一〇月。

(4) 建設省徳島工事事務所「市民団体の水位計算に対する建設省の見解について」一九九七年六月一三日。

(5) 朝日新聞、二〇〇〇年一月一三日。

第十堰建設事業審議委員会の「可動堰建設妥当」答申

しかし、この「四二センチ」をめぐる議論が審議委員会の可動堰建設を妥当とする答申に実質的に反映されたとは考えにくい。審議委員会は、建設省（事業者）から事業の目的・内容等について聴取し、地域住民の意見を聴くための公聴会を実施し、専門学者からの意見聴取を行い、答申を行った。しかし、その責任を十分に果たしたと言えるのであろうか。

委員長を除く一〇名の委員のうち、八名は可動堰建設の方向で建設省の計画を妥当とし、これが委員会全体の答申となった。残る二名のうち、一名は明確な意見を表明せず（可動堰建設を意味する「改築」には「異存ない」と回答）、一名は建設省の計画に疑問を呈する少数意見を表明した。すなわち、浅居孝教委員（四国放送常任取締役）は、第十堰改修の方法として「可動堰が最善とする科学的根拠が薄弱」とし、「現段階で計画全般の当否を判断するのは困難」と結論した。また、「代替案についての建設省の説明はあまりにも独断的で、審議委員会の資料請求にも応えていない。まるで可動堰への誘導策ではないか」と述べている。[1]

先に述べたとおり、この審議会答申が説明責任を十分に果たすことができず、説得力を持たなかったことが、徳島市などで住民投票を求める運動の契機になった。住民投票に至る過程で主要な役割を果たした吉野川シンポジウム実行委員会のメンバーは、可動堰建設反対が必ずしも絶対的前提ではないことを繰り返し強調している。「はじめに結論ありき」ではないというのである。疑問派市民が審議会答申を不当なものとしてこれに強く反発したのは、はじめから審

(1) 吉野川第十堰建設事業審議委員会「吉野川第十堰建設事業についての意見」一九九八年七月一三日。これは、可動堰建設計画に対する審議会の最終的な判断を記した文書である。

議会の言うことに聞く耳を持たなかったからなのではない。

疑問派市民の反発は、一つには、非専門家である市民が大変な労力と時間を費やし専門家の領域に踏み込んで提示した疑問に、（前述の浅居委員の発言でも指摘されているように）建設省が「科学的知見」のレベルできちんと対応できなかったことによる。そのような状況下では、審議会の審議も（建設省の計画の当否にかかわる判断を保留する、あるいは計画を否定する答申を出す以外に）疑問派の市民が納得するようなものにはなりえない。さらに、住民投票実現をめざす動きに対し建設省が打ち出した対話集会路線も、可動堰建設という不動の結論があらかじめ設定され、その賛同を得るためだけの、欺瞞的な「対話」（セレモニーとしての住民参加）と批判され、実を結ばなかった。

「1＋1＝2」と可動堰のあいだ

「1＋1＝2」は社会体制のいかんにかかわらず常に正しく、住民投票の結果で変わることのない「真理」である、ということ自体に異存のある人は（これは定義の問題であるゆえ）いないであろう。専門家が科学的知見を踏まえてかかわった可動堰建設計画の正しさもこれと同じである、と中山建設大臣は言う。しかし、「1＋1＝2」と可動堰建設計画が限りなく遠く隔たっていることは、ほとんど自明である。ここには、科学が持つ抽象性と限定性にかかわって二つの問題が存在し、両者は互いに深く関係し合っている。

一つは、公共政策や事業計画にかかわる科学や専門の神話の問題である。すなわち、科学の無謬性（けっして誤りを犯さない）や全能性（すべてに正しい答を見つけ出してくれる）、さらに専門の絶対性（専門のことは専門外の人には分からない）や排他性（制度化された特定のシステムのなかで教育を受け訓練されてこなければ専門家の水準には達しない）という「神話」を楯に取り、その「権威」のもとに「これは専門家が出した科学的な結論なのだから」と、専門家でない人々の問いかけに対し問答無用の態度を取ることが根本的に間違っているということである。実際のところ、長良川河口堰（可動堰）建設や諫早湾閉め切り工事による環境破壊は建設省や農水省が専門家の見解として示したスケールをはるかに超えるものであり、原子力発電所では専門家の「想定外」の事故が起こることをわたしたちは知っている。そして、これらの問題について、非専門家が（多くの場合、市民の側に立つ専門家の助けを得て）有効な問いかけや予測をしてきたことも知っている。

二つ目は、科学には総合的判断が本質的にできない、政治的な判断（多元的な価値の対立の裁定）が下せないという問題である。吉野川可動堰建設計画のような公共政策や事業計画には、分野を横断する総合的な判断が要請される。それは技術的・科学的な側面だけでなく、税金の使い方をはじめ未来のあるべき社会の像といった価値観にかかわる問題でもある。個々の分野の科学的・専門的知見は、総合性が必要とされる判断や意思決定を独占するのではなく、その判断のために広く検討される材料として提供されなくてはならない（付記五）。

ここで市民の側に求められることは、自分たちの提言や計画を支える根拠を、みずからの価値観という側面だけでなく、科学の言葉でも説明できるだけの準備をし、考えや主張の異なる人々とのやり取りで共通認識となりうる部分を確認し、議論の基盤にできることであろう。そこには、相手の議論の科学的な根拠の危うさを科学の言葉で指摘するとともに、相手の指摘を受けてみずからの根拠の科学的妥当性を改善していく作業も含まれる。そして、公共政策や事業計画に関して、情報公開や市民参画の機会が制度的に保証される社会を実現してゆくことであろう。これらの機会は市民の要求によって初めて実現し、意味を持つものである。

おわりに――正しさの本質と「科学市民」の存在の意味

意思決定の「正しさ」とは何なのか。何によって保証されるのか。この終節では、政策や公共事業計画について、科学が専門家の手を通じてただ一つの正しい答を導き出してくれるのではないことを前提に、考えてみる。すなわち、

一、科学が本質的な限定性を内在させており、

二、科学が未完成であり、

三、科学者自身のなかにバイアスが存在する

以上、科学が絶対的な正しさを保証できるわけはなく、いかにして関係者にとって相対的に納得のいく、そして後悔の度合が少なくてすむ決定を得ることができるかという問題である。

筆者は、意思決定の透明性、民主性そのものに価値を認める立場を支持する。すなわち、手続きの透明性、民主性、公正さに「正しさ」の根拠を求めたい。本章の文脈では、手続きの正しさとは政策や計画の形成過程や意思決定過程の透明性と開放性を意味し、それらの過程にお

いて公開と参加が制度的に保証されることが欠くことのできない重要性を持つと考える。では、このような手続きの正しさは結果の正しさを保証しうるのだろうか。

ここでは結果の正しさを、その決定の影響を受ける人々にとり全体として受け入れがたい問題を引き起こすことなく（また人権や公正さを著しく損なうことなく）、望まれた結果を達成したかどうかがで判断したい。先に見た通産省の主張に基づく日本政府の温室効果ガス削減目標案は、はじめから当時の世論に反するものであったが[1]、判断の根拠を合理的に説明しなかったために外交的にも失敗して、議長国として無残な結果に終わった。右記の基準以前の失敗である。政府の内外の、比較的大きな削減が可能とする主張をベースに交渉に臨むべきであった。その方が世論に合致した、また国の枠組を超えたさまざまな利益に合致する、「より正しい」決定と考えられる。削減可能性に関するＮＧＯの主張が合理的根拠を明らかにしたうえで展開され、公開の場での合同検討を可能にする条件を満たしていたことも重要である。

外部に準備がある場合、ひとにぎりの人間が（それが「専門家」であっても）検証にさらすことなく政策や計画を作成しその実行を決定するよりも、情報を広く公開し、自分たちの案の科学的妥当性や政治的受容可能性について異なる見解を持つ人々の検討を求める方が、右記の「結果の正しさ」につながる可能性が高まると思われる。特に、過去の経験や傾向を単純に未来に外挿するだけでは妥当な予測のできない問題については、広く多様な知見や見識を集め、それを意思決定に反映していくことが求められる。とはいえ、もちろんそれで絶対的な（あるいは高い水準の）結果の正しさが保証されるわけではない。

（1）例えば一九九七年六月の総理府世論調査では、エネルギー消費を減らして気候変動の進行を抑えるためになら、一九八五年以前の生活水準に戻ってもよい、と回答者の七二％が答えている。

不確実性の度合が高く、結果の正しさが高い水準で保証できない場合、透明性が高く民主的と言える過程によって生み出された決定が、結果の正しさにつながらない場合もあるだろう。しかしそのことが、ただちに、手続きの透明性、民主性、公正さに正しさの根拠を求める考え方にとって致命的な欠陥になるとは思えない。なぜなら、開かれた意思決定過程が、例えば官僚による閉鎖的な意思決定過程やそれに類するものに比べ、結果的に誤った結論を導き出す可能性が特に高いと考えなくてはならない事由はないからである。そもそも、官僚主導と言われる日本において、本章でも見てきたように、官僚による意思決定が常に公益（私益の対語としての社会を構成する人々一般の利益）にかなうものであったとは限らず、一般的に結果の正しさは保証されていないのが実情である。

ここで確認したいことは、最も後悔しないですむ決定を得るための過程において、確率的に上位にあること、心情的に納得できること、といった要素に優先権が与えられるべきことである。これらの要素はいずれも一義に決まるものではないが、いずれも公開の場における検証の必要を示すものである。さらに、意見の異なる相手を説得しよう、相手に自説の合理性を納得してもらおうとする努力や、相手の批判を前向きに受け止めてみずからの議論を改善していこうとする努力が、論理を強固にして、結果として正しい答えを得る蓋然性を高めることになる、ということも強調しておきたい。

吉野川可動堰建設計画への疑問に対する建設省の対応には、手続きの正しさに一歩の前進が認められる。情報公開が、十分な水準とは言えないまでも、以前に比べれば格段に改善された。

しかし建設省の姿勢は全体として、手続きの正しさを実現するものではなかった。すなわち、建設省の「対話路線」は住民投票をめざす取り組みに対峙し、直接民主主義的な意思決定を否定しようとするものであり、地元の世論と合致しないものであった。(1) さらに、徳島市の住民投票結果が明確に建設反対を示したあとでも建設省が計画の白紙撤回を拒んだこと、そして建設大臣や建設省徳島工事事務所の幹部が、市民グループのリーダーのひとりについて、可動堰問題とは何の関係もない過去の逮捕歴を暴露するといった深刻な人権侵害を引き起こしてまで運動の分断を図ろうとしたことは、(2) 手続きの正しさ以前の問題であり、同時に結果の正しさを請け負うべき建設省の能力自体を疑わせる事件であった。

吉野川可動堰の事例では、建設を推進する建設省と計画に疑問を持つ市民のあいだで、結果の正しさにたどり着く方法について見解が大きく食い違っていた。水害防止のため可動堰建設が最善とする建設省に対し、市民側は可動堰が洪水時にはかえって危険な構造物になるという見解を示し、洪水対策には堤防強化など、必要経費の面でも所要時間の面でも有利な別の方策で対応すべきであるとの主張を展開した。また、可動堰の建設は、水道用水の水質悪化という受け入れがたい問題を発生させるという危惧を、長良川などの可動堰ですでに発生している問題を根拠にして表明した。本章で取り上げることはできないが、ほかにも論点は多岐にわたる。住民投票の開票実現とその結果が示すように、可動堰建設という選択が結果の正しさの面から評価できることを納得させる建設省の説明は、ついになされず今日に至っている。もし吉野川シンポジウム実行委員会に代表される疑問派市民の存在がなければ、可動堰建設計画に関する

(1) 一九九八年七月の朝日新聞調査では徳島県民の七〇%が住民投票実施を支持（必要がないと答えたのは一六%)、九九年六月に四国放送が流域自治体住民に対して行った調査では七一%の回答者が投票実施に賛成（反対は一三%）であった。

(2) 朝日新聞、二〇〇〇年六月九日。

多くの問題や代替案の存在がまったく社会に認識されないままに、建設が行われていたと思われる。逆に、このような市民の存在があれば、政治判断による建設中止もありえる。

ここに、広く生活の多様な側面での福利の永続的確保や社会的弱者の権利保障といった観点から、言い換えれば環境持続性と社会的公正の観点から、科学的な言説を理解し合理的な議論を構築して、政策にかかわる専門家の分野に踏み込む（しばしば非専門家たる）市民の積極的な存在意味を認めることができる。そしてそのような市民には、ある意味で社会の安全装置（見張り番）としての役割を見出すことができる（もっとも、個々の人間の側から見ると、そのような「市民」に豊かな存在のあり方（生き方）の一形態を認めることができるのであるから、その意味は単なる社会の安全装置に留まるものではない）。このような市民が存在してはじめて、従来の閉鎖的な政策形成や意思決定のあり方が抱える深刻な問題が可視化され、科学が「権威」として反対論の封殺に動員されるのではなく、これらの過程における合意形成のために適切な役割を果たすことができるのである。

「市民の科学」や「市民科学者」といった概念[3]は、本章のテーマと深く関係する。「市民の立場に立ちつつ十分に専門的な検証に耐えられるような知を市民の側から組織していく[4]」ことや「産業界や公的機関の利害を負った研究報告などが発表された場合、それを批判する力をもった独立の研究グループの批判を保障し、その両者の言い分を聞いたうえで人々が判断していく[5]」ことの必要性の認識、さらに「科学技術の環境や社会に対する影響を、利害と独立な立場から批判的に検討する専門作業は、その社会の健全さのために不可欠なはずである[6]」という認識――

(3) 高木仁三郎『市民の科学をめざして』朝日新聞社、一九九九年。『市民科学者として生きる』岩波書店、一九九九年。
(4) 前掲書、二六頁
(5) 前掲書、四二頁
(6) 前掲書、四六頁

これらの認識は本章が全面的に共有するものである。

しかし、数のうえでは科学者をはるかに上回るそれ以外の人々――本章で取り上げてきた意味で専門家ではない人々――は、この示唆に富む議論に満足しそこに安住することを許されないであろう。市民科学者（オルターナティブ・サイエンティスト）あるいは市民の科学に関する高木仁三郎氏の議論は、科学者としてのきわめて強いアイデンティティに基づいて展開されており、そこには科学者が「市民科学者」になっていく経路が明示されている。科学者ではない人々には、これとは逆の、市民から出発して科学者の方に歩みを進める経路の可能性を考え実現していくことが求められているのではないだろうか。[1] 科学者ではない、あるいは当該分野の専門家ではない人々がみずからを「科学市民」に育てていくことはどのような意味を持つのか。それはどのようにして実現していけるのか。さらに考察の必要な問いがいくつも存在するが、そこにはまた、特定分野の専門家・科学者とそうではない人々との協力関係、役割分担に関しても、これまでに見られなかった姿が個々の状況に即して立ちあらわれる可能性がある。

本章で取り上げた事例のなかで、気候変動問題にかかわる環境ＮＧＯの研究は、それぞれの専門の知識や技術を活かして主に職業的な研究者や大学院生に担われたことから、「市民科学者」による取り組みという色彩が強い。一方、吉野川第十堰の洪水時における水位の予測計算は、その分野における専門家が直接加わったものでないことから、「科学市民」によるものと言えよう。分野横断的な知識や専門領域の壁を越える考察が必要となる二酸化炭素（温室効果ガス）排出量予測といった課題に比べ、特殊性・専門性が高い印象のある水位予測計算が、主に

（1）なお、高木仁三郎氏の二冊の著作では、市民から出発して科学に歩み寄る人々も含めて「市民科学者」という言葉が使われている。

非専門家である市民の手によってなされ、それが社会的に一定の評価を得て影響力を持つに至ったことは、「科学市民」の今後の可能性と重要性を示唆するものとして注目に値する。

なお、吉野川では住民投票を推進した市民が中心となって、二〇〇〇年四月に「吉野川第十堰の未来をつくるみんなの会」が発足し、世話人の一人になった姫野雅義氏は、「現在の第十堰を残すことを基本スタンスとして、住民が望む第十堰の将来像をつくりあげたい。その際には専門家の力も借り、根拠のある計画案にしていきたい」と述べた。(2) これを受け、二〇〇一年五月には、河川工学、森林生態学、社会工学などの研究者を集めた専門家組織「吉野川流域ビジョン21委員会」が発足し、流域全体の保水・治水機能を調査・研究することを確認した。この委員会は、「みんなの会」が科学的裏づけのある市民案を作るための研究成果を提供することになる。代表に就任した中根周歩教授(広島大学、森林生態学)は「流域全体のこうした調査は国内初の画期的な研究。成功すれば日本の河川行政を大きく変える」と述べている。(3) ここに、「科学市民」と「市民科学者」との協力関係の一つのモデルが作られつつある様子を見ることができる。

環境と開発にかかわる政策や計画の策定と決定と実施において、科学が正しい結果の実現に貢献するためには、公開と参加という手続きの正しさが保証される必要がある。そして、ここに(当該分野の専門家であれ非専門家であれ)本章で取り上げた市民的意識を持つ人々の他者に代えがたい役割が認められる。今日の日本の社会状況は、これらの人々がそれぞれ特定の問題について科学的な議論に対する一定の準備をしたうえで情報公開や合同協議を政府や企業に求めるたゆみない努力を必要としている。環境・開発政策にかかわる市民的取り組みにおいて、

(2) 徳島新聞、二〇〇〇年四月一六日。

(3) 徳島新聞、二〇〇一年五月二七日。

科学と市民の関係は、本章で取り上げた意味での意思決定の透明性と開放性に一義的にかかっているのである。

付記1

気候変動問題において、IPCCなど主流の科学的知見の正当性を問題にし、そもそも地球温暖化といった問題自体が存在しないものであると主張する科学者も存在している。懐疑派[1]と呼ばれるこれらの科学者の主張は、米国内で（潤沢な広報資金に支えられたこともあり）一定の影響力を持ちえたが、これまでのところ、それ以上の影響を及ぼすには至らず、議定書交渉過程においても目立った役割は果たせなかった。ただこれらの人々が、石油・石炭をはじめとする化石エネルギー産業などの意向を受けた(そして財政支援も受けた)科学者たちであった[2]ということは、企業と科学との一つの関係のあり方を可視化するという意味において重要であった（その言説の多くが科学的な水準に達しないものとされたとしても）。また、気候変動問題に比べさらに科学的な究明が十分でなく、あるいは難しく、因果関係などがはっきりしない環境問題はいくらでも存在する。このような場合、資金力を背景にした企業の、科学を通じての社会的影響力はきわめて大きなものになりうる。[3]

付記2

ハーグ会議（ＣＯＰ６）決裂後、米国ではジョージ・ブッシュの政権が発足し（京都会議の

（1） Skeptics.

（2） Ross Gelbspan, *The Heat Is On*, Reading, MA: Addison-Wesley: 1997など。

（3） シャロン・ビーダー著、松崎早苗監訳『グローバルスピン――企業の環境戦略』創芸出版、一九九九年、に事例が整理・分析されている。

最終盤で当時の橋本首相に電話をかけ議定書の成立に向けて日本政府を説得した当時の副大統領アルバート・ゴアを大統領選挙で破った結果である）、米国経済の利益を損なうとして、京都議定書からの離脱を表明した（二〇〇一年三月）。COP6は、この状況のもと、ボンで再開された（気候変動枠組条約第6回締約国会議（COP6）再開会合、二〇〇一年七月）。再開会合に至る過程で、日本政府は離脱を明言する米国に対し、復帰を説得するとして二国間交渉の機会を持ったが、科学的・合理的な根拠を持たないこのような説得が功を奏するはずもなかった。むしろ、京都議定書の批准にかかわる自らの姿勢を明らかにしないまま、期限を切らないで最後の最後まで米国を説得する、と繰り返すばかりの日本政府の言動は、「国際社会では日本も『米国に追随して自国の利益を狙っている』ととらえられており[4]」、このままでは「日本と小泉首相は『京都議定書をつぶそうとしている』との批判を免れない[5]」と言われるように国際的な疑惑を招くものであった。そして、ボンでの再開会合に先立ち、議定書の運用規則にかかわり批准に必要な合意はこの会議では不可能と公言してしまった小泉純一郎首相は、世界的な非難のもと、発言撤回に追い込まれた。なお、再開会合では、米国の離脱宣言のもと、京都議定書の死文化を恐れるEUの劇的な大幅譲歩により、基本的に議定書運用規則の包括的な合意が成立した。この譲歩の結果、日本政府は懸案であった森林による温室効果ガス吸収効果算入（実質的な二酸化炭素削減義務の割引）をその主張どおり勝ち取ることになった。もっとも、「あえて理不尽な要求を突き付けて、運用規則の合意を阻もうとの思惑が日本にはあったと思うが、日本の要求が百パーセント通ってしまった」（佐和隆光京都大学教授[6]）とコメントされているよ

（4）毎日新聞、二〇〇一年七月一四日。
（5）毎日新聞、二〇〇一年七月一二日。
（6）共同通信、二〇〇一年七月二三日。

うに、外交上の勝利とはとても言えない結果であった。

付記3

中山建設大臣は、朝日放送「ニュースステーション」(二〇〇〇年一月二四日)で、直接制(国民投票)からヒトラーのような人が出てきたとして、住民投票は民主主義への挑戦であり、きわめて危険なものという考えを示した。同様の考えは、綿貫民輔元建設大臣の発言にも示されている(「民主主義をぶち壊す勢力が動いている。そんな勢力に負けるわけにはいかない。明日の住民投票などくそ食らえだ」「住民の真意は議会制民主主義に現れている」)(1)。しかし、住民投票が日本よりもはるかに強い法的拘束力を持ってさかんに行われているヨーロッパや北アメリカの現在の実例にあたってみると、直接制が全体主義の引きがねや民主社会の脅威になった例は容易に見つからず、むしろ間接民主制(議会制)を効果的に補完しているように見える。中山大臣のヒトラーへの言及は、ナチス独裁政権が実質的には議会選挙とテロ・宣伝といった政治工作を通じて確立され、ヒトラーを総統の座につけた国民投票は独裁の完成後に行われた事実(左の注を参照)を踏まえておらず、1+1=3と言うに等しい。

なお、多くの人権擁護派団体の反対にもかかわらずカリフォルニア州住民投票で過半数の支持を得て可決された不法移民締め出し提案に対し、連邦地裁が憲法違反の判決を下し、州知事の交代を経て法律としての施行が見送りになった例は、三権分立のなかでの、さらに議会制との補完関係における直接民主制の役割を考えるうえで重要であろう。

(1) 徳島新聞、二〇〇〇年一月二三日。

徳島市の住民投票については、投票当日に行われた毎日放送の出口調査によると、可動堰計画に対する反対投票理由の第一位が「税金使途、公共事業見直し」(四二・六%)であった(二位は「環境・景観保護」の三五・八%)。これは、主権者が間接民主制の限界という問題意識をもって住民投票に臨んだことを示している。代議制の今日的問題(公共事業などにかかわる議会や首長の決定が多数の有権者の判断と一致しない「ねじれ現象」)が主権者によって明確に理解されていたのであり、この投票を「民主主義をぶち壊す勢力」によるものと呼ぶことの罪は重い。

注 ヒトラーによる独裁完成への道程は次のとおりである。以下、明らかなとおり、共和政は一九三三年二月、三月に実質的な終焉を迎え、同年夏までにナチスによる一党独裁が形式的にも完成した。ヒトラーの総統就任を認めた国民投票は、その一年以上あと、大統領であったヒンデンブルクの死去を契機に独裁下の政治圧力(テロなど)もあるなかで実施されたものである。(2)

一九三〇年九月　国会選挙　ナチス躍進(一〇七議席、第二党)
一九三二年四月　ヒンデンブルク大統領再選(ヒトラーとの実質的な一騎打ち)
　　　　七月　国会選挙　ナチス第一党に(二三〇議席)
一九三三年一月　ヒトラー首相就任(ナチスと国家人民党による内閣の発足)
　　　　二月　共産党の弾圧(国会議事堂放火事件)、社会民主党などの活動制限、憲法に定められた国民の基本権制限
　　　　三月　国会選挙(ナチス二八八議席、実質的な過半数)、全権委任法成立(憲法の実質的停止、独裁の合法化)
　　　　六月　社会民主党など諸政党の禁止・解散
　　　　七月　ナチスの一党独裁の完成

(2) 次の文献を参照した。成瀬治・黒川康・伊藤孝之著『ドイツ現代史』(山川出版社、一九八七年)、セバスティアン・ハフナー著、山田義顕訳『ドイツ帝国の興亡——ビスマルクからヒトラーへ』(平凡社、一九八九年)、林健太郎編『ドイツ史』(山川出版社、一九五六年)。
なお、管見の及ぶ限りでこのような歴史的事実についての注意が歴史家から出なかったことは、ここで述べた市民と学問との関係において大変残念である。

一一月　国民投票（軍縮会議・国際連盟脱退の承認、有権者の八八%が支持）
一九三四年八月　国民投票（ヒトラーの総統〔首相兼大統領〕就任の承認、八四%が支持）

付記4

吉野川第十堰建設事業審議委員会「せき上げに関する専門学者の見解」（一九九七年一〇月）を検討すると、実験や計算の手法に対する評価の違いなどにより、いわゆる専門学者のあいだでも、互いに納得のできる結論や判断に到達できないことが推測できる。このような状況において得られた数値を最大の根拠に公共事業を進めることの是非は、改めて検討に値する。なお、市民グループの計算方法の方が（提供された資料から考えるかぎり）建設省のものより洪水水位予測について信頼性が高いと判断できる、と回答したのは、大熊孝新潟大学工学部教授であった。大熊教授は、建設省の手法のように水理模型実験を水位数値の絶対的評価に使うには、科学的信頼性を確保するため第三者が自由に再現確認できることが前提で、それができない場合は、それに代わるものとして水位や流量に関する詳細な生のデータの提示が不可欠であるとしている。そのような実験データは公開されていない。そして、この状況では建設省の数値の是非を評価する条件が整っていないとして、実験の妥当性を確認できるデータの提示を行うか、もう一度公開実験を行い、建設省と市民グループのあいだで流量や水位について確認し合うクロスチェックを行うことを提言している。市民グループの計算については、過去の洪水痕跡を建設省の計算より高い精度で再現するものとして評価し、その手法を否定するなら、一つの法則性にもとづいて、過去の洪水をさらに高い精度で再現できる能力を持つ計算手法を新たに提示する必要があると述べている。この見解とは対極的と言える見解を示したのは、平野宗夫九州大学工学部教授であった。平野教授は、模型実験は特に堰周辺部で水位の定量的信頼性が高く、第十堰のような複雑な形状の堰の場合、現状では市民グループの手法のように計算だけから精度の高い推定を行うことはできず、堰直上流の水位推定では模型実験が最良の手法と回答している。また、問題になった模型実験数値と洪水痕跡との食い違いは、実験数値の方ではなく、実測流量や洪水水位の精度の方に問題があることを示すとしている。そして、市民グループの計算手法については、「稚拙であり、信頼性に乏しい」とし、また「このような粗雑な計算を模型実験より精度がいいという主張は、水理学の常識を無視した暴論であるといわざるをえません」と結論づけている。このように両者の見解は大きく異なるが、本章の文脈では、公開実験によるクロスチェックなど、異なる見解を持つ当事者が互いに納得のできる共通の土俵に乗るための提案が、大熊教授の見解に含まれていることが注目される。一方、これらの見解は非専門家の判断のために専門家が評価を依頼されて出されたものであることを踏まえ、平野教授が市民グループの計算に対して使った「稚拙」「水理学の常識を無視した暴論」といった表現は、倫理的に（人と人との関係において）適切さを欠くばかりでなく、過去の洪水時の水位との差異について合理的な説明を欠く（非専門家の理解を助けない）という面でも、不適切である。説明し助言すべき立場にある専門家の役割を放棄して、専門家と非専門家のあいだの壁を高くしてコミュニケーションを断ち切る表現だからである。

付記5

科学的合理性のみを政策や計画の意思決定の基準にすることの不適切さは、さまざまな環境・開発問題について指摘できる。例えば、塩化ビニルの焼却とダイオキシンの発生を事例として、「認識や行動の合理性をもっぱら自然科学の合理性を基準に考える」と「塩ビ・ダイオキシン問題はその社会的文脈を剥ぎ取られ、技術的処理可能性の次元に置かれてしまう」という認識のもとに、科学的な不確実性を伴うリスク問題への対処における社会性と科学性の「対抗的相互補完関係」の研究が始められている。(1) さらに、専門家が、みずからの領域を超えて総合的・包括的な検討や考慮が求められる意思決定の場面においても他者に優越する判断主体としての役割を果たそうとすることの誤り（象徴的に「戦争をするかどうかを将軍が決めるべきか国民が決めるべきか」と言われる問題）も、環境・開発問題に限らず、わたしたちの社会のさまざまな局面で見られる。例えば、脳死を単に脳外科の専門領域である器質的な現象として捉えるのではなく、「人と人とのかかわり方」として理解すべきであるとする見識が示されているが、(2) この見識を踏まえれば、脳死は科学的に人間の死と等しいと脳外科医が一般市民を「啓蒙」し、「脳死から臓器移植をスムーズに進める」ための「教育」的役割を果たそうとすることの傲慢さや不適切さが容易に理解できる。社会問題や政策にかかわる意思決定において、専門家と市民のあいだの不適切な関係の基本的構造が、ここには分かりやすいかたちで示されている。

（1） 小林清治「塩ビ＝ダイオキシン問題の知識社会学・試論——久喜宮代衛生組合の取り組みにおける社会的合理性と科学的合理性の対抗的相互補完関係」、『環境と開発』一号（大阪外国語大学開発・環境講座）二〇〇〇年七月、五三～六六頁。この論文では、「対抗的相互補完関係」にかかわり、リスクに対応する専門家と市民のあるべき関係についても考察されている。

（2） 森岡正博『脳死の人——生命学の視点から』法藏館、二〇〇〇年。

第7章

科学的方法の限界と科学者・技術者の位置について

白鳥紀一

1 パラダイム――通常科学と科学革命

自然科学の「持続的進歩」のモデルと実像

第一章二節で、科学・技術がいろいろな意味で普遍性を持つことを述べた。その一つに、論理が普遍的であるために結果や方法が客観的で、その意味ですべての人に開かれているということがあった。これは、成果が科学者・技術者の間で移転可能であり、従って蓄積されてゆくことを意味する。そのために、科学は持続的に発展するもの、というイメージが生まれた。それは一面、客観的な真理に向かってどこまでも接近してゆく何か崇高なものと見え、他面では人類の欲することをいずれは何でも実現してくれる、便利至極な打出の小槌とも見える。

しかし歴史を振り返れば、科学の進歩は決して連続的なものではなく、基本的な考え方の違うういくつかの段階がある、と見える。物理学でいえば、コペルニクス・ガリレオ・ニュートンによる古典力学の形成の前後や、二十世紀初頭の相対論・量子力学の登場の前後、化学でいえば「原子」という概念の確立の前後で、学問の様相はがらりと変わっている。このような状況を一般的に明快に論じたのがT・クーンであって、広く、それだけに極めて多義的に用いられるパラダイムという概念がここで提出された[1]。クーンは、物理学者として研究に従事した自分の体験に基づいて、出来上がった学問体系からではなく、現場で建設に努力する研究者の側から自然科学を見た。それによって彼は科学の進歩を、歴史的に特定されたある状況で一回だけ起きる個別的な事柄としてではなく、いろいろな場面で起こりうることとして抽象化して、一

（1） Thomas Kuhn: The structure of scientific revolutions, 1962 邦訳中山茂『科学革命の構造』みすず書房、一九七二年。原題で「科学革命」が複数形であることに注意されたい。

般的に解析することに成功した。人間が自然を理解し・働きかける営為が科学技術なのであるから、対象である自然だけでそれがすっかり決まってしまうはずはない。その営為は当然、理解し・働きかけようとする人間の側の状況に依存するはずである。クーンはそこに注目して、パラダイムという概念を提出したのである。しかしその一方、対象である自然と無関係に人間の側の思いだけで科学・技術ができるはずもない。最初に第一章で述べたように、人間がどう考えるかに関係なく自然が運行している、ということが自然科学の存在の基盤である。それは、物理学者だったことのあるクーンにとって、自明の前提だったように思われる。

クーンによる「パラダイム」の定義は、中山茂の訳を引用すれば、

ある専門の科学者集団に広く受け入れられている業績で、一定の期間自然に対する問い方・答え方の手本を与えるもの

である。およその分野で研究しようとする人に、どうしたらいいのかを具体的に指し示すものであって、ものの考え方といった漠然としたものではない。共通の基盤を持った研究者の集団の存在[(2)]を前提とし、ほとんど肉体的に方法を規定する枠組みである。極言すれば、研究とはパラダイムと呼ばれるルールに従って行われる謎解きゲームだ、というのである。これは現場の感覚を見事にいい当てている。専門家の間でパラダイムが共有されることで、成果が普遍的となり、累積が可能となる。逆にいえば、自然科学はパラダイムによって成立する。こうして

(2) 典型的には制度化された学校と教科書の存在、ということになるが、もっと広く考えるのが普通である。

成立する科学をクーンは、通常科学[1]と呼んだ。この節の最初で述べた科学のイメージは、この通常科学にあてはまる。

しかしこのような、連続的に「真理」に近づいていく過程がいつまでも続くわけではない。繰り返して強調するが、それは科学者たちがそのパラダイムに飽きるからではなく、対象である自然と人間の作った科学の体系が、ある意味で対立するものだからである。しばしばパラダイムは、うまく説明できない事実によって脅かされる。大抵の場合それは、そのパラダイムの中で解決される。実際、パラダイムが最初に提出された時には、当然その全貌は明らかではない。「通常科学」というのは、具体的な諸問題にそのパラダイムを適用して内容を充実し、洗練してゆく過程である。しかし時には、出てくる事実がその範囲にどうしても収まらない[2]ことがある。そうすると新しいパラダイムを構築することが試みられ、成功すれば科学の新しい段階が始まる。これが「科学革命」である。第一章二節で「例外」について述べたところを思い出して欲しい。

パラダイムの転換

一人一人の科学者にとっては、パラダイムの転換は宗教における「悟り」「回心」に相当する、合理的な説明のつかない過程だ、ということが強調されている。不連続的に起きる。その意味で、異なるパラダイムの間は通約不能[3]だ、とされる。ただしこれは、研究者同士が論理的に説得し・説得される関係を作ることができない、という意味である。出来あがった学問体系

(1) normal science

(2) 念のため付け加えるが、「どうしても収まらない」ことが客観的に証明される必要などはない。そこで実際に問題を解こうと努力している者が主観的に、「どうしても収まらない」と感じるのである。

(3) incommensurable

の間の関係ではない。たとえば、相対論で光速 c を無限大とするとニュートン力学になるという意味で、ニュートン力学と相対論の関係は透明である。[4] 通約不能ではない。通約不能なのは、相対論が自然法則の表現として意味があるかどうか、という点の理解に関わる。

それでは、新しいパラダイムへの乗換はどんな場合に起きるのだろうか。合理的な過程ではないというのだから一般的に論じるのは難しいが、次のような点は確認できるだろう。[5]

第一に、選択する時点ではその選択を理由づける合理的な判断基準はない。提出されたときのパラダイムは、それが基本的なものであればあるほどまだ粗削りであり、実測値との一致も良くなく、知られている他の事実との整合性も不明であることが多い。選択は手探りで、不確かな予想によって行われざるをえない。

第二に、巷間しばしばいわれるような、流行や恣意的な選択ではない。「研究者は論文を書けそうなパラダイムを選ぶ」と揶揄的にいわれることがあるけれども、それは研究者として当然のことだ。自然についての自分の理解が進んだときに、それを共通のものにする為に書くのが論文である。理解が進まなければ論文は書けない。理解を進める努力をするのが科学者であり、理解を進めるのに役立つのが優れたパラダイムである。

取り上げる問題の重要性については、研究者の間でほぼ共通の認識があろう。研究者は重要な問題を解きたいと思う。そして自然の持つ法則性は、科学の枠内ならばその問題の答を一つに縛っていて、それは実測で判定される。人文学や芸術とは違う。そのパラダイムが正しいかどうかは、最終的には自然によって決っている。人間の決めることではない。

(4) ただし、転換前後のパラダイムの関係がいつもこのように透明とは限らない。相対論や量子力学と古典物理学との関係が透明であるのは、むしろ古典物理学の自然科学としての完成度の高さを示すものである。

(5) パラダイム転換については、次の書物に具体的かつ明快な説明がある。

桂愛景(訳)『アインシュタインの秘密』(サイエンスハウス、一九八二年) 第一幕。

著者はその議論の多くを板倉聖宣「天動説と地動説の歴史的発展の論理構造の分析」(『科学と方法』季節社、一九五三年) 所収、に負うという。

第三に、科学法則はその本質から、より一般性の高いものが高く評価される。ニュートンの林檎の話は有名だが、西洋中世には天と地の運動法則は全く別と考えられていた。すでにコペルニクスは、天上の運動と地上の運動とを統一的に考える視点を持っていたといわれる。天動説と地動説との違いは、単に運動の原点をどこにおくかではなく、天と地に共通の法則を考えるかどうかだったのである。一般性の高いパラダイムは、それまで研究の対象とも思われていなかったことを説明する（論文を書く）可能性を与える。たとえば元素の周期律は物理学の外で事実として確立されていたが、N・ボーアが前期量子論を提出するとそれは物理学で説明できることになった。科学者に限らず誰でも、「こと」（自分の仕事）をより大きな文脈の中に位置づけ、理解することを望むだろう。その意味でパラダイムには、なるべく適用範囲が広く、見通しが良いことが要求される。

第四に、科学者にとってパラダイムの選択が合理性を持たないということは、その人の必ずしも「科学」に関わらない部分の影響がそこに入ってくる可能性を示唆するだろう。アインシュタインの特殊相対論は、マイケルソン－モーレーの光速度の測定を説明するためではなく、電磁気学と力学の基礎方程式の対称性の考察から作られた、というのが現在の定説である。(1)また前頁注『アインシュタインの秘密』第一幕で桂愛景がいうように、レーナルトやシュタルクら、「ゲルマン的」物理学を唱えたナチスの物理学者たちが相対論や量子力学を激しく攻撃したことにも、一人の人間の政治的立場の選択と物理学におけるパラダイムの選択との間の「共鳴」を見ることができるかもしれない。第一章で水俣病などに触れて述べたように、研究はしばしば

(1) 広重徹科学史論文集Ⅰ『相対論の形成』みすず書房、一九八〇年。
これは「美しい」理論の要求である。この場合は「慣性系」の不要、すなわちあらゆる系の同等性・より一般的な法則の誕生、でもある。しかし、現在相対性理論が受け入れられているのは、マイケルソン－モーレーの測定をはじめとして全ての実験事実と一致するからであって、理論が美しいからではない。

その研究者の個人的な、あるいは階層的な利益によって方向が定められ、実体が歪められる。第五章で述べた「前進主義」、技術者が常にその専門分野の将来を楽観的に見て、自分の研究開発を推進しようとばかり考える実態も思い出してほしい。

第五に、クーンによって上記のように定義されたパラダイムの内容は、実はあまりはっきりしないところがある。最初に述べたように、科学・技術は本質的に細分化されてゆく。その中で、どの位の大きさの科学者集団におけるどのレベルの「手本」であるのかが明らかでない。万人が「革命」と認めるような大きな進展でなくとも、それまでの知識や考え方を全く変えないのならば、それは科学の論文ではないというべきだろう。柴谷篤弘がかつて、悪口としていうのではないと断りながら、「枚挙生物学」といい[2]、材料学者が「銅鉄主義[3]」と貶めるような仕事であっても、科学の論文である以上は何らかの新しいことを含んでいるはずである。明らかにそれらは、パラダイムの転換ではない。しかし両端のケースについてことの大小が自ずから合意されるとしても、その大きさは連続的につながって切れ目がない。その一方、研究を進めるときのお手本であるパラダイムは、多くの研究に共通でなければならない。そうであれば、パラダイムとは何なのだろうか。

(2) 柴谷篤弘『生物学の革命』中央公論社、一九六〇年。

(3) 銅について既にある研究をまねて、対象を銅から鉄に変えただけの研究。

パラダイム概念の有用性

こういった曖昧さもあって、パラダイムという概念は当初から科学哲学者たちに厳しく批判され、クーン自身は後には使わなくなった。しかしパラダイムという言葉自体は、さまざまな意味、さまざまなニュアンスを付して広く用いられて、今日に至っている。それは、研究の現場での実感を見事にいい当てているのもさることながら、一九七十年代以来のオルターナティヴィズムの象徴として用いられるのだ、と中山茂はいった。[1] 現在の状況に危機感を持つ者たちが、異なる発想による別の選択肢を考えるときに、多元主義と相対主義を端的に示すのに便利だ、というのである。

この中山の議論は、一九八十年代の歴史的事実としては正しいかもしれない。しかし現在の状況の説明としては、十分でないように見える。現在では、環境問題から経済成長まであらゆる問題が、技術的に解決できると期待されている。筆者がかつてある文科系の大学で物質・エネルギーの保存則の講義をしたときに、提出されたレポートの中に、エネルギーは保存するかもしれないが本当は保存しないかもしれないのだから、永久機関の研究は進めるべきだ、というものがあった。このような主観主義的な科学技術観、人間から独立して存在する自然法則を解明しようとしてきた過去の努力の成果を無視し、「これからの科学技術の進歩」によって願望が何でも充たされる筈だという思いこみは、社会に広く行き渡っている。実証されたことの全くない地震予知を現実的な技術と見なして予算を支出する政策決定者から、確定的法則として確認されていない危険は存在しないと考えるべきだと主張する企業家・技術者を経て、科学技術が社会的関係からだけ構成されると考える科学哲学者まで。そういった科学技術観を基盤として、あるいはその象徴として、パラダイムという言葉が現在広く用いられているように思われる。それは状況変革の志ではなく、例えば資源環境問題といった現実に明らかになりつつあ

(1) 中山茂編著『パラダイム再考』第一章、ミネルヴァ書房、一九八四年。

る問題に目をつぶって、現状をこのまま延長したい・できるという願望・思いこみと結びついている。であれば、パラダイムあるいはパラダイム転換という言葉は、というよりもこの言葉がもてはやされる今の状況は、ここまで述べてきたような、人間から自立している自然の存在の上に立った科学技術の特性と相容れない。もっとも、このような思いこみ自体が人々の願望を次々と実現してきた現代科学技術の成功の結果なのかもしれない。

しかし、環境問題を取り上げて自然科学・技術を総体的に考えるという我々の今の問題に即していえば、パラダイムという概念はそのときの科学技術の視野が限られているということを明示して、極めて有用である。既に述べたように、自然科学の特性はその分析的な方法によって規定されている。しかし現実として、社会的には非常にしばしば、科学技術は信ずべきものとして現れる。それは、上に述べた主観主義的な理解と表裏一体である。「信じる」というのはその対象を全体として把握していることを前提とするので、本質的に科学のことではない。科学者・技術者があることを述べたとき、そこで何をどのように考慮し何を考慮していないかを知ることは、基本的に重要である。

次の節では、前に定義した広い意味での「事故」、すなわち技術によって生じた目標以外の結果を吟味することで、この問題を考えてみよう。

2　事故について

パイプライン

具体的な例として、成田空港の燃料輸送のためのパイプライン建設に反対して、住民の起こした裁判(1)を取り上げる。施設を建設する側と、事故が起きたときに被害を被る側との問題の立て方の違いがはっきりと現れているからである。この違いは現代科学技術の本質に基づくので、四半世紀たったから解決されるといったものではないし、燃料輸送パイプラインの問題に限られるわけでもない。

成田空港の開港にともない、空港公団は千葉港から空港まで四四キロメートルのパイプラインを引いて、ジェット燃料を輸送する計画をたてた。パイプの口径は約三五センチメートルで肉厚一一ミリメートル、三〇気圧で圧送して一時間あたり五〇〇キロリットルの輸送能力を持つ。輸送される燃料は、推定者によって少しばらつきがあるが、大気圧で引火点が摂氏零下一〇～三〇度とされ、洩れたときには大きな爆発事故が予想される。この計画に対して、パイプラインが千葉市内で住宅地を通るのに反対する住民運動がおき、一九七二年六月に工事差し止めの仮処分を千葉地裁に申請した。その審理の過程で、高圧パイプラインの安全性が技術的観点からも議論されたのである。この裁判は住民側の請求を却下する地裁判決で終ったが、空港公団は計画をそのまま実行はせず、ルートを大きく変更した。その後二〇〇三年まで、大きな事故は発生していない。

(1) この裁判記録は、現代技術史研究会の機関誌『技術史研究』五二号（一九七二年）にある。また、湯浅欽史『自分史としての反技術』（れんが書房新社、一九八三年）第Ⅱ章を参照されたい。裁判記録と内容に関して、ご教示下さった湯浅欽史氏に感謝する。

この裁判で公団側は、内部の圧力によるパイプの円周を押し拡げようとする力を考える設計指針（ごく標準的なもの）を示し、使用するパイプは材質・構造とも十分にこの圧力に耐えうるものだとした。さらに、液体の高圧輸送は世界各地で行われており、総延長は石油に限ってもほぼ二百万キロメートルに及んでいて、三〇気圧という圧力も決して高くない。ごく普通の設備で心配する必要はない、と主張した。

これに対する住民側の主張は、技術的な面からは主として次の二点だった。

一、地中に埋設したパイプの破損の実例では、内圧によってパイプが膨らんで円周方向の応力に耐えられずに破裂することはほとんどなく、地盤の不等沈下などによる長手方向の曲げ応力によって折損することが多い。東京板橋（一九六九年）、大阪天神橋（一九七〇年）でのガス管の破損による大規模な爆発事故もそうで、それは周辺の工事が原因だったとされる。埋め立て地を含む計画路線の地盤や今後行われるだろう各種の工事の影響、ひんぱんな自動車交通や予想される地震の問題、さらに、一部既に行われていた工事の杜撰《ずさん》な実態から考えて、曲げ応力などに対するパイプラインの安全性は保証されていない。

二、世界的にみて高圧パイプラインは地盤の安定な、住民の少ない地域に建設されており、その実績は地形・地質の複雑な住宅地を通過する今回の計画の安全性を保証しない。特に、スイスの規制法規を適用すれば、今回の計画は承認されない。

ここに現れた議論の対立、というより議論のすれ違いは、本質的なものである。建設する側は、高圧パイプラインの強度を決める要因は内圧であり、それに対しては十分な考慮が払われている、と主張する。この点については異論がない(1)。内圧とパイプの口径は計画者が決める。それが決まれば要求される強度にはほとんど決定論的な解析が可能であり、従って世界中どこのパイプラインも同様に考えることができる。逆に口径と材質が決まれば内圧の上限は決まり、定常運転の際は、それを越えないようにする制御が可能である。工場の中のパイピングのような、設置した者の管理が行き届き、事故が起きた場合の被害が施設の内部に限られるような場合は、それで済むかもしれない。しかし公共の場所に埋設されて、生じる状況を完全には管理できず、また事故の被害が施設の設置によって直接利益を受けない市民におよぶと予想される場合には、課題はその先にある。埋設されたパイプには周囲から力がかかるが、それは周囲の状況によってさまざまである。その外力の研究はもちろん行われていて、場合によってはパイプへの荷重を推定する公式(2)も与えられている。しかしそれは、溝を掘ってその中にパイプを設置した後で埋め戻す、といったごく普通の工程で設置されたパイプにかかる土圧に対しても、溝の幅や土の剛性によって三つの式が与えられる、といった状況である。普通の意味での決定論的な法則ではない。したがって全長四四キロメートルのパイプライン全体を一つの数値で解析することが出来ないのはもちろんのこと、用いる公式や数値に恣意が入る可能性がある。実際空港公団の計画したパイプでは、その条件でつじつまのあった計算をすれば、使用するパイプの強度の限界を越えて壊れる結果になっている、という住民側の批判を浴びている。

(1) これは、この範囲の材料工学が現在では成熟した技術で、製品が十分良く制御されていることによる。富塚清（『動力物語』岩波新書、一九八〇年）によれば、十九世紀後半のイギリスでは、蒸気機関の高圧化に材料強度が追いつかなかったために、ボイラーの爆発事故が二十年間に一万件を越えたという。成層圏を飛んだ最初のジェット旅客機コメットの空中爆発事故も、小さな繰り返し荷重による金属疲労という事実が認識されていなかったことによる、同様の例である。現在でも、たとえば原子炉内の冷却系などは、このパイプラインの例と同様に考えることは出来ない。軽水炉でも応力腐食割れの問題はまだ解決していないし、高速増殖炉のナトリウム漏洩事故は世界中で繰り返し起きた。

作る側のマクロな見方と作られる側のミクロな見方

このように設置した者が制御することのできない要因は、通常、計算結果に安全率をかける、という形で副次的に考慮される。安全率の数値がどのような解析によって決定されたかはあまり明らかでないことが多いようだが、いずれにしてもそれは統計的なもので、決定論的なものではない。安全率が足りない事態がある確率で起こることは、予定されている。

外力を考慮する程度によっては、設計方針の変更も有りうる。たとえば、全線トンネルを掘って外力はその壁で遮断し、内部にパイプラインを設置して漏れなどの異常を常時監視するような設備を作れば、安全性はかなり向上するだろう。実際このパイプラインについても、電車の軌道の下をくぐるときにはパイプを直接埋めず、電車の通過による繰り返し荷重を受けとめるトンネルの中を通す計画だった。それでも、トンネルの壁の強度にもよるが、大地震の時の地盤のずれ、大規模な不等沈下、重量物の直撃などの危険を完全に除くことはできない。しかしそれ以前に、全線をこのような構造にすることは、コストが大きすぎて行われない。

住民との話し合いの場などであからさまにいわれることは少ないが、事故の起きる確率をある程度以上小さくするのは、現在の工学の目的ではない。それは「過剰」設計である。工学に求められるのは、その設備を作る費用、維持・運転にかかる費用と、補償も含めて事故が起きたときにかかる費用の和が、最小になるような設計である。「事故が起きたときにかかる費用」は社会的に決まるので、技術的に評価することはできない。それまでの傾向を適当に引き延ば

（2）Spangler の公式

$$W = C_d \gamma B D, \quad (1)$$
$$W = C_d \gamma B^2, \quad (2)$$
$$W = C_c \gamma D^2. \quad (3)$$
$$C_c = \frac{\exp[2K\mu h/D] - 1}{2K\mu}$$
$$C_d = \frac{1 - \exp[-2K\mu h/B]}{2K\mu}$$

右の式で、Wは単位長さあたりで管に上からかかる土の荷重、γは土の単位体積重量、Bは溝幅、Dは管の直径。またhは埋設の深さで、Kは鉛直土圧に対する水平土圧の比、μは摩擦係数である。
(1)は溝幅が狭くて周りの土を締め固めたとき、
(2)は溝幅が狭くて周りの土が緩いとき、
(3)は溝幅が管の直径に比べて十分広いときに使われるべきものとされる。

し、加害者被害者の力関係を考慮して推定する[1]ことになる。その決定の過程はしばらく措く。この考え方では、事故は基本的に統計的・確率的に扱われる。決定論的に事前に解析できる部分は、その解析に従って回避される[2]。パイプラインでいえば、内圧による円周方向の張力に対して材質と肉厚を決めるプロセスである。しかし、系を外部から完全に隔離して、考慮しなかった効果をすべて決定論的に排除することは、できないから行われない。決定論的に、ミクロに過程を扱うことをせずに、統計的に平均値と標準偏差で扱うならば、つまり問題をマクロに扱う[3]ならば、ゆらぎによってある確率で事故は起きる。その確率が十分低く、全体として事故が起きたための費用が事故を回避するための費用より低ければそれでよい、というのが「作る側」の論理である。

施工の手抜きなども同じように扱われる。阪神大震災でも広く明らかになったように、工事が設計通りに行われない可能性は常にある。その結果の重要性に従って検査を厳しくするわけだが、仕様通りに行われない確率をゼロにすることはできない。住民側が施工の状況を具体的に取り上げて、仕様通りに行われていない実態を問題にするのに対して、作る側の返答が「これこれの仕様に従って施工することとしているから、問題はない」という形で建て前論に終始するのは、そのためである。

これに対して、事故で被害を受ける住民の側は、問題を確率的に考えて金銭的に処理する、ということが原理的に出来ない。回復可能な軽微な被害ならできるかもしれないが、一般的にはそうでない。事故で子供が死んだとき、補償金をもらってバランスがとれたと思う親はいな

(1) 水俣病のチッソ、ＨＩＶ血液製剤のミドリ十字などは、補償費用（加害の大きさ）を過小評価して誤った例である。逆に足尾銅山鉱毒事件における古河鉱業は、政治権力との結びつきによってその費用を切り下げることに成功した。

(2) 決定論的に起きるのは故意の加害であって事故ではないが、それもないわけではない。前の注で挙げた例はいずれも、少なくともある時期以降は、故意であった。

(3) 生産ラインで欠陥製品を少なくする管理技術は、分野によらず戦後の日本で最も成功したものの一つである。それは推計学を用いた確率的手法の成果であり、同じ製品を大量に作るときに有効である。コンクリートに関連して近ごろ明らかになったように、欠陥の存在が明らかになるまでに長い時間がかかるようなときや製品の数が少ないとき、つまりマクロな取り扱いが適用し難いときには有効でない。なお、コンクリートの強度

いだろう。また、四四キロメートルのパイプライン全線、あるいは世界のパイプライン全体で事故の起きる確率などには興味がない。全体の確率がいくらであろうと、実際に事故が起きてしまえば、その当事者にとってことの大きさをその確率で測る訳にはいかない。したがって住民は決定論的に、ミクロな観点から事故が起きない保証を求める。その計画の実現による利益に直接関係がなければ、彼らにとっては全体の計画（今の例では成田空港の建設）を実施しないという選択肢があるから、他の方法（例えばタンクローリーによる輸送）より安全だ、という論理は通用しない。このような住民の要求には、今の科学技術は論理的には答えられないのである。可能なあらゆる事故の過程を決定論的に回避することは不可能だからである。また民主主義社会であるからには、マクロな観点に立つことを立場（利害）を異にする住民に強制することは出来ないし、またすべきではない。

3 「リスクの科学」と予防原則

装置のどこかが故障したときにそれが事故に発展する過程や、その事故が環境に及ぼす影響の確率的な取り扱いは、信頼性工学とかリスク科学とか呼ばれる。初期の有名な例は、アメリカの原子力規制委員会が依頼して行った原子炉の事故についての定量的な評価であろう[4]。この評価の結果自体は安全性について楽観的すぎるという批判が強く、規制委員会も現在は支持していないが、その方法は踏襲され、広く用いられている。事故に至る過程をモデル化して細かく分け、それぞれについて故障の発生確率を過去のデータから推定して、それを積み上げる（確

低下が施工法自体の問題でもあることについては、小林一輔『コンクリートが危ない』（岩波新書、一九九九年）を参照。

（4）Reactor Safety Study, WASH-1400 (1975). 主導者の名前によって、ラスムッセン報告と呼ばれる。

率を掛け合わせる）ことで全体として事故の起きる確率を推定する、というものである。事故に至るさまざまな経路が考察の対象となる。また、事故が結果する危険についても、たとえば原子炉でいえば、事故によって放射能が放出されたときに、どの程度の放射能がどの範囲にどのように散らばって住民をどの程度被曝させ、それがどれほどの損失をもたらすか、といったことまでを確率的に計量して、リスクを推定しようというのである。この方法についてここで詳しく述べる余裕はないが[1]、前節で述べたマクロな視点に由来する制約以外にも、その内部にいくつかの基本的な問題があることを述べておきたい。

まず第一に、考える故障の発生確率の推定が必ずしも容易ではない。例えばある部品で故障が起きる頻度は、使用時間によって変わる。その時間依存性にはさまざまなパターンがあり、いくつかのモデルが提案されていて、どれをとるべきか最初から判っているわけではない。

次に、仮に素過程の故障確率が推定できたとしても、全体の発生確率をそれらの積で推定できるかどうかは、明らかでない。別のいい方をすれば、それらが独立な事象であるかどうかは詳しく検討されなければならない。二つ以上の過程が同じ原因で生じるならば、それら一つ一つの起きる確率の積はその二つの過程が同時に起きる確率としては過小評価である。また、いくつかの要因が共存するときに惹き起こされる結果が重篤になる場合があることは、化学物質の複合汚染などでよく知られている。構造体の応力腐食割れなどもその例である。これをきちんと扱おうとするならば、原因のさまざまな組み合わせを全部考えなければならなくなるから、考えるべき場合の数が飛躍的に大きくなって、扱いきれない。

（1）たとえば、『リスク学事典』（ＴＢＳブリタニカ、二〇〇〇年）、松原純子『リスク科学入門』（東京図書、一九八九年）などを参照。

さらに重要なことに、このようにしてシステムを全体として評価した結果を検証する手段がない。現在の計算機の性能を利用すれば、あるモデルに現れるパラメータに値を与えれば、モデルがかなり複雑でも計算結果は得られる。しかし、そこで用いられた前提や仮定が現実を正しく反映しているかどうかは、結局のところその系で同種の事故が何回か起こった後でなければわからない。それでは、リスクを前もって知ろうという目的は達成できないことになる。結果を検証する手段がないという意味で、「リスク科学」は実証科学ではない。

それと関係するが、「リスク科学」は未知の要因を扱うことができない。二四八頁の注で挙げた例でいえば、小さい繰り返し荷重による金属疲労という現象が認識されるまで、高空を飛ぶ航空機の空中爆発の危険性は正当に評価されなかった。環境ホルモンの発見も、化学物質の危険性についての同様の例である。

原理的には、数が少ないときには確率的法則は有用でない、ということがある。平均値よりも揺らぎの方が大きくなるからである。たとえば、ある量を一度だけ測定してある値が得られても、その値によってその量を推定することはできない。分散が無限大で信頼度がゼロだからである。方法としては、このような場合は現象を決定論的に追うべきなのである。しかしそれは、既に述べたように事故の起きる条件を前もって決めておくことはできないから、できない。

リスク科学が無効だというのではない。認識されている危険についてプロセスの危険度の比較をしてシステムの選択をしたり、既存のシステムのどこを改良すれば危険度がもっとも効果的に減るかを考えるようなときには、つまり現場での行動指針を与えるのには有効である。例えば前節の例で、ジェット燃料のパイプラインによる輸送とタンクローリーによる輸送の危険度の比較には有効であろう。そのためにさまざまな努力が続けられている。しかしその範囲を超えて、危険度を客観的に（実証できる形で）評価できるかのような主張には根拠がないし、それによって住民を説得するような能力はない、というのである。

確率論的なアプローチのもつこのような限界によって、大事故の可能性がある場合には予防原則[1]によって対応すべきだといわれるようになった。社会的には高速増殖炉「もんじゅ」の安全審査のやり直しを命じた二〇〇三年一月の金沢高裁判決によって有名になったが、考えられる被害がある程度以上大きい計画は、それを防ぐ手段が決定論的に明らかにされなければ実行すべきではない、というものである。これはかなり以前から提案されているけれども、司法的・行政的にはもちろん、社会的にも広く認められているとはまだいえない。この原則を認めるとさまざまなプロジェクトの遂行に支障が出ることが予想されるので、政府などプロジェクトを計画する側で反対の声が強い。また、想定される被害がどの程度大きければこの原則を認めるべきかといったことも、まだあまり議論されていない。しかし、ここまで述べたことから明らかなように、平均値による確率論的なマクロな議論には本来限界があるのであって、その限界を無視することが周辺住民（人類）にとって致命的な結果をもたらす可能性を現実化するまでに、現代の技術は進歩してしまった、といえよう。その意味で「予防原則」は当然のことである。

（1）たとえば、雑誌『環境ホルモン』第三号、藤原書店、二〇〇三年。

4　トランス科学

前節で、リスク科学は実証科学ではない、と述べた。実証できない問題は、もっと科学に近いところにもある。たとえば、第三章で述べた微量の放射線の影響である。柴谷篤弘が一九七三年に「反科学論」でワインバーグ[2]を引用して述べた[3]例を再引用すれば、〇・三シーベルトの放射線を浴びたハツカネズミの突然変異率が二倍になるとして、放射線量と突然変異率が比例する（第三章参照）ならば、一・五ミリシーベルトならば〇・五％高くなるはずである。これを九五％の信頼度で実験的に確認しようとすれば、八十億匹のハツカネズミを必要とする。信頼度六〇％としても、二億匹である。これだけの数のハツカネズミを、放射線の影響以外はすべて同じ条件で、飼うことはできない。だから科学は、この問題に対して実際に答を与えることができない。このような領域をワインバーグは trans-science と呼び、柴谷は「超科学」と訳している。「超」といっても、super ではない。科学を超えた、もっと有能な認識方法があるわけではない。原理的には科学で扱える筈でも、条件が制御できないために実際上は科学が扱えない領域がある、というのである。ここではトランス科学といおう。科学とトランス科学の境界は、固定的なものではないだろう。ある意味では、その境界を動かして科学の領域を広げる努力が研究だといえるかもしれない。また問題によって、トランス科学の科学からの距離もさまざまだろう。しかしいずれにしても、科学的方法には限界があるのである。

明らかに、これまでに述べた「事故」（技術が社会にもたらす本来の目的以外の結果）の問題

（2）A. L. Weinberg : "Science and trans-science", Minerva, **10** (1972) 209 - 222.

（3）柴谷篤弘『反科学論』みすず書房、一九七三年。ちくま学芸文庫から一九九八年再版。ここで引用した部分は、ちくま学芸文庫版二三三頁。

もトランス科学の領域に入る。技術が想定しなかった結果は、実際に制御しきれない部分に起因するからである。だから柴谷がいうように、「新しい技術が社会にもたらされるごとに、安全性についてトランス科学的な問題が持ち込まれ」、しかも早急に答を出すことが求められる。その例は、当然、枚挙に暇がない。「科学を無視して解答を考えるわけにはいかないが、科学は決定的な解答を与えることができない[1]」。第一章で、必要な因果関係がストレートに現れるように制御された空間に閉じこもることで技術が成立する、と述べたことを思い出して欲しい。

このような科学の限界は、実際に「事故」が起きる前の、安全性の議論に限られない。「事故」が起きた後でも、特に環境に関わる問題では、その原因を「科学的」に特定することはしばしば非常に難しい。制御されない環境では考えうる原因が多く、単一ではないからである。第二・六章で述べた地球温暖化でも、二酸化炭素の収支が明確でないこともあって、二酸化炭素は温暖化の原因ではなくて結果なのだ、という説を唱える研究者がいる[2]。オゾンホールの出現というドラマティックな事件があったにしても、フロンがオゾンを減少させて皮膚癌の増加を招く、として国際的な規制が比較的短期間に合意されたのは、むしろ特異な事件であった。だから、その裏に企業間・国家間の競争に関わる思惑も噂されたりする。

環境問題の原因を特定して対策を立て、社会的に実行に移すにはさまざまな異論を説得しなければならない。異論にもいろいろなレベルがあるが、第一章で水俣病に関連して述べたように、意図的な妨害を疑わせるところまでスペクトルは連続的につながる。多くの場合、「専門家」がそこに登場する。水俣病の原因をチッソの排水ではないとする説を唱えた者たちが大学

(1)『反科学論』第Ⅳ章、ちくま学芸文庫版二二六頁。

(2) 第六章付記1参照。

教授などでなかったならば、それらの説の多くは提出もされえなかっただろう。[3]「科学」の手続きとしては、それらすべてを検討しなければならない。そこで費やされる時間は、被害を大きくし、問題の解決を難しくする時間である。かつて宇井純が日本物理学会での講演「公害問題に現れた科学的方法論の限界」[4]で、公害に際して「科学」はしばしば必要な吟味を欠いて意図的に用いられ、権威を利用して批判の機会を遮断し、誤った結論を導く手段になっている、と断じたのはそのためである。宇井はそこで、公害は被害の発生で始まり、大抵の場合現場をよく見れば原因はすぐわかるけれども、その原因から被害にいたる過程を科学的に跡づけるのは極めて難しい、といっている。

一つの企業、工場、製品に関わる公害問題でなく地球規模の環境問題になると、現場を見れば原因の見当がつく、というわけには必ずしもいかないだろう。しかしそれ以外の点では、宇井の指摘は全くその通りである。それは、「科学的方法」を意図的に逸脱する科学者・技術者の存在を含めて、問題が「トランス科学」的なものだからである。科学技術に頼って環境問題を解決することはできない。

(3) 環境問題についての社会的合意形成過程への意図的な介入については、左記を参照。シャロン・ビーダー著、松崎早苗監訳『グローバルスピン』創芸出版、一九九九年。

(4)『日本物理学会誌』三五巻(一九八〇年)九五五頁。

5 市民である科学者・科学をする市民

しかし公害・環境問題が、それを引き起こした科学・技術抜きに解決できるはずもない。であれば、われわれは環境問題にどう対応したらいいのだろうか。

ここまで述べてきたことから明らかなように、こうやっていれば大丈夫だ、というマニュアルは原理的に存在しない。未知の領域で、分析的方法を適用する前提が充たされていない。全的に理解する方法はそもそもない。科学・技術の限界と制約を認識し、事実に基づいて議論を進めるしかない。その「幸せ」な例は前章で紹介した。しかしそこでも述べたように、問題の所在を確認して解決に努力すればそれだけの成果は上がるだろうが、仮にそれが出来たとしても、必ず正しく対処できるという保証はない。

しかし、「こと」の面からではなく「ひと」の面から問題を眺めれば、少し違って見えるところがあろうかと思われる。かつて末石冨太郎は九州大学比較社会文化研究科の集中講義で、環境問題に対応する時の目標として「後悔最小」[(1)]を掲げた。[(2)]たとえ失敗しても、社会的に、また科学技術の面から、出来るだけのことはした、と被害者を含めて関係者が考えることの出来るような対応をしようというのである。

もちろんこれは容易なことではない。後悔という主観的な感情をお互いに理解しあい、「社会化」する、という難問が控えている。例えば水俣病発生当時のチッソの経営責任者たちに廃液が原因であることを隠蔽できなかったという後悔があったとしてそれを、あのような廃液を流すべきではなかった、という後悔（今はそう思っているのだろうと思いたい）に変換することなしには、「最小にすべき後悔」は現れてこない。そしてその変換は、今も続く被災者たちの苦難に満ちた闘いによってようやく実現したのだった。しかし、それがもっとスムースに出来るような社会は、少なくとも原理的には、考えることが出来よう。

後悔最小を実現するのに必要な「社会化」のための最低の条件は、「科学・技術」を「科学

（1） regret minimum.

（2） 前記『リスク科学事典』によれば、リスク科学には、「後悔ゼロ」という概念があるようだ。しかし、「後悔最小」と「後悔ゼロ」は全く違う。「後悔ゼロ」の想定は、一通りしか考え方がない、という仮定の上でしかできないことである。様々な立場の多くの人々がかかわる環境問題に関して、「後悔ゼロ」はあり得ない。

者・技術者」だけのものとしないことであろう。全ての人々が、否応なしに環境問題の当事者だからである。科学者・技術者としての階層的な利害に基づいて対応していては環境問題が解決しない、というのはほとんど自明であり、またその実例には事欠かない。ここでは、科学者の市民としてのあり方が問われている、ともいえよう。

花崎皋平は、約二十年前に『科学者の社会的責任』について(3)」と題する日本物理学会での講演で、「個々の物理学者、あるいは総体としての物理学者が、自分達の研究の結果について自分達だけで完全に責任を負うことはできません、という答から出発するとき、ある種の安心というか、人としての見え方、関係の結び方が始まるような気がする」と述べている。講演の行われた場の性質上、花崎のこの言葉は必ずしも環境問題に限定していわれたわけではない。また物理学者に向けられている。しかしこれは、当然全科学者・技術者に対していわれているのであって、第五・六章で述べたような現在の社会の中の科学者・技術者の位置を考えれば、これは、第一義的には科学者・技術者の側の覚悟・責任を問うているのである。

と同時に花崎の言葉は、それを受けとめる意志と能力を持った市民社会の存在を前提としている。第六章で述べたように、科学は議論の土台となる共通の言語を提供しうるので、それを有効に利用することによって、後悔最小であるような問題解決の可能性を増やすことが出来る、と期待できよう。学部を限らず全学生を対象とする講義で、環境問題を「科学の総体的な性格」と関連づけて考えて来たのも、そのためである。

(3)『科学・社会・人間』三号、一九八二年、二頁。花崎皋平『生きる場の風景』朝日新聞社、一九八四年、一五六頁。

著者紹介 （掲載順）

吉村和久（よしむら・かずひさ）

1950年山口県生まれ。九州大学理学部化学科卒業、同大学院理学研究科化学専攻修士・博士課程修了。理学博士。現在、九州大学大学院理学研究院教授。

専攻は分析化学、地球化学。

著書に、日本地下水学会編『地下水水質の基礎』（第九章「石灰岩地域の地下水」、理工図書、2000年）他。

前田米藏（まえだ・よねぞう）

1944年鹿児島県生まれ。九州大学理学部化学科卒業、同大学院理学研究科化学専攻後期課程中退。理学博士。現在、九州大学理学研究院教授。

専攻は放射化学、錯体化学。

著書に、『放射化学・放射線化学』（改訂四版、共著、南山堂、2002年）他。

中山正敏（なかやま・まさとし）

1936年福岡県生まれ。東京大学理学部物理学科卒業、同大学院数物系研究科物理学課程卒業。理学博士。九州大学教養部・理学部教授を経て、現在放送大学教授。

専攻は物性物理学、資源環境物理学。

著書に、『環境理解のための熱物理学』（白鳥紀一との共著、朝倉書店、1995年）他。

吉岡　斉（よしおか・ひとし）

1953年富山県生まれ。東京大学理学部物理学科卒業、同大学院理学系研究科科学史・科学基礎論課程博士課程単位取得退学。現在、九州大学大学院比較社会文化研究院教授。内閣府原子力委員会専門委員、および経済産業省総合資源エネルギー調査会委員を兼任。

専攻は科学技術史、科学技術政策。

著書に、『原子力の社会史――その日本的展開』（朝日新聞社、1999年）など多数。

井上有一（いのうえ・ゆういち）

1956年奈良県生まれ。京都大学文学部文学科卒業、ブリティッシュ・コロンビア大学大学院地域計画研究科修了。現在、京都精華大学人文学部環境社会学科勤務。

主な関心領域は、北アメリカや日本の環境思想（さらに、エコロジーの哲学や思想を応用したものとしての環境教育や環境社会問題への市民的対応）。

共編書に、『ディープ・エコロジー ―― 生き方から考える環境の思想』（昭和堂、2001年）他。

編者紹介

白鳥紀一（しらとり・きいち）

1936年千葉県生まれ。東京大学理学部物理学科卒業、同大学院数物系研究科物理学課程中退。理学博士。九州大学理学部教授を経て、現在法政大学工学部客員教授。
専攻は物性物理学、資源環境物理学。
著書に、『環境理解のための熱物理学』（中山正敏との共著、朝倉書店、1995年）『「循環型社会」を問う』（共著、藤原書店、2002年）他。

物理・化学から考える環境問題
——科学する市民になるために——

2004年3月30日　初版第1刷発行©

編　者　白　鳥　紀　一
発行者　藤　原　良　雄
発行所　株式会社　藤　原　書　店

〒162-0041　東京都新宿区早稲田鶴巻町523
TEL　03（5272）0301
FAX　03（5272）0450
振替　00160-4-17013

印刷・製本　モリモト印刷

落丁本・乱丁本はお取り替えします
定価はカバーに表示してあります

Printed in Japan
ISBN4-89434-382-7

「環境学」生誕宣言の書

環境学　第三版

（遺伝子破壊から地球規模の環境破壊まで）

市川定夫

多岐にわたる環境問題を統一的な視点で把握・体系化する初の試み＝「環境学」生誕宣言の書。一般市民も加害者となる現代の問題の本質を浮彫る。図表・注・索引等、有機的立体構成で「読む事典」の機能も持つ。環境ホルモンなどの最新情報を加えた増補決定版。

Ａ５並製　五二八頁　**四八〇〇円**

（一九九九年四月刊）

◇4-89434-130-1

名著『環境学』の入門篇

環境学のすすめ

（21世紀を生きぬくために）上・下

市川定夫

遺伝学の権威が、われわれをとりまく生命環境の総合的把握を通して、快適な生活を追求する現代人（被害者にして加害者）に警鐘を鳴らし、価値転換を迫る座右の書。図版・表・脚注を多数使用し、ビジュアルに構成。

Ａ５並製　各二〇〇頁平均　**各一八〇〇円**

（一九九四年一二月刊）

上◇4-89434-004-6　下◇4-89434-005-4

「医の魂」を問う

冒される日本人の脳

（ある神経病理学者の遺言）

白木博次

東大医学部長を定年前に辞し、ワクチン禍、スモン、水俣病訴訟などの法廷闘争に生涯を捧げてきた一医学者が、二〇世紀文明の終着点においてすべての日本人に向けて放つ警告の書。

四六上製　三二〇頁　**三〇〇〇円**

（一九九八年一二月刊）

◇4-89434-117-4

「水俣病」は、これから始まる

全身病

（しのびよる脳・内分泌系・免疫系汚染）

白木博次

「水俣病」が末梢神経のみならず免疫・分泌系、筋肉、血管の全てを冒す「全身病」であると看破した神経病理学の世界的権威が、「環境ホルモン」の視点から、「有機水銀汚染大国」日本を脅かす潜在的水銀中毒を初めて警告！

菊大上製　三〇四頁　**三二〇〇円**

（二〇〇一年九月刊）

◇4-89434-250-2

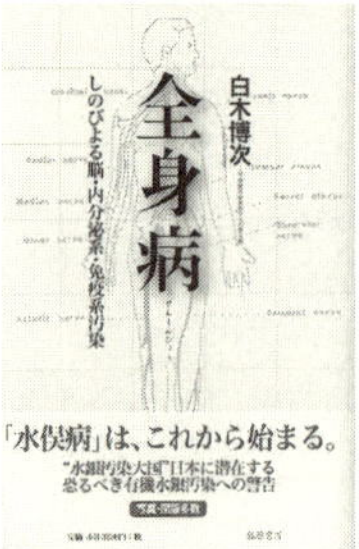

「循環型社会」は本当に可能か

「循環型社会」を問う

〈生命・技術・経済〉

エントロピー学会編

責任編集＝井野博満・藤田祐幸

「生命系を重視する熱学的思考」を軸に、環境問題を根本から問い直す。

柴谷篤弘／室田武／勝木渥／白鳥紀一／井野博満／藤田祐幸／松崎早苗／関根友彦／河宮信郎／丸山真人／中村尚司／多辺田政弘

菊変並製　二八〇頁　二二〇〇円
（二〇〇一年四月刊）
◇4-89434-229-4

エントロピー学会二〇年の成果

循環型社会を創る

〈技術・経済・政策の展望〉

エントロピー学会編

責任編集＝白鳥紀一・丸山真人

〝エントロピー〟と〝物質循環〟を基軸に社会再編を構想。

染野憲治／辻芳徳／熊本一規／川島和義／筆宝康之／上野潔／菅野芳秀／桑垣豊／秋葉哲／須藤正親／井野博満／松崎早苗／中村秀次／原田幸明／松本有一／森野栄一／篠原孝／丸山真人

菊変並製　二九六頁　二四〇〇円
（二〇〇三年二月刊）
◇4-89434-324-X

〝水の循環〟で世界が変わる

水の循環

〈地球・都市・生命をつなぐ〝くらし革命〟〉

山田國廣編

加藤英一・本間都・山田國廣・鷲尾圭司

いきいきした〝くらし〟の再創造のため、漁業、下水道、ダム建設、地方財政など、水循環破壊の現場にたって変革のために活動してきた四人の筆者が、新しい〝水ヴィジョン〟を提言。

＊図版・イラスト約一六〇点

A5並製　二五六頁　二二〇〇円
（二〇〇二年六月刊）
◇4-89434-290-1

有明海問題の真相

よみがえれ！〝宝の海〟有明海

（問題の解決策の核心と提言）

広松 伝

瀕死の状態にあった水郷・柳川の水をよみがえらせ（映画『柳川堀割物語』）、四十年以上有明海と生活を共にしてきた広松伝が、「いま瀕死の状態にある有明海再生のために本当に必要なことは何か」について緊急提言。

Ａ５並製　一六〇頁　**一五〇〇円**
（二〇〇一年七月刊）
◇4-89434-245-6

諫早干拓は荒廃と無関係

有明海はなぜ荒廃したのか

（諫早干拓かノリ養殖か）

江刺洋司

荒廃の真因は、ノリ養殖の薬剤だった！「生物多様性保全条約」を起草した環境科学の国際的第一人者が、政・官・業界・マスコミ・学会一体の驚くべき真相を抉り、対応策を緊急提言。いま全国の海で起きている事態に警鐘を鳴らす。

四六並製　二七二頁　**二五〇〇円**
（二〇〇三年一一月刊）
◇4-89434-364-9

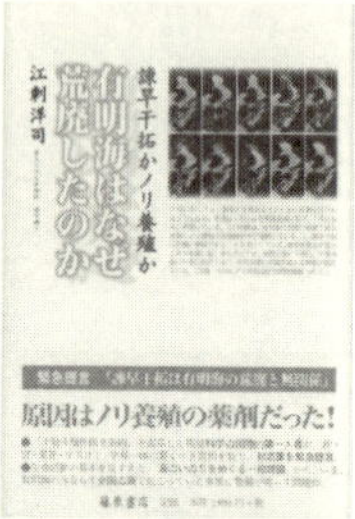

湖の生理

新版 宍道湖物語

（水と人とのふれあいの歴史）

保母武彦監修／川上誠一著

国家による開発プロジェクトを初めて凍結させた「宍道湖問題」の全貌を示し、宍道湖と共に生きる人々の葛藤とジレンマを描く壮大な「水の物語」。「開発か保全か」を考えるうえでの何よりの教科書と評された名著の最新版。

小泉八雲市民文化賞受賞

Ａ５並製　二四八頁　**二八〇〇円**
（一九九二年七月／一九九七年六月刊）
◇4-89434-072-0

新しい学としての「水俣学」

水俣学研究序説

原田正純・花田昌宣編

原田正純の提唱する「水俣学」を総合的地域研究として展開。現地で地域の患者・被害者や関係者との協働として活動を展開する医学、倫理学、人類学、社会学、福祉学、経済学、会計学、法学の専門家が、今も生き続ける水俣病問題に多面的に迫る画期作。

Ａ５上製　三七六頁　**四八〇〇円**
（二〇〇四年三月刊）
◇4-89434-378-9

ゴルフ場問題の〝古典〟

新装版
ゴルフ場亡国論
山田國廣編

リゾート法を背景にした、ゴルフ場の造成ラッシュに警鐘をならす、「ゴルフ場問題」火付けの書。現地で反対運動に携わる人々のレポートを中心に構成したベストセラー。自然・地域財政・汚職…といった総合的環境破壊としてのゴルフ場問題を詳説。口絵カラー。

Ａ５並製　二七六頁　**二〇〇〇円**
（一九九〇年三月／二〇〇二年三月刊）
◇4-89434-331-2

現代日本の縮図＝ゴルフ場問題

ゴルフ場廃残記
松井覺進

九〇年代に六百以上開業したゴルフ場が、二〇〇二年度は百件の破綻、負債総額も過去最高の二兆円を突破した。外資ファンドの買い漁りが激化する一方、荒廃した跡地への産廃不法投棄も続いている。環境破壊だけでなく人間破壊をももたらしているゴルフ場問題の異常な現状を徹底追及する迫真のドキュメント。口絵四頁。

四六並製　二九六頁　**二四〇〇円**
（二〇〇三年三月刊）
◇4-89434-326-6

環境への配慮は節約につながる

1億人の環境家計簿
（リサイクル時代の生活革命）
山田國廣　イラスト＝本間都

標準家庭（四人家族）で月３万円の節約が可能。月一回の記入から自分のペースで取り組める、手軽にできる環境への取り組みを、イラスト・図版約二百点でわかりやすく紹介。環境問題の全貌を〈理論〉と〈実践〉から理解できる、全家庭必携の書。

Ａ５並製　二二四頁　**一九〇〇円**
（一九九六年九月刊）
◇4-89434-047-X

家計を節約し、かしこい消費者に

だれでもできる
環境家計簿
（これで、あなたも〝環境名人〟）
本間都

家計の節約と環境配慮のための、だれにでも、すぐにはじめられる入門書。「使わないとき、電源を切る」……これだけで、電気代の年一万円の節約も可能になる。**図表・イラスト満載。**

Ａ５並製　二〇八頁　**一八〇〇円**
（二〇〇一年九月刊）
◇4-89434-248-0

最新データに基づく実態

地球温暖化とCO_2の恐怖

さがら邦夫

地球温暖化は本当に防げるのか。温室効果と同時にそれ自体が殺傷力をもつCO_2の急増は「窒息死が先か、熱死が先か」という段階にきている。科学ジャーナリストにして初めて成し得た徹底取材で迫る戦慄の実態。

Ａ５並製　二八八頁　二八〇〇円
（一九九七年一一月刊）◇4-89434-084-4

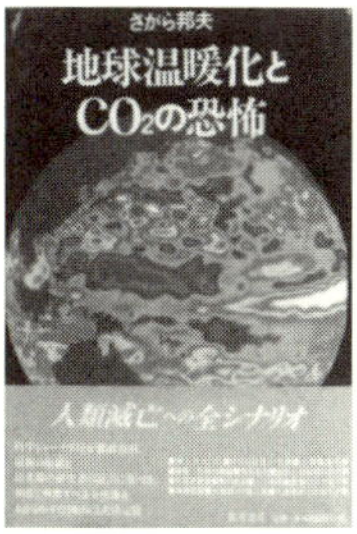

「京都会議」を徹底検証

地球温暖化は阻止できるか

〈京都会議検証〉

さがら邦夫編／序・西澤潤一

世界的科学者集団ＩＰＣＣから「地球温暖化は阻止できない」との予測が示されるなかで、我々にできることは何か？　官界、学界そして市民の専門家・実践家が、最新の情報を駆使して地球温暖化問題の実態に迫る。

Ａ５並製　二六四頁　二八〇〇円
（一九九八年一二月刊）◇4-89434-113-1

「南北問題」の構図の大転換

新・南北問題

〈地球温暖化からみた二十一世紀の構図〉

さがら邦夫

六〇年代、先進国と途上国の経済格差を組上に載せた「南北問題」は、急加速する地球温暖化でその様相を一変させた。経済格差の激化、温暖化による気象災害の続発――重債務貧困国の悲惨な現状と、「ＩＴ革命」の虚妄に、具体的数値や各国の発言を総合して迫る。

Ａ５並製　二四〇頁　二八〇〇円
（二〇〇〇年七月刊）◇4-89434-183-2

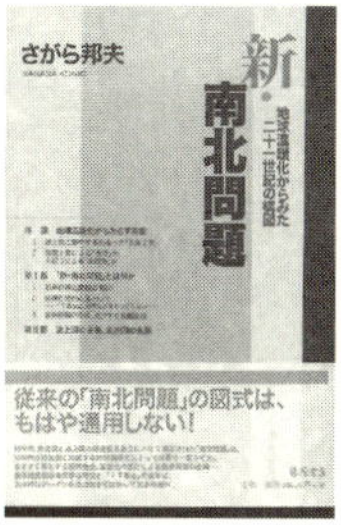

超大国の独善行動と地球の将来

地球温暖化とアメリカの責任

さがら邦夫

巨大先進国かつCO_2排出国アメリカは、なぜ地球温暖化対策で独善的に振る舞うのか？　二〇〇二年のヨハネスブルグ地球サミットを前に、アメリカという国家の根本をなす経済至上主義と科学技術依存の矛盾を突き、新たな環境倫理の確立を説く。

Ａ５並製　二〇〇頁　二二〇〇円
（二〇〇二年七月刊）◇4-89434-295-2

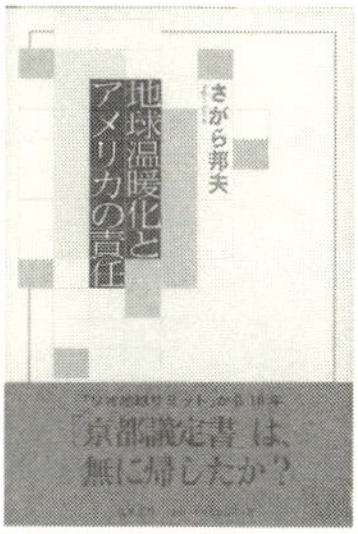

市民の立場から考える

環境ホルモン

Journal of Endocrine Disruption
Civilization, Society, and Life
【文明・社会・生命】

（年２回刊）菊大判並製

「環境ホルモン」という人間の生命の危機に、我々はどう立ち向かえばよいのか。国内外の第一線の研究者及び市民が参加する画期的な雑誌。

vol. 1〈特集・**性のカオス**〉

〔編集〕綿貫礼子・吉岡　斉

〔特集〕 堀口敏宏／大嶋雄治・本城凡夫／水野玲子／松崎早苗／貴邑冨久子

〔寄稿〕 J・P・マイヤーズ／S・イエンセン／Y・L・クオ／森千里／上見幸司／趙顯書／坂口博信／阿部照男／小島正美／井田徹治／村松秀

〔コラム〕 川那部浩哉／野村大成／黒田洋一郎／山田國廣／植田和弘

〔座談会〕いま、環境ホルモン問題をどうとらえるか
綿貫礼子＋阿部照男＋上見幸司＋貴邑冨久子＋堀口敏宏＋松崎早苗＋吉岡斉＋白木博次

312 頁　**3600 円**　◇4-89434-219-7（2001 年 1 月刊）

vol. 2〈特集・**子どもたちは、今**〉

〔編集〕綿貫礼子

〔特集〕 正木健雄／水野玲子／綿貫礼子

〔シンポジウム〕近代文明と環境ホルモン
貴邑冨久子＋多田富雄＋市川定夫＋岩井克人＋井上泰夫＋松崎早苗＋堀口敏宏＋綿貫礼子＋吉岡斉

〔寄稿〕 綿貫礼子／貴邑冨久子＋舩橋利也＋川口真以子／井上泰夫／吉岡斉／松崎早苗／堀口敏宏

〔特別インタビュー〕 白木博次

256 頁　**2800 円**　◇4-89434-262-6（2001 年 11 月刊）

vol. 3〈特集・「**予防原則**」――生命・環境保護の新しい思想〉

〔編集〕松崎早苗・吉岡　斉・堀口敏宏

〔特集〕 宇井純／原田正純／吉岡斉／下田守／坂部貢／永瀬ライマー桂子／平川秀幸／T・シェトラー

〔寄稿〕 井口泰泉／鷲見学／崔宰源／飯島博／八木修／水野玲子／堀口敏宏／J・P・マイヤーズ／松崎早苗

248 頁　**2800 円**　◇4-89434-334-7（2003 年 4 月刊）

vol. 4〈特集・**“環境病”**――医者の見方と患者の見方〉

〔編集〕松崎早苗・吉岡　斉・堀口敏宏

〔特集〕 松崎早苗／黒田洋一郎／石川哲／青山美子／松崎早苗／三舟幸子／村山澄代・村山安／津谷裕子／藤田紘一郎／野村大成／吉岡やよい・吉岡斉

〔寄稿〕 小川渉／藤田祐幸／水野玲子／松本泰子／堀口敏宏

224 頁　**1980 円**　◇4-89434-369-X（2004 年 1 月刊）

1989年11月創立 1990年4月創刊

一九九五年二月二七日第三種郵便物認可 二〇〇四年三月一五日発行（毎月一回一五日発行）

月刊
機
2004
3
No. 146

発行所 株式会社 藤原書店©
〒一六二-〇〇四一 東京都新宿区早稲田鶴巻町五二三
電話 〇三・五二七二・〇三〇一（代）
FAX 〇三・五二七二・〇四五〇
◎本冊子表示の価格は消費税別の価格です。

編集兼発行人
藤原良雄
頒価 100 円

フランス最後の哲学者アラン・バディウ、待望新著の完全訳

「哲学の再開」を宣言

▲アラン・バディウ（1937- ）

フランス現代思想を担う気鋭の哲学者アラン・バディウの**『哲学宣言』**を今月刊行する。ニーチェ、ハイデガー、デリダ、リオタール、ラクー＝ラバルトらが陥った「主体の脱構築」「哲学の終焉」のドグマに真正面から向き合い、「新しい主体の理論」と「哲学の再開」を高らかに宣言する問題作である。今号では、**日本語版オリジナルのバディウ氏への特別インタビュー**（聞き手・遠藤健太氏）の一部を掲載する。**編集部**

● 三月号目次 ●

『哲学宣言』今月刊行！

『存在と出来事』と『哲学宣言』

『存在と出来事』を書いている最中に、もっと短くて分かりやすい本を書こうと思いました。『存在と出来事』は哲学総論、思い上がった言い方が許されるならば、ヘーゲルの『論理学』のような哲学総論です。そのような大著を書くことは無理なことと当時多くの人が宣言していました。哲学の体系を――『存在と出来事』はある哲学体系ですが――今日において書くことは不可能であると、デリダやラクー＝ラバルトが明確に述べています。ですから、私は当時のほとんどの人にとって不可能と思われていたものを書いているという思いがあったというのがまず第一点です。

第二に、私自身、『存在と出来事』が難解な本であるとわかっていました。なぜ難解かというと、まずはこの本が思弁的概念と数学的形式性との間にある種の統一を図ろうとしていたからです。

と同時に、この本の主な諸命題にはある種の力、明白さ、一貫性があり、それらはそれら自体として取り上げる価値があると思いました。主な諸命題だけを取り出して、より開かれた、直接的な形をそれらに与えることができると。

よって『哲学宣言』は、一九八〇年代当時の状況、つまり哲学の終焉や形而上学の可能性の終焉といった命題の刻印を受けた状況の中で書かれています。

ラクー＝ラバルトとの関係

私はラクー＝ラバルトをとても尊敬、称賛しており、かつ彼は友人です。彼は『存在と出来事』の最初の読者のうちの一人で、私の教授資格試験の審査員でした。ラクー＝ラバルトとの対話は、途切れなく今まで二〇年間続いています。

ラクー＝ラバルトとの議論において、中心となるのは哲学と詩との関係です。ラクー＝ラバルトが確信していることは、哲学の本来の役割とは、詩が神話から解放され、その支配から脱出しようとする努力を手助けする、あるいは、その努力に付き添うことであるということです。結局のところ、思考の最大の敵とは、彼が神話素《ミテーム》と呼ぶところのものです。

私が彼とは別の様々な主題のもとで主張していることは、哲学が詩に見いだすものは言語の表現能力であり、それは数学と根本的に対立するものだということです。つまり、哲学は詩的言語の中に言語の力を見いだし、その力は、結局のところ、数学の形式的な力の反対側にあるものだということです。

とはいえ、この哲学と詩に関する問題についてラクー=ラバルトと対話することは非常におもしろいと私は常々思っていました。つまるところ、フィリップが私を批判するときは、私が詩と神話素《ミテーム》とを混同していると言うでしょう。一方、私は、彼は詩の中にある直接的に言語の領域であるものに十分に注意を払っていないと言うでしょう。

いずれにせよ、我々二人は、哲学と詩の関係は本質的であるという確信、この関係が危機にあるという確信、詩と哲学は言語の力あるいは権能に関するある種の特異な弁証法［的関係］の中になくてはならないという確信を共有しています。

▲J・デリダ（1930-　）

デリダとの関係

私とデリダとの関係には、実のところ、まったく対立しているところと、大変近接しているところの両方があります。

まったく対立しているというのは、私は哲学を全く構築的なものであると構想しており、哲学の第一の任務が批判や脱構築にあるとは全く思わないからです。もっと広い視野に立って言えば、このことが、カントに由来するある種の伝統に私が反対している理由でもあります。そこで問題になっているのは、単にデリダがまさにその創始者である、現代的意味での脱構築だけではなく、より一般的に、哲学とは、思考ができること／できないこと、考えられるもの／考えられないもの等々を定めるものであるとみなす、哲学の法的・批判的構想なのです。

私は哲学を肯定的に構想しています。それは、私のニーチェ的なところかもしれません。私は実質的に肯定的な［哲学の］構想を持っており、私とドゥルーズとは多くの対立点がありますが、哲学は構築であるというこの確信だけは共有しています。脱構築よりもまず先に構築がある、と。これがデリダとの対立点です。

デリダとの近接点は、思うに、デリダが、今日まで、哲学が支配的イデオロギーとは異質なものであるという考えに忠実であり続けたという点にあります。私が彼に近いのは、私も彼も、管理主義的政治観——状況の現実的・経済的運営、代表民主制等々——だけでは不十分であると確信しているからです。近年、デリダと私とは互いに歩み寄ったと言っておきましょう。哲学的にではありませんが、人間的、政治的に近くなりました。

ハイデガーとの関係

私は若い頃から、ハイデガーを重要な思想家とみなしてきました。私は若い頃サルトルの弟子でしたが、サルトルにとってハイデガーはとても重要でした。

私にとってそれが自明のこととなったのは、とりわけラクー=ラバルトやジャン=リュック・ナンシーやデリダとの議論を通してであり、今日の哲学の役割は何であるかをハイデガーが言おう、考えようとしていると分かったときからです。ハイデガーは、哲学の歴史的《イストリアル》状態を規定することにおいて最も徹底していたのであり、私たちが本当に新しい構成形態、思考の新しい可能な段階に入ったということを示そうとしたのです。

第二に、ハイデガーは、哲学の運命は哲学以外のものと結ばれていると決定的に見抜きました。哲学の運命は、詩や、その根本的、革命的意味において、政治と結ばれていると。彼はナチの革命家でしたが、革命家であったことには変わりない（笑）。もちろん、哲学は芸術的創作活動のあらゆる形態とも結ばれていることも見て取ったのです。

最後に、彼は哲学の歴史を刷新しました。彼以前は古典的、伝統的に時代区分された、ある種の哲学の歴史があったのですが、ハイデガーは哲学の歴史を作り直しました。彼は、前ーソクラテス派を改めて創出し、プラトンについてそれまでとは違った見方を提示し、まったく新しいカントを作り上げました。ヘーゲルについてのテクストでさえ、またニーチェやその他の人についての文章も、どれもすばらしく、全て本当に彼が作り上げたものです。これらのことが彼を一人の大思想家にしているのです。彼は哲学の、新しい運命、新しい歴史、新しい条件を創り上げました。彼はある時点において私たちの思考の地平であったし、いまでもあり続けているのです。

フランス哲学との関係

私の努力の一部は、通常切り離されているフランスの二つの伝統を統合することにあると思っています。

一方には、実存的・文学的・詩的ともいえるフランスの伝統があり、これはベルクソンに始まります。彼は、多少科学の知識もありましたが、彼の主な傾向は、実存的な方向であり、彼の文体はとても文学的です。この伝統はサルトルやデリダといった、全く異質な哲学者たちによって受け継がれていきます。それは、彼らの哲学のスタイルが、実存的な問いかけと文学的書体《エクリチュール》の方に方向づけられているということです。

もう一方の伝統は、よりいっそう科学、とりわけ数学に根付いた伝統です。これは、二〇世紀にブランシュヴィックに始まり、カヴァイエス、ロットマンによって引き継がれ、バシュラールによって一新され、デサンティがその系譜に連なります。そしてカンギレームがこれを受け継ぎ、最後にアルチュセールが来ます。

私は若い頃はサルトル派で、もう少し年をとってからはアルチュセール派であったので、私はこの両方の伝統のもとで育ったのです。私の哲学的企図は、両方の伝統を最終的に統合できる概念の枠組みをつくる試みと定義してよいかもしれません。

ラカンとの関係

ラカン自身、以上の二つの伝統の統合をし始めていたと言うことができるでしょう。ラカンは、文学的、詩的、創造的活動に非常に通じていた人で、シュールレアリストたちと付き合いがあり、バタイユを良く知っていました。彼の文体を見てみれば一目瞭然、マラルメのようなフランス語です。

ただもう一方で彼は、数学的形式性、数学的形式化・数学的論理に大変重きを置いており、フレーゲ、パース、カントールらを注意深く考察していました。つまりラカンは、論理的形式主義への尊重と文学的直感の両方を統合する複雑な空間をすでに備えていたのです。

私がラカンに負っているのは、この統合の最初の形であり、そして、こういった統合が必ず主体の新しい概念をめぐってなされるという根本的な考えです。ラカンが提起しているのは、我々の問題は、デカルトに由来する主体の概念、コギト、または精神分析からくる無意識の主体といったものを削除することではなく、むしろ主体の範疇を刷新し、主体について別の範疇を提案することであるということです。この点において私はラカンと同じ途をたどっており、私も主体の範疇を変容させ、一新させようとしています。

（構成・編集部）

アラン・バディウ Alain Badiou 一九三七年モロッコ・ラバに生れる。現在は、仏・高等師範学校哲学科主任教授。主著『存在と出来事』。

水俣病を総合的に捉える新しい学としての「水俣学」の誕生

「水俣学」の誕生

原田正純
花田昌宣

「水俣学プロジェクト」

本書は、本書の編者の一人である原田正純を中心として形成された「水俣学プロジェクト」にもとづく最初の研究成果である。

この「**水俣学プロジェクト**」は一九九九年より始動しているが、大きくわけて三つの活動から成り立っている。

一**つは、研究プロジェクト**である。二〇〇〇年より「和解後の水俣地域市民社会の再生に関する総合的研究」として研究チームが立ち上げられ、トヨタ財団からの研究助成をうけた。これには、熊本学園大学を中心に九人の研究者が参加した。多くのメンバーはそれぞれ自分の専門領域を持った研究者で、水俣研究ではレイト・カマーであった。水俣での合宿や研究会、さらに新潟水俣病や富山イタイイタイ病の現地視察を行ない、経験を共有する形で学の形成を果たしてきた。ついで、二〇〇二年には「負の遺産としての公害、水俣病事件と水俣地域市民社会の再生に関する総合的研究――水俣学の構築・発展に向けて」として新たに研究チームを再編し、十三名で研究を進めている。このプロジェクトチームにおいては、あらたに障害学や老年社会学のメンバーが加わり、「学際的」な取り組みを行なっているところである。

二つ目は水俣学講座の開設である。これは熊本学園大学社会福祉学部福祉環境学科の専門課程の授業として設置され、二年あまりの準備期間を経て、編者の一人である原田正純を担当責任者として二〇〇二年に開講した。この授業は単に水俣病事件を知識として知るというものでもなく、医学的な解説でもない。水俣病事件を医学、生物学、生態学、工学など自然科学の分野ばかりでなく、社会科学的な分野も含め、多面的、総合的に学ぼうとするものである。そして、そこから普遍的な環境、福祉、生活、教育、学習、行政などのあり方を探ろうとするものである。これには先の研究プロジェクトに参加している学内の教員による講義のほか、水俣病五〇年の歴史に深くかかわってきた人々を招聘するとともに、水俣病患者家族による講義も組み込まれている。第一期水俣学講義録は、本書と時を同じくして『水俣学講義』（原田正純編）として日本評論社より刊行される。合わせてお読みいただければ幸いである。なお、この福祉環境学科では一年次に必修授業として福祉環境に関するフィールドワークを実施しており、その一環として水俣での一泊二日の合宿を行なっている。その延長上に三年次の水俣学の授業が位置づけられている。さらに大学院修士課程から博士課程に至るまで、「環境福祉学」という専攻名で水俣学の研究に従事できるように配置されている。

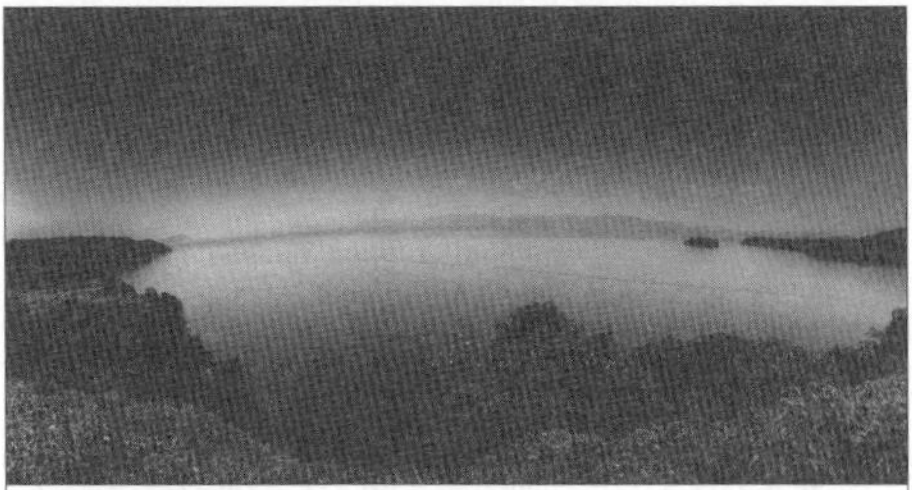

▲水俣の風景　*Photo by Ichige Minoru*

三つ目は、**水俣病事件に関する資料の収集・整理・公開事業**である。これは、熊本学園大学社会福祉研究所の調査研究プロジェクトの一環として進められている。そもそもは、水俣病弁護団の一員であった福田政雄弁護士から寄贈された資料、熊本商科大学（熊本学園大学の前身）教授であった土肥秀一教授資料の整理から始まったものであるが、研究プロジェクトの進展とともに収集した数多くの資料が付け加えられている。また、チッソ労働組合の資料調査も始められた。これらは、熊本学園大学内に設置された水俣病資料室に収蔵され、現在、目録化を鋭意進めているところである。また、熊本学園大学では、大学図書館、社会福祉研究所、産業経営研究所等に多くの著作や資料が分散して所蔵されており、その目録化も進めているところである。これらを通して、水俣学研究を目指す方々が広く活用できる資料センターの実現を考えている。

「水俣学」とは何か？

いずれも、水俣学自身同様、まだ始まったばかりである。私たちが「水俣学」において何を構想し何を目指しているのかについて触れておくことにしよう。

「世界ではじめて起きた公害事件」としての水俣病事件は、医学分野における一定の成果蓄積を別にすれば、学術的研究レベルでの研究成果は少ない。モノグラフィックな研究は少なからず散見されるが、総体としてみるならば、社会科学分野ではようやく始まったばかりといっても過言ではない。この事件は、単に人体被害、自然や生態系などの環境破壊だけではなく、漁業の崩壊、地域の産業・経済の荒廃、地域コミュニティの疲弊、伝統的文化や家族関係の崩壊などさまざまな影響をもたらした。私たちはこの巨大な被害を「負の遺産」と呼ぶが、今なお未解明な部分が数多くのこされている。

これへのアプローチは、旧来の学問分野の個別研究では不十分なのではないか、というのが私たちの**水俣学の出発点**である。社会科学（社会学、経済学、法学、社会福祉学など）と自然科学（医学や生物学など）を融合した学際的な研究が必要である。当面はそれぞれの専門的研究分野から旅立つにしても、さまざまな研究分野の寄せ木細工としての水俣病事件研究ではなく、共同研究チームによるたえざる相互批判と討論、そして共同調査による経験の共有を通して、新たな学を構築しようというのである。

そこで、学問研究方法としても、単に専門家によるアカデミズムに閉じこもった研究ではなく、地域の患者・被害者や関係者の協働による研究の発展が目指されるものである。また、その成果は研究のための研究におちいることなく、地域にさまざまな形で還元されることを目指す。こうした分野・対象・方法の融合の上に立つ学問分野として「水俣学」を構築する。

開かれた「水俣学」へ

この**水俣学の課題**はつぎのようなものである。

第一に水俣病事件の**経験を総合的に検証**することである。水俣病発生の公式確認から五十年近くを経た今、なお、未解明な部分は少なくないし、掘り起こすべき事実も数多く残されている。

第二に、水俣の現状を、日本の各地の公害被害地域との**比較の上で検証し、地域再生のあり方を提示**することである。六〇年代後半から七〇年代にかけてさまざまな公害事件が起き、被害をめぐる社会的闘争が展開された。被害地域の多くで、公害被害後の地域再生が取り組まれている。それらを検証し、課題と教訓を明らかにしていくことは急務の課題である。

第三に、**世界各地の公害被害・環境破壊の現状を調査**することである。その上にたって、現地に必要な情報そして水俣の経験を国内外に広く発信していくこと、すなわち、地域から世界に発信する「国際的研究」、しかも、水俣からしかできない発信をすることが重要だと考えている。世界各地、とくに開発途上国において、いわゆる公害問題は終っていない。開発途上国などにおいて水俣病の経験を活かした現地調査に協力することが肝要であろうし、また、国際的な環境教育に協力するとともに、人材育成にも貢献していきたい。たしかに、医学に関しては若干の発信できる研究があるが、その他の分野においては行政側の一方的な資料しかないのが現状ではないだろうか。

　第四に研究の成果を**教育や地域発展に大胆に活かす試み**をなすこととして考えている。大学の社会的貢献とは、研究を通した若手研究者などの人材育成、研究成果の公表と活用、そしてそれらが地域に還元されてはじめて意味を持つ言葉になると確信している。

　私たちが提唱する水俣学はあくまでも開かれた学でなければならないと考えている。学問領域を越え、国境を越え、職業や立場を超えて、共同の営為によって進められるものであり、多くの人々の参加を呼びかけたい。

　水俣学プロジェクトは多くの人々に負っている。何よりも水俣病被害者の方々である。水俣現地の患者さん達に何かしらでも貢献できればというのが私たちの願いである。私たちの研究の本書に収められた研究論文のほとんどは毎年一月に開催される水俣病事件研究会で報告され、討論していただいた。この研究会に集う研究者や患者さん、現地のさまざまな関係者の御批判やコメントにお答えできるものとなっていることを願うものである。

（はらだ・まさずみ／熊本学園大学社会福祉学部教授）
（はなだ・まさのり／熊本学園大学社会福祉学部教授）

水俣学研究序説

原田正純・花田昌宣編

A5上製　三七六頁　四八〇〇円

「9・11」以後の乱世を生きぬくために

複数の東洋／複数の西洋

国際政治学　武者小路公秀
国際社会学　鶴見和子

世界を舞台に知的対話を実践してきた国際政治学者と国際社会学者が、「東洋vs西洋」という単純な二元論を超えて、多様性を尊重する世界のあり方と日本の役割について徹底的に語り合った。（編集部）

国際関係論と内発的発展論

鶴見　かつて、近代化論というのは、収斂概念かそうではないのかということが論争になりましたけれども、結局、大雑把にいえば、私は収斂概念だと思うんです。それがグローバル化につながっていくように思うんです。というのは、一番先に近代化した社会はイギリス、アメリカ。そしてアメリカがいま一番近代化の進んだ社会であるという前提で、多かれ少なかれ、早かれ遅かれ、世界中の国々がアメリカやイギリスのような、政治的に安定して、経済的に繁栄している社会の構造と同じような形になるという理論です。競争はありますけれども、みんな同じになるんだから、対立し、けんかするということは考えられない、という考えなんですけれども、それではいろいろ困ることが起きるのではないか。

それで私は「内発的発展論」ということを言いだしたんです。それぞれの社会あるいはそれぞれの社会のなかのそれぞれの地域は、それぞれの自然生態系に根ざして、それぞれの宗教も生活習慣も価値観も論理もふくめた、それぞれの社会の伝統的な文化にもとづいて、それぞれの地域の人々の要求にもとづいて、それぞれ異なる発展の仕方があることがよいことだと。それが私の「内発的発展論」の大雑把な定義です。

それで武者小路さんに、とくに国際関係論のなかで内発的発展論を生かすことはできるのか、そのような事例はあるの

▲鶴見和子（1918-　）

か、ということをうかがいたいと思って、対談をお願いしたわけでございます。

非一神教の立場から

武者小路　九月十一日以来、二つの文明の衝突が現実に起こっている。一つは近代西洋文明と大雑把に言いますが、要するにアメリカの文明です。そしてその文明を担っているアメリカは、それ以外には文明はないという。文明の側につくか、テロの側につくかということで、すでに文明は自分たちの文明しかないという断定をしている。そして敵として選んだ文明がイスラム文明である。

▲武者小路公秀（1929-　）

　つまり違った発展経路があり、違った近代化があるということを前提にしないと、反テロ戦争という衝突が起きてしまう。発展の経路にはたくさん違うものがあり、それがお互いに切磋琢磨して、暴力による衝突ではなくて、もっとお互いに相手を批判しあうという、反省的な形で近代というものを乗り越える、そういう対話がイスラムの文明とヨーロッパの近代文明、あるいはアメリカの近代文明とのあいだにあってしかるべきではないか、という問題意識がありました。

　それで私が国連大学で話したことは、東西の交流というときに、二つの東西があるということでした。じつはこれはユネスコ（国連教育科学文化機関）がやった研究からはじまるのですけれども、東西の文化の交流ということで、東の側からは、たとえば中村元先生とかが中心になって仏教の文明などを東の方において、それでユネスコによって東西の交流というプロジェクトが五〇年代に出てきました。そのときの東西文明にイスラムは入っていない。けれどもいま問題になっているのは、じつはイスラムという東洋と、西洋との「文明の衝突」です。

　今の「文明間の衝突」は一神教同士の争いになっていて、私たち一神教でない伝統を持ったところは、反テロ戦争のような戦争には巻きこまれてしまうけれども、対話にはなかなか参加できない。それなのにわれわれは衝突している当事者とは別の考え方や文化をもっているということがあると思います。私が強調しようと思ったことは、まさに一神教同士の対話というものは、お互いに「目には目を、歯には歯を」ということで自己主張して、相手の責任をえぐり出すような非常な不寛容な対立のなかでの対話になってしまう。そこにはどうしても不寛容な対立を乗り越える第三者が必要である。つまり非一神教的な東洋の発想をもとにすることで、一神教同士の争いをもっと広い対話の場に引きずりこむことができるのではないかと考えているわけです。

私たちの見ている西洋はイスラムが見ている西洋とは違う。イスラムが見ている西洋というのは、ただ世俗化したということで、神を中心にしないで、人間を中心にしている。人間を中心にしながら、結局は人間を商品化してしまう。私たちは別に神の立場からものを考えてはいない。むしろあらゆる生きとし生ける者のあいだのつきあいのなかで、近代に対する批判もするし、一神教が不寛容であるということに対する批判もする。

その立場から私たちがヨーロッパを見ると、結局はヨーロッパは一つではなくて、二つのヨーロッパがある。そのヨーロッパのある面は開かれたヨーロッパで、民主主義とか人権とか、非常に積極的に評価できる近代をもたらした。けれどもそうではなくて、非常に強圧的な形で、普遍的だといって自分たちが主張している価値を相手に押しつける、そういう形の西洋化、あるいは権力を使って進めていく植民地主義の側面、あるいは帝国主義と言われている側面もある。そういう両方のヨーロッパの違いがよくわかるのは、じつはイスラムよりも私たちの方だということができる。

近代化の反省のために

鶴見　反省的近代化というのは、非近代社会、あるいはいわゆる近代化の遅れた社会からみて、覇権的近代はわれわれを侵すのだ、そういう意見を取り入れて自己反省している近代ですね。そうすると、最初の人権と民主主義の発見という考えは、近代化のはじまりの時に見つけたんですね。反省的近代化という考えは、いま新しく起こってきた考えですね。いままで反省しなかった。ですから、この二つの区別があるということは非常によくわかるんですけれども、時代に違いがあるということをいくらか整理することが必要ではないでしょうか。

武者小路　この二つの近代西洋というものは、弁証法的にお互いに対立をしながらでてきたのだという点が大事です。二つの東洋、つまり非一神教と一神教の東洋みたいに、地理的に別のところにあるのではなくて、相互に批判しあいながら出てきたというところに西洋近代の面白いところがあります。

覇権的な近代化を進めていったヨーロッパのなかに、覇権に抵抗する動き、もっと人間解放を大事にする動きが、覇権的になればなるほど対抗して別の価値観を主張してきた。ですから二つの西洋が別々にあるのではなくて、簡単に申しますと、悪い西洋があるお蔭でいい西洋がそれに抵抗してでてきた。

鶴見　それと、いい西洋が悪い西洋のために使われた。

武者小路　そうなんです。

鶴見　いまもそうですもの。女を解放してやると言ってアフガンの人たちを殺しているんです。

武者小路　まさにそうです。問題は非常に弁証法的に展開している。そういうダイナミックな関係というのは西洋近代の、ある意味ではすばらしいところでもある。それはわれわれの東洋にも、イスラムの東洋にも、いままではなかった。だけどこれからはやはり、われわれもそういう形で、グローバル化、あるいはアメリカの単独覇権を乗り越える必要がある。そのなかから、われわれも批判的な、あるいは反省的な近代化をする営みに参加できるようになる。つまりヨーロッパの近代が悪く、近代でないものがいいというのではなくて、非西欧的なわれわれの中にも悪いものがある。それを乗り越えて、しかもその中でどういうところがよかったかということを選り分けていく。われわれがそういう批判作業をすることで近代化をしていくとき、そこに自ずからヨーロッパの反省的近代化とはまた違う反省の再帰活動がでてくる。そしてこの両者がだんだんに収斂をするかもしれない。あるいは同じ点に収斂するのではなくて、むしろ多様であることをお互い確認するような形の収斂をする必要があるかもしれない。普遍的な原則は内発的発展を尊重するということで、お互いの違った道をお互いに侵さないという「棲み分け」をする、そういう知恵が必要になってきているということです。

（構成・編集部）

（むしゃこうじ・きんひで／国際政治学者）
（つるみ・かずこ／国際社会学者）

〝環境問題〟から浮かび上がる科学者・政策立案者・市民のあるべき姿を追求！

物理・化学から考える資源環境問題

——科学する市民になるために——

白鳥紀一

科学技術の総体を知る

九州大学には高年次教養科目というカテゴリーの講義があって、専門教育科目の受講を始めた学生たちに、その専門教育の意味を広い視野から見直すような講義を提供しています。その中で理学部の物理学科と化学科が担当して、一九九六年度から九八年度まで開かれた「自然科学概論」という講義を全面的に改稿して作られたのがこの書物です。講義は物理学科と化学科の教師それぞれ二人に比較社会文化研究科の吉岡斉と奈良産業大（当時）の井上有一を加え、全学部の三年生以上の学生を対象としてオムニバス形式で行われました。

一体と考えられている現代の科学技術総体について全ての市民が知り、考える必要があることは明らかです。我々の生活は、衣食住から移動の手段、情報の交換まで、すべてを技術に負っています。今の生活水準を維持し向上させるためには、技術の発展がますます必要だと多くの人が考えています。またその一方、各地の戦争・武力紛争から各種の事故まで、死や災厄をもたらす多くの技術が世界中にゆきわたっています。たとえ戦争や事故がなくとも、技術の発展の結果である環境の悪化と資源の枯渇が近い将来我々の生活を危うくする可能性が高いことは、一般に認識されています。

環境問題は科学と社会の接点

そこで私どもはその資源環境問題をテーマとして、ケース・スタディをすることにしました。現在の資源環境問題は産業革命以来の技術の発達に由来し、さまざまな意味で自然科学の本質を示す具体例です。解決のための方法の確立が緊急に求められていることも、いうまでもありません。と同時に、資源環境問題は経済や文化などに関わる社会の問題ですから、社会にとっての科学技術、市民から見える科学技術の位置も、浮かび上がらせてくれるはずです。

この本の構成は、第一章で現代の科学技術の分析的な性格としばしば現れる確率的法則の特徴を考えた後、二・三章では環境問題の個別の例について科学的な理解の進め方を、四章では自然科学から見たときの資源環境問題全体の枠組を、述べています。ここまでは科学からの視点です。それに対して、資源環境問題に関係して科学技術が果たすべき役割を政策決定の面から解明するのが五章の、市民の立場から見るのが六章の目標です。これらは、科学を外側から見る視点であると同時に、資源環境問題を解決してゆくために必要な社会の条件、そこでの科学の役割を明らかにするものです。それらを踏まえて七章では、事故という面から現代の科学技術の性格をもう一度考えます。ここで事故というのは、技術の引き起こす意図しなかった結果です。そういう広義の意味で考えれば、資源環境問題は現代科学の引き起こした最大の事故だといえましょう。

▲吉野川第十堰問題への市民の関わり

資源環境問題を解決するには

この書物では、具体的に資源環境問題を考えることによって現代の科学技術の性格を知ると同時に、資源環境問題を解決しようとする時に基本的に必要なことを述べたつもりです。生物学のトピックスがないことは講師の構成に由来しますが、問題の基本的な性格を論じる上での欠陥とは思いません。環境計画学と呼ばれるような工学的な対策手法についての記述が欠けていることは、この本の限界というべきでしょう。しかし、問題の基礎的な性格は押さえている、と著者としては自負しています。読者諸氏のご批判を頂ければ幸いです。

(しらとり・きいち/法政大学工学部客員教授)

物理・化学から考える環境問題

科学する市民になるために

白鳥紀一編

A5判　二七二頁　二八〇〇円

ブローデル『地中海』の名言②

「帝国の黄昏」と『地中海』……………進藤榮一

実は、車輪は回転したのだ。世紀初めは大きな国家に有利であった。（中略）時代が過ぎて（中略）さまざまな理由から、こうした大きな国家は少しずつ時代の情勢に裏切られていく。束の間の危機か、それとも構造的な危機か。弱さか、それとも衰退か。いずれにしても、十七世紀初めには、活力があるのは中規模の国家だけのようだ。（中略）あたかも新しい世紀は、自分の国で効率的に秩序を保つことができる小国を助けるかのようにすべてが進行する。（中略）

言い換えれば、帝国は、中規模の国家以上に、（中略）長期の景気後退に苦しんだのである。（中略）十八世紀に、長期の危機から浮かび出て、大規模な経済の復活を十全に利用する強国が、十六世紀の帝国でなく、トルコ人でもないし、スペイン人でもないのは確かである。地中海の衰退だろうか。きっとそうだ。しかしそれだけではない。というのはスペインは大西洋に向かって元気よく向きを変える時間がたっぷりあったからだ。なぜスペインはそうしなかったのだろうか。

（普及版『地中海』III、八一〜八二頁）

私が『地中海』の存在を知ったのは、拙『アメリカ・黄昏の帝国』（岩波新書・一九九四年）の「まえがき」に苦闘していたときのことだ。

短い文章の中で「帝国」を定義しなくてはならない。本文校了後に残された難題を解こうとして、いつのまにか私の指は、はじめての留学先で教わった師の一人タカ派亡命チェコ人リスカ教授の、難解な知られざる名著 *Imperial America* (1967) の最後の頁で止った。数少ない参照文献の冒頭に、本書が掲げられているではないか。この国でいまようやくにして紹介されようとしている本書の原本が、四半世紀以上も前、師によって読み解かれ、師の「アメリカ帝国」論の骨子をつくっている！

リベラル左派の歴史家ブローデルと反ソ的右派の政治学者リスカという異質な二人を繋いでいたもの――それは『地中海』だ。その海を舞台に展開したアッシリア以来の帝国の歴史への、時代に先駆けた洞察だ。

たとえば引用文のトルコをロシア、スペインを日本、大西洋を太平洋に置き換えて「なぜ日本はそうしなかったのだろうか」と問い直すこともできる。ブローデルにならって、「バロックを支え、バロックが上手に覆い隠せない社会の矛盾」（普及版『地中海』Ⅲ、一六七頁）と、ただカネを食いつぶしていく、変わらない「戦争の本質」（同二九八頁）が、帝国の黄昏と多民族国家アメリカの復権とを共に引き出したのだと、主張することもできる。

そこから、キリスト教世界やイスラム世界（や旧共産主義世界）のようなひとつの文明の内部で戦われる「内戦の時代」が、（米ソのような）「互いに敵意に満ちた」二つの文明が戦い合う「外戦の時代」の終焉後にかならずやってくるとする（同三〇八頁）ブローデルの戦争への洞察を、ソ連帝国崩壊後の現在につなげることもできる。

時空を越えて歴史を読み解くスリリングな愉悦を、本書ほど与えてくれる本を、私はほかに知らない。

（しんどう・えいいち／国際政治学）

リレー連載　いのちの叫び　63

現代文明のリハビリ

柳田邦男

一昨年の三月、大阪市立盲学校の教員を定年退職した藤野高明さんの人生は、「凄《すご》い」の一語につきる。たまたまお会いする機会があり、その大変な歳月の内実を知った時の私の驚きが、その一語だった。その人生とは、こうだ。

日本が戦争に敗れた年の翌年、小学校二年生だった藤野さんは、遊び道具にしようとして拾った米軍の不発弾が爆発して両手と両眼を失い、側にいた五歳の弟は即死した。それから二十歳になるまでの十三年間、藤野さんは両手がないので点字を習うこともできず、盲学校への入学も拒否されて、自宅で過ごした。大事な青春時代に何の教育的刺激も与えられないで。

もうすぐ二十歳になろうとしていた時、入院した病院の看護婦さんが、ハンセン病で夭折した作家北條民雄の『いのちの初夜』を読んでくれたのが、大転換のきっかけとなった。視力を失い手も使えなくなったハンセン病患者が、舌先や唇で点字を読んでいるのを知ったのだ。藤野さんは時間をかけてその方法を覚え、かろうじて残っていた両腕で点筆をはさんで点字を書くことも身につけた。

猛烈な向学心を燃やした藤野さんは、様々な規制の壁を体当たりで破り、中学、高校、大学（通信教育部）へと進み、教員免許を取って、三十三歳で盲学校の社会科の教員になった。それから三十年に及ぶ教職を全うしたのだ。

事故や病気で障害を背負った人々のリハビリの道は長く嶮《けわ》しい。施設は少なくスタッフも苦労している。一人の障害者とスタッフがリハビリに注ぐ歳月とエネルギーだけでも大変なものだ。ある時、医療者や障害者などが集まったフォーラムでの講演で、私はそのことを述べた結びに、「リハビリを要する人々を大量に生み出す戦争をなくすことが、現代文明のリハビリです」と述べると、会場の一角から喚声と拍手が起きた。それは対人地雷に苦しむカンボジアの参加者たちだった。

（やなぎだ・くにお／ノンフィクション作家）

リレー連載 いま「アジア」を観る 14

アジア史における「長期の一九世紀」

杉原 薫

一九世紀のアジア史は、プラッシーの戦い、アヘン戦争、日本の開国というように、一連の政治的「断絶」をもって捉えられてきた。近年それを相対化する努力が続いている。

中国でもインドでも帝国の版図そのものは生き残った。アジア交易圏ではインド人、中国人商人が強いネットワークを維持していた。だとすれば、一八世紀末から二〇世紀初頭の日本の工業化にいたる「長期の一九世紀」を、アジアの側から一つの連続した過程として捉えることはできないか。

このような脇村孝平氏の問題提起に刺激を受け、今貿易のデータをいじっている。一七〇〇―一九一三年のインドの輸出額をとると、一九世紀後半の鉄道・通信革命やスエズ運河開通で輸出額が急上昇していく姿が現れる。それは、インド大反乱後、内陸部への浸透を深めていくイギリスの植民地支配の歴史の一部でもあった。

しかし、対数グラフをとると、少なくとも一八世紀末あたりから第一次大戦期まで、輸出額が直線的に上昇していくことがわかる。ということは、成長率が趨勢として一定だということである。一八世紀末から一九世紀初頭、一八六〇年代、二〇世紀初頭という大きな拡大の波を経つつも、趨勢として上昇傾向を示していたのである。

驚いたのは、最初の波の大きさだ。東インド会社の独占が崩れ、私貿易が増えるとともに、帆船が大きくなって積載商品量が急増した。アヘンが有名であるが、それだけではなく、イギリスのアジアへの進出と植民地支配の拡大とともに、棉花などさまざまな商品がイギリス、中国に輸出された。そして、シンガポール―広東・香港航路の確立とともに、華僑ネットワークの再編が進んだ。

ここには、ヨーロッパとの接触が増えるほどアジア間貿易が増える、という関係が看取される。アジア交易圏の再編は、一九世紀後半に生じたというよりは、インド、東南アジア、東アジアを巻き込み、「長期の一九世紀」を貫く、世界史上の大きなうねりだったのではなかろうか。

（すぎはら・かおる／大阪大学教授）

■連載・『ル・モンド』紙から世界を読む　14

「無知な輩《やから》に相撲はわからない」

加藤晴久

「東京は息が詰まる。天皇家の京都の庭園は陰気。相撲はインテリのスポーツではない。」

フランスのニコラ・サルコジ内務相の発言は『ル・モンド』も報じた（一月一七日付）。二〇〇七年の大統領選立候補の野心にはやる同氏が、ギメ美術館の仏像の前で四〇分間も立ち尽くしたという逸話もあるほどの、また大の相撲好きで有名な知日派・親日派のシラク現大統領を嘲笑した、なかば意図的な失言だった。フランス政界が騒然となったのはそのためで、日本をけなしたからではない（サルコジはもとはシラク子飼いの政治家。九五年の大統領選でシラクを裏切ってバラデュール候補の参謀になった。一度干されたが、〇二年、内相に就任以来、治安対策等で八面六臂の活躍で世論の寵児となり、シラクにとって獅子身中の虫となった）。

裏情報によると大統領の反応は次のとおり（『カナール・アンシェネ』一月二二日付）。

「この芸術［＝相撲］を理解するためには少しばかり繊細さが必要だ。うわべにとどまってはだめ。相撲取りに必要な資質はまず力と体重だ。しかし同時に、無知な輩《やから》が考えるのとちがって、戦術的な知性と忍耐心がなければならない。」

これに続く最後の一句 «Alors, forcément...» ［となれば当然……］は言い切られていないが、言いたいことは明らか。戦術的な知性 l' intelligence tactique と忍耐心 la patience を欠き、今から野心丸出しのサルコジには相撲はわからない、まして大統領の器でない、ということ。

話は変わるが、サルコジという人が大統領のポストを虎視眈々と狙う実力者になれたということ自体がフランスという国の懐の深さを証している。同氏の父親パル・ナギ・ボスカ・イ・サルコジは一九二八年、ハンガリーの首都ブダペストの貴族の家庭に生まれた。一九四四年、ソ連軍が全土を占領。パルは四八年パリに亡命。富裕な医師の娘と結婚。五五年生まれの次男ニコラはつまり移民二世なのである。米国でもオーストリア生まれの俳優が州知事になった。日本では考えられないこと（先はともかく）、と思う。

（かとう・はるひさ／恵泉女学園大学教授）

triple ∞ vision 35

小津安二郎、変な感じ

吉増剛造

小津映画をめぐってのシンポジウム（二〇〇三年十二月十二日有楽町朝日ホール）を、VTRでみていて、実作者の短いが、だが鋭い、別種の光の……（光源が、そこから垣間みえる）ような発言に、衝（〝つ〟というより、刺（さ）れてか）かれていた。黒沢清監督は〝小津映画はどうみても速い（〝早い〟か、……）、何か変ってみえる、……〟と。青山真治監督の（とても、膨（ふく）らみをもたせている、……）〝何だ、これは、……という驚き〟。台湾の侯孝賢（ホウ・シャオシェン）監督の〝この家の主人（〝主（ぬし）〟といったほうがよいのか。亡きあとに、その家（や）の空気を支配している者、……）は、誰か〟等、映画の急所というよりも、映画の隠れた目と出逢う、……わくわくさせるような瞬間（場面……）があった。

〝何だ、これは、……変なかんじ〟とは、いったい何なのだろうか。リズムとも韻ともいえる、漣（さゞ、……）「波ひとつ」（「A Wave」は、John Ashbery＝ジョン・アシュベリーの一九八四年の詩集のタイトル。偶々（たま〳〵）机上にあって眼にとまる）……の、〝波ひとつ〟の姿や、ひかりの記憶、ひかりの疵（きず）のようなものに、それは似ているのではないのだろうか。「名作」、小津の『東京物語』の、とりわけ（とりわけというとき、こゝに、おそらく、特殊な記憶の疵がもうひとつの疵に割り込むようだ。湯気（土方巽氏）が、煙りの、なんだか焦（こ）げるようなものの匂いがして、それと判る、……）、お祖母（おばあちゃん）役の東山千栄子さんの台詞、――〝（熱海の茶碗蒸し、……宿では、お刺身に、それに）おおけな玉子焼きも出てのう、……〟。〝おおけ〟（は、尾道あたりのトーンだろう）を、いま、わたくしは、志賀直哉氏の『暗夜行路』（新潮文庫、一四二頁、十三行目の）の〝醤油樽《しょうゆだる》に二タ廻《まわ》りもあるおおけえ穴があいとりますがのう〟、この〝おおけえ穴〟に、（大鏡に手鏡をちかずけるようにして）映してみている。そう、親しく口《くち》を、そこに近づけている。こゝから、戦後の貴重なものたちの香り匂い、……（「ものたち」なんていうと、とってもハズカシイ。やはり東山さんの〝おおけ〟だ、……）へのミチが一息にひらくし、志賀直哉を心読する小津安二郎の眼の奥の〝（漣）波ひとつ〟もみえだす筈だ（「……二三日前から暗夜行路を読む。……激しいものに甚だうたれた。これハ何年にもないことだった。誠に感ず。」『全日記　小津安二郎』一九三九年五月九日。「時任謙作屋島行のくだりがしきりに思ひ出される。もう読み終って〈暗夜行路〉十日程にもなるのに神韻縹緲とでもいうのであらうか、未だに新しい感動を覚へて快よい。」（同、十七日））。機に、縁に、恵まれて、なんだか途方もない、〝波ひとつ〟〝波ふたつ〟と宇宙がその窓をひらきはじめる、その時の入口に立ったようだ。（しかししかし、これは児戯に類した、小津さんなら〝橘の下で菰をかぶり、客を引く、……〟といわれるだろうような仕草だけれども、……）。〝おおけ（な）玉子焼き〟も、じつに〝変なかんじ〟。〝何か変だぞ、何だ、これは、……という驚き〟は、十年、十五年もすると、未知の（眼の）触覚になりはじめるのではないのだろうか。（「屋台のすし屋に小僧が入って来て一度持ったすしを価（ね）をいわれまた置いて出て行く、これだけが実際自分がその場にいあわせて見た。」『小僧の神様』あとがき、昭和八年、志賀直哉、岩波文庫）この「屋台」と「小僧」の「神様」が、まだ、何処からか、覗いている。

（よします・ごうぞう／詩人）

連載　思いこもる人々　36

懐かしい日本文学研究者

M・メラノヴィッチ教授

岡部伊都子

「二〇〇三年八月末にワルシャワで、ヨーロッパ・ジャパノロジー（ヨーロッパ日本学会）が開かれ、ヨーロッパ、アメリカ、アジアの日本学（文学、言語、社会学、政治、教育etc）の研究者がワルシャワ大学に数百人集まりました。その企画運営の中心が、ワルシャワ大学日本学科主任教授のメラノヴィッチさんでした。」

東京女学館大学教授で日本近代文学を深く研究した著作のある尾形明子氏からこのお便りをいただいて、まあ！と嬉しく、懐かしくなりました。

M・メラノヴィッチ氏。

もう四十年近くも前になりましょうか、当時、早稲田大学文学部の一年生だった尾形明子さんが、大学院で学んでおられたメラノヴィッチさんと、私が京都の嵯峨に移り住んだ家に来て下さいました。

明子さんとはそのご両親との交友の中でまだ中学生だった時に初見、妹さんの堀切直子さん、岡田孝子さん、この仲良し三姉妹とは、今も心通うありがたい間柄です。

若々しく清々しい外国の男性メラノヴィッチさんは日本文学研究者だけに日本語堪能で、外国語のできない私を、きちんと話させて下さいました。率直な優しいお人柄でした。

京へ来て、まだ町を知らない私、何一つご案内もできなかったのですが、その日、真剣におたずねした事と、氏のお返事とは忘れられません。

当時、広島の原爆ドームをとりこわして、町を整えようとする市民の動きが伝えられていました。どんなに恐ろしい原子爆弾だったか、その惨劇を打ち消したい感情があったのでしょう。私はメラノヴィッチさんにこう申しました。

「広島からあの原爆ドームをこわしてしまおうとする市民の動きが伝えられていますが、どう思われますか」と。

「それは絶対まちがっています。原爆ドームはあの戦争の遺跡。どこまでも保存して、日本人にも、外国人にも残酷な原子爆弾の力をわからせて下さい。外国にもアウシュビッツその他、残しておかなければならない苦しい場所があります。」

私の目を見つめて、しっかりとそう言われたメラノヴィッチ氏。又、話したいお方です。

（おかべ・いつこ／随筆家）

連載　帰林閑話　113

「学問」という言葉（一）

一海知義

『枕草子』に次のような一節がある。

　さては、古今の歌廿巻を、みなうかべさせたまふを、御学問にはせさせたまへ。

『枕草子』の成立は、紀元千年頃だといわれるから、今から千年も前に、すでに「学問」という言葉が使われていたことがわかる。

いや、使用例はもっとさかのぼることができる。

七九七年に撰進されたという『続日本紀』の天平二年二月の条に、

　大学生徒［中略］専精学問、以加善誘。

と見える。天平二年といえば、七三〇年である。

中国では、どうか。

最も古い用例の一つは、『孟子』に見える。孟子は紀元前三七二年の生まれ。

孟子以前にも、たとえば五経の一つである『易経』乾の文言に、

　君子は学びてこれを聚《あつ》め、問うてこれを弁ず。

というように、「学」と「問」とを分けて用いた例はある。

また四書の一つ『中庸』（第二十章）に、

　博《ひろ》くこれを学び、審《つまび》らかにこれを問う。

というのも同じである。

その後、「学」と「問」とを結びつけた「学問」という語が、前述の如く『孟子』に見え、次のようにいう。

　吾、他日（以前には）いまだ嘗て学問せず、好んで馬を馳せ、剣を試みたり。（滕文公《とうぶんこう》上）

学問はせず、スポーツばかりやっていた、というのである。

同じ『孟子』に、

　学問の道は他なし。其の放心を求むるのみ。

ともいう（告子上）。

「放心」は、「失われてしまった本心」。人は鶏や犬の姿が見えなくなると捜すのに、心を失っても捜そうとせぬ。それを取り戻す手立てが学問なのだ、ということらしい。

先の学問とスポーツの話はよくわかるが、この条、少しわかりにくい。なぜか。

（いっかい・ともよし／神戸大学名誉教授）

（インド犀／インド、プリンス・オブ・ウェールズ博物館）

連載・GATI　51

犀の角のようにただ独り歩め

――一角犀は中国で、空想上の動物・麒麟にすり替わった／「飛翔」考①――

久田博幸
(スピリチュアル・フォトグラファー)

人間の多くは最初にして最後まで、欲望という煩悩に支配され続けるのではないだろうか。様々な宗教もそれを戒め、如何にそれを克服するかを教えるが……。仏陀《*二五〇〇年前》の言葉を原型に近い形で遺したという経典『スッタニパータ』は、「独り歩む修行者」「独り覚った人」の心境、生活を「一角犀《さい》」に喩《たと》え、微細に述べている。アフリカやスマトラに生息する犀と異なり、インド犀の角は一本である。

初期仏教徒は僧伽《サンガ》など集団化するまでは、伝統的バラモン僧と同様に独りで行《ぎょう》をするのが普通だった。後代、大乗仏教は小乗仏教《*上座部仏教》を「個人的覚りのための狭い行《ぎょう》」として、一角犀の表現と共に非難したという。それは集団生活を始めた大乗仏教徒の脆《もろ》さの裏返しでもある。この経典が中国へ伝わった時、「犀」を知らない中国人はその漢訳に窮するが、結局、「麒麟《きりん》」を充《あ》てた。麒麟は「吉祥仁慈」の瑞獣で鹿の体に牛の尻尾と馬蹄を持ち、五色の光を放って飛翔する翼と一本の角を持つ。さらに聖人が現れ、王道を行うとき、それを祝福しに麒麟も現れるという。ならば今こそ、その飛来を待ち望む。

東京河上会'04年総会報告

去る二月一日、神田・学士会館にて本年の東京河上会総会が開催された。講師は時代ミステリの名手、典厩《てんきゅう》五郎氏。最新作『探偵大杉栄の正月』では大杉を探偵として活躍させ、話題を呼んだ。

氏は、一九三三年当時の豊多摩刑務所を舞台にした作品『修羅の旅びと』に、収監中の河上肇を謎解きのキーパーソンとして登場させている。主人公の看守のモデルは氏の父で、実際に河上の世話もした。父が語った当時の思い出を記録に留めたいという思いから、この作品が生まれたという。

▲典厩五郎氏

田中清玄、佐野学など錚々たる顔ぶれが収監されている中で、河上には「大物」専用の南舎第一房が宛てられたが、逃亡生活と逮捕後の厳しい取調で「鶴のように痩せさらばえていた」。その河上の健康を案じ、病舎に移すよう計らったのが典厩氏の父だった。書信係として河上の通信物を検査する中で、未公刊の俳句が目に触れたこともあったという。

当時の時代背景、刑務所の様子やしきたりなどが活き活きと再現され、氏の作品と同様、興味の尽きない話を聞くことができた。

（記・刈屋琢）

二月新刊

「ポスト・ブルデューの旗手の代表作」

世論をつくる

象徴闘争と民主主義

P・シャンパーニュ

宮島 喬訳

「世論」誕生以来の歴史と現状を緻密に検証。その虚構性と暴力性をのりこえて「真の民主主義にとってあるべき世論」をいかにつくるかという問いへの根本的回答。

A5上製 三四四頁 三六〇〇円

従来のパリ・イメージを一新

パリ・日本人の心象地図 1867–1945

和田博文・真銅正宏・竹松良明・宮内淳子・和田桂子

明治、大正、昭和前期にパリに生きた日本人六十余人の住所と約百の重要なスポットを手がかりに、日本人の「パリ」を立体的に再現。

（写真・図版二百点余／地図十枚）

A5上製 三八四頁 四二〇〇円

一九世紀末のデパート小説第一号

〈ゾラ・セレクション〉第5巻

ボヌール・デ・ダム百貨店 デパートの誕生

吉田典子訳＝解説

大幅値下げを実現した新興大デパートは、バーゲンや大広告などの新商法で小商店を破産させ、買い物の魔力に憑かれた女たちを食いものにしつつ急成長する。

四六変上製 六五六頁 四八〇〇円 [第6回配本]

「石牟礼道子全集・不知火」プレ企画

不知火

石牟礼道子のコスモロジー

石牟礼道子・渡辺京二・大岡信ほか

インタビュー、新作能、童話、エッセイの他、気鋭の作家らによる石牟礼論を集成し、近代日本文学史上、初めて民衆の日常的・神話的世界の美しさを描いた詩人の全体像に迫る。

菊大判 二六四頁 二二〇〇円

「経済」の分析にもすぐれた歴史書

〈普及版〉地中海（全五分冊）

II 集団の運命と全体の動き 1

F・ブローデル／浜名優美訳

社会史の最重要概念「経済」を分析、社会・経済を律する「中波の時間」を扱う。

[特別寄稿]黒田壽郎、川田順造

菊判 五二〇頁 三八〇〇円

読者の声

『環』16号〈特集・「食」とは何か〉■

▼むずかしいテーマに多角的に取り組んでおり好感が持てました。編集の苦労の跡がうかがえます。

（東京　自由業　坂敏弘　42歳）

有明海はなぜ荒廃したのか■

▼江刺先生の科学的見地からのスルドイメスの入れ方に感激しています。実は私、二〇〇〇〜二〇〇一年にかけて悪徳ノリ養殖業者のデモ隊と戦い、「宝の海を返せ！」とは漁師がノリ業者に言うせりふだと言って来たのです。

（大分　会社　技術顧問　田口保彦　69歳）

金（かね）■

▼経済と歴史の分かる良い本でした。今迄四〇〇〇円以上の本など買ったことがございませんが、高いだけのことは充分に知りました。この本を知ったのは、一二月五〜六日頃のサンケイの産経抄を読んだお陰です。新聞の中身に余り興味は有りませんが、産経抄は良く読みます。今後もこのような本なら買います。

（東京　主婦　畠山五十鈴　66歳）

グローバル化で文化はどうなる？■

▼出版する本の選択に教養とセンスの良さを感じさせる藤原書店に注目し期待している。この本もそれを充分感じさせるに足るものであった。最後のモラン氏のスピーチでは、彼は人類の生成と再生への期待とビジョンを熱っぽく語り、それは彼の未来への祈りのようであり、またよき知性にふれられた時の感嘆のためいきと喜びをひきおこすほどに知的な力強さで迫ってくるものであった。彼の引用したパスカルの一節『深い真理』の反対は『深い誤り』ではない。それは『もうひとつの真理』である」。今こそこれを心に刻みつけることをしなければ、人類は滅びの道をたどるであろう。

（埼玉　教員　曽山栄）

▼一八九頁以下に見る議論の応酬は、例によって例の如く仲良しクラブ的仕末に終るであろうとの予想に反して、思わず居ずまいを正させる程の火の出る議論の上下であった。こんなに鋭い対話集に出会ったのは初体験で、離散奴隷の痛ましさを痛切に知らされる。またコンデ氏の言も全くその通りで、アハチ氏もまた故国を追われて、なおかつ祖国が必要だという、どの様に折り合いをつければよいのか。

（千葉　公務員　佐佐木俊雄　56歳）

アフガニスタン　戦禍を生きぬく■

▼二〇〇三年十一月十三日に富士フォトサロンにて大石芳野さんの写真展で購入しました。写真展の感動をこの本でゆっくり味わっています。とても良い写真集です。出来ればもうすこし安く大石芳野さんの写真集が又出版されます様に。

（東京　稲葉智加子　62歳）

吉田茂の自問■

▼日本再生の最中にあって、政治に出来ること、経済、経営が出来ること、個人が出来ることを考え中にあって、非常に刺激的であり、あらためて、歴史に学ぶことの尊さを思いしらされた。

（東京　会社経営　梅澤正巳　61歳）

今われわれが踏み込みつつある世界は…■

▼自衛隊のイラク派遣が現実となった二〇〇四年。これから日本人がどんな世界の同時代人として生きたらよいのか。長いスパンで日々の社会事象の変化を見ることは、本書のメッセージと思い、迷わず買った。世界史Aを高校生に教えている

ので、世界史の今後の予見も本書を導きの糸として、これからの世代にも一読を薦めてみたい。

（長野　高校講師　**古畑浩**　32歳）

からだ＝魂のドラマ■

▼うーん。考えさせられた。どちらの人も（林竹二氏、竹内敏晴氏）ユニークで、デモーニッシュなキャラ。余人の理解をこえた所で仕事をされてきた。追いかけたいけれど、サルまねにならず、芯を一本通して、となれば冷汗をながし、うろたえながらということだろう。だけれども、いっぱいのスプーンでも、ここからくみとって、いってみたい――いけるところまで――。

（埼玉　**湯浅とんぼ**　63歳）

邂逅（かいこう）■

▼新年にあたり、こんな知的刺激に満ちたかつ楽しい本を読める幸せに感謝したい。

（岡山　地方公務員　**福田伸子**　52歳）

帝国以後■

▼イラク侵攻というホットな問題を理解できる手引き書として、あまり肩のこらない読みものとして、読んでいます。

（秋田　**工藤隆康**　72歳）

▼現在のアメリカの軍事的・政治的な行動の理由と必然性が、この書を読んで、目からうろこが落ちる如くに了解され、大いに啓発された。非常にクリアーで、刺激的な本であった。

（京都　予備校教員　**野尻和夫**　56歳）

アメリカ小麦戦略と日本人の食生活■

▼自分の都合で他の国の食生活を変えてしまうアメリカという国の身勝手さに激しい怒りを憶えました。日本人が日本人の食生活を早く取り戻すのを願うだけです。

（山梨　農学　**平岡哲也**　48歳）

「われ」の発見■

▼アニミズムについての幸綱氏の話から、これまで漠然としていたことが明瞭になってきたように思う。短歌について、阪神大震災のとき数多くの歌が朝日歌壇に投稿されていた。戦争の歌をいまだにつくり続ける人がたくさんいる、ということと重ね合せて短歌の本質を考えた。

（東京　**古川佳子**　62歳）

いま、なぜゾラか■

▼エミール・ゾラの「ゾラ・セレクション」は信じられないくらいうれしく、また現代においてどんどんゾラが研究されていってほしいと思っています。今後、全訳もしくはルーゴン・マッカールの全集訳が（今回訳以外）計画されればうれしく思います。今回の企画はゾラファンとして本当にうれしいことです。

（北海道　会社員　**井田政英**　34歳）

ピエール・ブルデュー 1930-2002■

▼本書を興味深く拝読しました。哲学、社会学や人類学などの学問界だけでなく、社会参加の知識人として多大な影響と功績を残したピエール・ブルデューの知識の幅、深さに驚異の感を覚えつつ、反面、彼の表情からにじみ出る親しみやすさに親近感を感じてしまいました。今となっては無理な話ですが、実際に一度講演を聴きに行きたかったです。またブルデューのコメント等を翻訳された訳者にも敬服します。

（London　学生　**藤崎麻子**　24歳）

※みなさまのご感想・お便りをお待ちしています。お気軽に小社「読者の声」係まで、お送り下さい。掲載の方には粗品を進呈いたします。

書評日誌（一・一～一・三一）

(書)書評　(紹)紹介　(記)関連記事
(T)紹介、インタビュー

一・一　(記)朝日新聞「吉田茂の自問」（「社説」／「軍隊を欲する愚を思う　節目の年明けに」）
(書)女のしんぶん「アフガニ

スタン　戦禍を生きぬく」（「戦場の女の運命に向きあって」）
(記) 熊本日日新聞「石牟礼道子全集・不知火」刊行予告（「新作能――鎮魂と再生の物語」／「不知火　水俣へ」／石牟礼道子・大岡信対談）
一・六 (紹) エコノミスト「税とは何か」（『増税国家と縮小経済』を読み解く20冊」／原田泰）
(紹) エコノミスト「吉田茂の自問」（「通説を疑え」／榊原英資）
一・一一 (紹) 東京・中日新聞「ブローデル歴史集成」（「出版情報」）
一・一五 (記) 北海道新聞「日本が見えない」（「卓上四季」）
一・一六 (記) 信濃毎日新聞「帝国以後」（「トッド氏来日インタビュー」／「米国が今やリスクに」／軍司泰史）
Ⓣ NHK「帝国以後」（「BSニュース」／「きょうの世界」／「著者に聞く・米は〃帝国〃か」）
一・一八 (紹) 北海道新聞「ブローデル歴史集成Ⅰ　地中海をめぐって」（「出版情報」）
(書) 読売新聞「歴史人口学と家族史」（佐藤俊樹）
一・二〇 (紹) エコノミスト「来るべき〈民主主義〉」（「新刊早読み」）
一・二三 (TV) TBS「帝国以後」（「ニュース23」／「筑紫哲也対論」／「アメリカ帝国の行方」）
一・二三 (紹) 週刊金曜日「帝国以後」（「風速計」／「そんなにアメリカは強力か」／筑紫哲也）
一・二五 (書) 朝日新聞「金」（「欲望と破滅と　一九世紀の仁義なき闘い」／中条省平）
(TV) TBS「帝国以後」（「サンデーモーニング」）
一・二六 (記) 読売新聞（夕）「帝国以後」（「トッド氏来日インタビュー」／『米国一辺倒』への警告」／泉田友紀）
一・二七 (紹) 公明新聞「帝国以後」（「北斗七星」）
(記) エコノミスト「吉田茂の自問」（「歴史書の棚」／『日本外交』と『社会党』失敗の本質を解剖する」／加藤哲郎）
一・二九 (紹) 週刊文春「帝国以後」（「文春図書館」／『帝国』データバンク」／「〃世界の番長〃アメリカを理解したい！」／宮崎哲弥）
(紹) 読売新聞（夕刊）「環」一六号（「よみうり寸評」）
一・三〇 (TV) NHK教育「鶴見和子・対話まんだら」「鶴見和子曼荼羅」「歌集　回生」「歌集　花道」「南方熊楠・萃点の思想」（「ETVスペシャル」／「倒れてのち　始まる」／「高野悦子・鶴見和子　十年ぶりの対話」）
一・三一 (紹) 女のしんぶん「アフガニスタン　戦禍を生きぬく」
(書) 読売新聞「有明海はなぜ荒廃したのか」（「二〇〇三年　読書委員が選ぶベスト3」／池田清彦）

一月号 (紹) クーヨン「アフガニスタン　戦禍を生きぬく」（「戦火の後に残された真実とは」）

(書) 文藝春秋「金」（「鼎談書評」／「今月の三冊」／「まるで80年代バブル景気。十九世紀パリの経済小説」／鹿島茂・福田和也・松原隆一郎）

(書) ふらんす「愛の一ページ」（「母と娘の愛をめぐる佳品」／工藤庸子）

(紹) 日本カメラ「アフガニスタン　戦禍を生きぬく」（「現代写真世界」／「人類の愚考と写真家」／岡井耀毅）

(紹) 臨床心理学「患者学のすすめ」（「今年の注目！　私のBooks ＆ Papers 5」／小林正夫）

(紹) 中国図書「環」一四号（「二〇〇三年読書アンケート」／小島毅）

3月の新刊

タイトルは仮題

哲学宣言 ＊
A・バディウ／黒田昭信・遠藤健太訳
四六上製 二一六頁 **二四〇〇円**

〈鶴見和子・対話まんだら〉
複数の東洋／複数の西洋 ＊
世界の知を結ぶ
武者小路公秀×鶴見和子
A5変判 二三二頁 **二八〇〇円**

水俣学研究序説 ＊
原田正純・花田昌宣編
A5上製 三七六頁 **四八〇〇円**

物理・化学から考える環境問題 ＊
科学する市民になるために
白鳥紀一編／中山正敏・井上有一・吉岡斉他
A5判 二七二頁 **二八〇〇円**

地中海〈普及版〉＊ （全五分冊）
III 集団の運命と全体の動き 2
F・ブローデル／浜名優美訳
菊判 四四八頁 **三八〇〇円**

近刊

社会学の冒険 ＊
P・アンサール／山下雅之監訳

学芸総合誌・季刊
『環 歴史・環境・文明』⑰ 04・春号 ＊
〈特集・都市とは何か〉

〈石牟礼道子全集・不知火〉（全17巻別巻一） 発刊
2 3 **苦海浄土** 三部作完結 同時配本
第一部 苦海浄土 第二部 葦舟（書下し）
第三部 天の魚 関連エッセイ他 内容見本呈
［解説］池澤夏樹／加藤登紀子

鳥よ、人よ、甦れ ＊
東京のオアシス野鳥公園誕生記と現在
加藤幸子

地中海〈普及版〉＊ （全五分冊）
IV 出来事・政治・人間 1
F・ブローデル／浜名優美訳

鶴見和子・自選朗詠 DVD
鶴見和子短歌百選『回生』から『花道』へ ＊

2月の新刊

〈ゾラ・セレクション〉第5巻 （第6回配本）
ボヌール・デ・ダム百貨店 ＊
デパートの誕生 吉田典子訳＝解説
四六変上製 六五六頁 **四八〇〇円**

〈石牟礼道子全集・不知火〉プレ企画
不知火 ＊
石牟礼道子のコスモロジー
菊大判 二六四頁 **二二〇〇円**

世論をつくる ＊
象徴闘争と民主主義
P・シャンパーニュ／宮島喬訳
A5上製 三四四頁 **三六〇〇円**

パリ・日本人の心象地図 ＊
1867-1945
和田博文／真銅正宏／竹松良明／宮内淳子／和田桂子
A5上製 三八四頁 **四二〇〇円**

地中海〈普及版〉＊ （全五分冊）
II 集団の運命と全体の動き 1
F・ブローデル／浜名優美訳
菊判 五二〇頁 **三八〇〇円**

好評既刊書

雑誌『環境ホルモン 文明・社会・生命』④ （年2回刊）
〝環境病〟
医者の見方と患者の見方
黒田洋一郎／石川哲／青山美子／藤田紘一郎／野村大成ほか
菊変判 二二四頁 **一九八〇円**

学芸総合誌・季刊
『環 歴史・環境・文明』⑯ 04・冬号
〈特集・「食」とは何か〉
菊大判 三二八頁 **二八〇〇円**

ブローデル歴史集成 （全三巻）
I 地中海をめぐって
F・ブローデル／浜名優美監訳
A5上製 七三六頁 **九五〇〇円**

地中海〈普及版〉＊ （全五分冊）
I 環境の役割
F・ブローデル／浜名優美訳
菊判 六五六頁 **三八〇〇円**

＊の商品は今号に紹介記事を掲載しております。併せてご覧戴ければ幸いです。

書店様へ

▼いつもお世話になっています。▼二月一八日の国会での党首討論で、菅直人氏が『**吉田茂の自問――敗戦、そして報告書「日本外交の過誤」**』を片手に小泉首相の外交姿勢を糺し、大反響。翌日の『朝日新聞』の「**天声人語**」でも、ブルデュー『**政治**』とともに取り上げられ、即日品切となり、ご迷惑をおかけしました。続々増刷中です。店頭での在庫切れのないよう、お早目の補充を。また、話題の書、『**帝国以後**』（八刷）との並売も効果的です。▼アラン・バディウ『**哲学宣言**』を今月刊行します。現代フランス哲学界の旗手バディウの問題作です。▼先月刊の『**ボヌール・デ・ダム百貨店**』（ゾラ・セレクション❺／第六回配本）刊行を記念して、東京日仏学院と共催で映画上映とシンポジウムの会「**ゾラをめぐる一日**」を3／13東京で開催。ゾラの現代性が注目されています。

出版随想

▼薄明のころ、家を出る。この半年続いている。近くの池の廻りをゆっくりと約一時間くらい歩く。ひと月前には、沢山のまがも、おながが、きんくろはじろ等が池を埋めつくすほどいたが、今は、ちらほらというほど急に少なくなった。蠟梅、紅梅、白梅のあまい香りが、歩くものに心地よく広がっていたが、もう少しずつ花も散りはじめている。と同時にその周囲《まわり》のこぶしが芽をふきはじめてきた。春到来も間近かのようだ。この池や池の廻りのいきものに、毎朝いろんなことを教えられる。此の地に居ることのありがたさを思う。

▼この二月は、日露開戦百年の月で、メディアは〃日露特集〃を組んだ。今もイラクでは非常事態が続いている。日本の自衛隊も出かけて行った。日露戦を遡ること十年。当時の大日本帝国は、隣国朝鮮に出兵し、清国と戦争を始める。この頃、古稀を過ぎた勝海舟は、時の政府、第二次伊藤博文内閣を批判し、「この開戦に至る経緯が不義非道」であり、出兵反対の意見書を提出し、宣戦布告後には戦争を非難する漢詩も詠んだ。

隣国《ト》交《エル》レ兵《ヲ》日／其軍更《ニ》無《シ》レ名
可《シ》レ憐《レム》鶏林《ノ》肉／割《キテ》以《テ》与《ウ》二魯《ト》英《ニ》一

（松浦玲『還暦以後』より）

こういう詩を読むと、勝海舟という、幕末から明治にかけて日本の国づくりに重要な役割を果たした人間の一端が垣間みられる。アジア同士、仲良くしろ、と時代を見透す勝の洒脱な声音が聞える。

▼その十年後に起った日露開戦。この間、アジアに着々と侵略の歩を築いてきた日本、ついに白人国ロシアと一戦交える日がきた。百年前の二月十日である。戦勝渦巻く怒濤の嵐の中、一人の女詩人が起ち上がった。いうまでもなく、與謝野晶子である。旅順口包囲軍の中に居る弟、籌三郎を憶う有名な詩。この旅順要塞をめぐる八月下旬の攻撃で一万六千名、続く九月に五千名の死傷者を出した中、晶子は『明星』九月号に発表する。

あゝをとうとよ君を泣く
君死にたまふことなかれ
（中略）
旅順の城はほろぶとも
ほろびずとても何事ぞ
（中略）
すめらみことは戦ひに
おほみづからは出でまさね
かたみに人の血を流し
獣の道に死ねとは
死ぬるを人のほまれとは
おほみこゝろの深ければ
もとよりいかで思されむ

（亮）